万水 MSC 技术丛书

MSC Adams 多体动力学仿真基础
与实例解析（第二版）

汤涤军　张　跃　编著

中国水利水电出版社
www.waterpub.com.cn
·北京·

内 容 提 要

Adams 是用于机械产品虚拟样机开发设计的专业工具，也是一款经典的多体系统动力学仿真软件。

本书以 Adams 2016 版本为基础，从刚体建模到柔体建模、约束添加，如包括各种常用铰接、驱动、力元、接触与摩擦等，对不同仿真控制方式、不同分析计算类型及相关求解器都做了相关说明，同时对传感器的应用，用户自定义界面和宏操作，参数化设计，试验设计和优化计算进行了讲解。另外，对一些专门应用模块工具进行了介绍，如齿轮模块、履带模块、控制模块、振动仿真分析模块和机械工具包模块，尤其是控制模块可以和其他软件如 MATLAB 和 Easy5 进行控制和液压的联合仿真，实现真正意义上的机电液一体化仿真。在新增的非线性柔性体分析方法中，机械工具包通过建模向导可实现齿轮、轴承、皮带、链条、绳索、电机和凸轮的快速建模。本书所附光盘中包括书中实例的模型文件及 Adams 学生版软件。

本书可以作为汽车、航空航天、军工、造船和制造等行业工程技术人员应用 Adams 软件进行仿真分析的基础教程，也可作为理工科院校相关专业的教师、学生学习 Adams 的参考书。

本书配有源文件，读者可以到中国水利水电出版社网站和万水书苑上免费下载，网址为 http://www.waterpub.com.cn/softdown/和 http://www.wsbookshow.com。

图书在版编目（ＣＩＰ）数据

MSC Adams多体动力学仿真基础与实例解析 / 汤涤军，张跃编著. -- 2版. -- 北京 : 中国水利水电出版社，2017.9
（万水MSC技术丛书）
ISBN 978-7-5170-5791-8

Ⅰ. ①M… Ⅱ. ①汤… ②张… Ⅲ. ①多体动力学－系统仿真－应用软件 Ⅳ. ①O313.7-39

中国版本图书馆CIP数据核字(2017)第212684号

责任编辑：杨元泓　　　加工编辑：孙 丹　　　封面设计：李 佳

	万水 MSC 技术丛书
书　　名	MSC Adams 多体动力学仿真基础与实例解析（第二版） MSC Adams DUOTI DONGLIXUE FANGZHEN JICHU YU SHILI JIEXI
作　　者	汤涤军　张 跃 编著
出版发行	中国水利水电出版社 （北京市海淀区玉渊潭南路 1 号 D 座　100038） 网址：www.waterpub.com.cn E-mail：mchannel@263.net（万水） 　　　　sales@waterpub.com.cn 电话：（010）68367658（营销中心）、82562819（万水）
经　　售	全国各地新华书店和相关出版物销售网点
排　　版	北京万水电子信息有限公司
印　　刷	三河市鑫金马印装有限公司
规　　格	184mm×260mm　16 开本　24 印张　589 千字
版　　次	2017 年 9 月第 1 版　2017 年 9 月第 1 次印刷
印　　数	0001—4000 册
定　　价	72.00 元

第二版前言

随着科技的发展与社会的进步，机械系统的构造越来越复杂，并朝着高速运行和大型化及多回路和带控制系统的方向发展，从而使得机械系统的动力学特性变得越来越复杂。比如，大型的高速机械系统各部件间的大范围运动和构件本身振动的耦合，振动非线性性态，冲击、粘滑、锤击等现象。这些动力学性态有些可以利用，有些必须加以控制与消除。因此，复杂机械系统的运动学、动力学与静力学的性能状态分析、设计与优化在现代产品的设计过程中显得尤为重要。

多体系统动力学涉及机械系统动力学及其控制等，这是重要的研究方向。这方面的理论经过众多科技人员的努力已经形成了比较完善的体系，比如牛顿力学、拉格朗日方程和笛卡尔数学模型等。应用这些理论知识，针对较为简单、自由度数目较少的系统，通过巧妙地选择广义坐标，利用手工推导可以得到描述该系统的微分方程组。但是，对于我们现如今工程中复杂的多自由度系统，仅仅停留在手工处理阶段的话，不仅效率低还很容易出错，不能满足工作要求。

随着计算机技术的飞速发展，计算多体系统动力学作为该领域的新的分支学科得到了长足发展，应用这种技术就可以很好地解决复杂机械系统性态分析的问题。

本书介绍的软件 Adams 就是用于机械产品虚拟样机开发设计时的专业工具，也是一款经典的多体系统动力学仿真软件。它以研究复杂系统的运动学和动力学关系为目标，以计算多体系统动力学为理论基础，结合高速计算机对产品进行仿真计算，得到各种试验数据，帮助设计人员发现问题并解决问题。我们将其称为虚拟样机技术，就是在产品设计阶段对其进行性能测试，从而保证生产出来的产品最大可能地满足设计目标。它不仅能节省开发费用，还能最大限度地缩短开发周期，从而提高开发效率，是一种有效的设计手段，已经得到了工程人员的普遍认同。

本书以 Adams 2016 最新版本为基础，内容包括软件的操作基础、Adams 的理论基础、虚拟样机构件建模、约束建模、载荷添加、后处理界面及数据曲线处理、刚柔耦合分析、参数化设计及优化分析、宏命令的使用、Vibration 模块振动分析、Controls 模块控制系统分析、ATV模块履带车辆仿真分析、Gear 模块齿轮建模仿真分析、独立的汽车钢板弹簧工具 leaf tool、AdWiMo 模块风机建模分析、Car 汽车专业模块的悬架 K&C 分析与整车操稳平顺性分析、Adams Chassis 专业底盘模块及其中包含的嵌入式板簧建模工具、Adams Machinery 机械工具包等。其中，控制系统分析包含 Adams 与其他软件如 MATLAB 和 Easy5 进行控制和液压的联合仿真，实现真正意义上的机电液一体化仿真的操作流程及方法，刚柔耦合分析新增 Adams 非线性柔性仿真方法：有限元部件、Adams-Marc 联合仿真及嵌入式非线性模块 Adams MaxFlex，汽车钢板弹簧工具新增 Adams Car 钢板弹簧建模方法，Adams Machinery 是全新的机械工具包。

本书在编写过程中，得到陈志伟、董月亮、陈扬、李伟、陈火红、仰纯雯、田利思、孙丹丹、黄伟、王承凯的大力支持与帮助，在此表示感谢！

第一版前言

随着科技的发展与社会的进步，机械系统的构造越来越复杂，并朝着高速运行和大型化，及多回路和带控制系统的方向发展，从而使得机械系统的动力学特性变得越来越复杂，比如，大型的高速机械系统各部件间的大范围运动和构件本身振动的耦合，振动非线性性态，冲击、粘滑、锤击等现象。这些动力学性态有些可以利用，有些必须加以控制与消除。因此，复杂机械系统的运动学、动力学与静力学的性能状态分析、设计与优化在现代产品的设计过程中显得尤为重要。

多体系统动力学涉及机械系统动力学及其控制等，这是重要的研究方向。这方面的理论经过众多科技人员的努力已经形成了比较完善的体系，比如牛顿力学、拉格朗日方程和笛卡尔数学模型等。应用这些理论知识，针对较为简单、自由度数目较少的系统，通过巧妙地选择广义坐标，利用手工推导可以得到描述该系统的微分方程组。但是，对于我们现如今工程中复杂的多自由度系统，仅仅停留在手工处理阶段的话，不仅效率低还很容易出错，不能满足工作要求。

随着计算机技术的飞速发展，计算多体系统动力学作为该领域的新的分支学科得到了长足的发展，应用这种技术就可以很好地解决复杂机械系统性态分析的问题。

本书介绍的软件 Adams 就是用于机械产品虚拟样机开发设计时的专业工具，也是一款经典的多体系统动力学仿真软件。它以研究复杂系统的运动学和动力学关系为目标，以计算多体系统动力学为理论基础，结合高速计算机对产品进行仿真计算，得到各种试验数据，帮助设计人员发现问题并解决问题。我们将其称为虚拟样机技术，就是在产品设计阶段对其进行性能测试，从而保证生产出来的产品最大可能地满足设计目标，它不仅可以节省开发费用，还能最大限度地缩短开发周期，从而提高开发效率，是一种有效的设计手段，已经得到了工程人员的普遍认同。

本书以 Adams 2012 最新版本为基础，内容包括软件的操作基础、Adams 的理论基础、虚拟样机构件建模、约束建模、载荷添加、后处理界面及数据曲线处理、柔性体建模、参数化设计及优化分析、宏命令的使用、Vibration 模块振动分析、Control 模块控制系统分析，以及与其他软件如 MATLAB 和 Easy5 进行控制和液压的联合仿真，实现真正意义上的机电液一体化仿真、ATV 模块履带车辆仿真分析、Gear 模块齿轮建模仿真分析、Leafspring 模块板簧建模仿真分析、AdWiMo 模块风机建模分析、Car 汽车专业模块的悬架 K&C 分析与整车操稳平顺性分析。

本书在编写过程中，得到姜元庆、张健、李保国、姜正旭、陈火红、仰纯雯、田利思、孙丹丹、徐岷、黄伟、马璐、李道中的大力支持与帮助，在此表示感谢！

作者

2012 年 3 月于北京

目　录

第 1 章　Adams/View 基础

1.1　Adams 简介

Adams 是英文 Automatic Dynamic Analysis of Mechanical Systems 的缩写，是由美国 MSC Software 公司开发的机械系统动力学自动分析软件。Adams 软件领先的"功能化数字样机"技术，使它迅速发展成为 CAE 领域中使用范围最广、应用行业最多的机械系统动力学仿真工具，广泛应用于汽车、航空、航天、铁道、兵器、船舶、工程设备及重型机械等行业，许多国际化大型公司、企业均采用 Adams 软件作为其产品研发、设计过程中机械系统动力学仿真的平台。

借助 Adams 提供的强大的建模功能、卓越的分析能力以及灵活的后处理手段，可以建立复杂机械系统的"功能化数字样机"，在模拟现实工作条件的虚拟环境下逼真地模拟其所有运动情况，帮助用户对系统的各种动力学性能进行有效的评估，并且可以快速分析多种设计思想，直至获得最优设计方案，提高产品性能，从而减少昂贵、耗时的物理样机试验，提高产品设计水平、缩短产品开发周期和产品开发成本。

Adams 软件使用交互式图形环境和零件库、约束库、力库，创建完全参数化的机械系统几何模型，其求解器采用多刚体系统动力学理论中的拉格朗日方程方法，建立系统动力学方程，对虚拟机械系统进行静力学、运动学和动力学分析，输出位移、速度、加速度和反作用力曲线。Adams 软件的仿真可用于预测机械系统的性能、运动范围、碰撞检测、峰值载荷以及计算有限元的输入载荷等。

Adams 一方面是虚拟样机分析的应用软件，用户可以运用该软件非常方便地对虚拟机械系统进行静力学、运动学和动力学分析，另一方面，又是虚拟样机分析开发工具，其开放性的程序结构和多种接口，可以成为特殊行业用户进行特殊类型虚拟样机分析的二次开发工具平台。

1.1.1　虚拟样机技术

虚拟样机技术 VPT（Virtual Prototyping Technology）是一种基于虚拟样机的数字化设计方法，是在产品开发的 CAX（如 CAD、CAE、CAM 等）技术和 DFX[如 DFA（Design For Assembly，面向装配的设计）、DFM（Design For Manufacture，面向制造的设计）] 各领域技术的发展和延伸。

虚拟样机技术进一步融合了先进建模、仿真技术，现代信息技术，先进设计制造技术和现代管理技术，将这些技术应用于复杂产品全生命周期和全系统的设计，并对它们进行综合管理，从系统的层面来分析复杂系统，支持由上至下的复杂系统开发模式，利用虚拟样机代替物理样机对产品进行创新设计测试和评估，以缩短产品开发周期，降低产品开发成本，改进产品设计质量，提高面向客户与市场需求的能力。

与传统产品设计技术相比，虚拟样机技术强调系统的观点，涉及产品全生命周期，支持对产品的全方位测试、分析与评估，强调不同领域的虚拟化的协同设计。Adams 虚拟样机流程如图 1-1 所示。

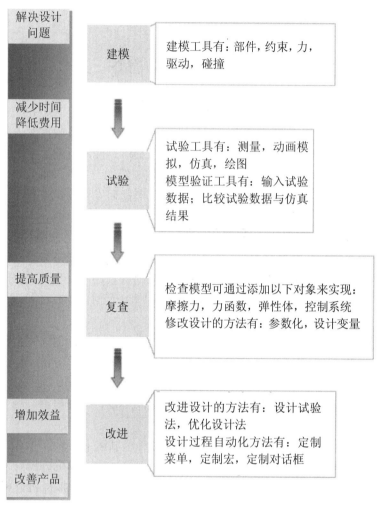

图 1-1 Adams 虚拟样机流程图

- 建模阶段，建立虚拟样机模型——部件、载荷、接触、碰撞、约束、驱动。
- 试验阶段，测试虚拟样机模型——定义测试、仿真、动画、曲线，然后验证虚拟样机模型——输入实测数据、将仿真数据与之比较。
- 复查阶段，细化虚拟样机模型——考虑添加摩擦、函数、部件弹性、控制系统，对设计参数进行迭代计算——参数化、设计变量。
- 改进阶段，改进设计——DOE、优化，自动化设计过程——个性化菜单、宏、个性化对话框。

1.1.2 Adams 模块的构成

Adams 软件包含的模块有：Adams/View（前处理模块）、Adams/Solver（求解器）、

Adams/Exchange（CAD 接口模块）、Adams/Postprocessor（后处理模块）、Adams/Solver SMP（单机并行模块）、Adams/Linear（线性化求解模块）、Adams/Insight（优化/试验分析模块）、Adams/Flex（刚弹耦合分析模块）、Adams/Durability（耐久性模块）、Adams/Controls（控制模块）、Adams/Mechatronics（机电一体化模块）、Adams/Vibration（振动分析模块）、Adams/3D Road（3D 路面模块）、Adams/Tire Handling（操纵性轮胎模块）、Adams/Tire FTire（FTire 模块）、Adams/ViewFlex（自动的柔性体生成模块）、Adams/Translators（直接的 CAD 数据接口模块）、Adams/Car（汽车模块）、Adams/SmartDriver（高级驾驶员模块）、Adams/Truck（卡车模块）、Adams/Chassis（专业底盘模块）、Adams/Car Ride（平顺性分析模块）、Adams/Driveline Package（动力传动系模块），以及专业工具箱：Adams/ATV（履带工具箱）、Adams/Gear（齿轮工具箱）、Adams/Bear（轴承工具箱）、Adams/Leafspring（板簧工具箱）、Adams/Adwimo（风机工具箱）。

1.2　Adams 界面

Adams 2016 版本采用全新的 Adams/View 用户界面，如图 1-2 所示，更加方便易用，大大提高了效率；其全新的模型树浏览器同样提高了效率，更加易于模型的管理使用。

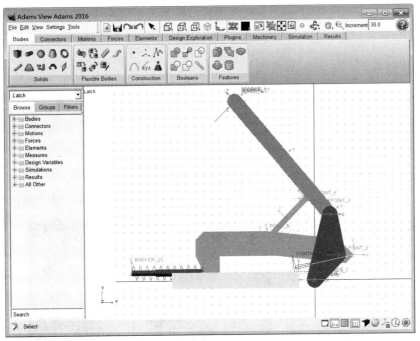

图 1-2　全新的用户界面

1.2.1　工作路径

在安装 Adams 软件后，最好新建一个工作路径，可将相关的分析结果文件放到该路径文件夹下，以方便读取和存储。具体方法是将 Adams/View 或 Adams/Car 设置为桌面快捷图标，在该快捷图标上单击鼠标右键，然后在弹出的快捷菜单中选择"属性"选项，在属性对话框中选择 Shortcut（快捷方式）选项卡，然后在"起始位置"输入框中输入已经建好的工作路径，如图 1-3 所示。工作路径中不要有中文，设置好工作路径后就不必每次启动 Adams 来设置工作路径。

图 1-3　设置工作路径界面

1.2.2　欢迎界面

双击桌面上 Adams/View 快捷图标或单击"开始"菜单中"开始">"程序">MSC.Software>Adams 2016>Aview>Adams-View 命令，启动 Adams/View，出现欢迎界面，如图 1-4 所示。

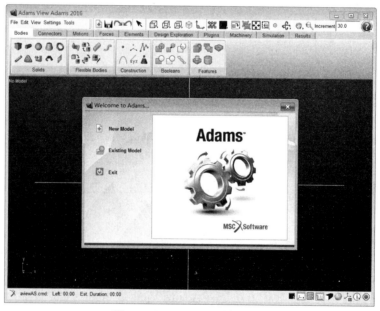

图 1-4　Adams/View 欢迎界面

在欢迎界面中，可以新建模型或打开一个已经存在的模型，可以设置重力加速度的方向或取消重力加速度，确定系统使用的单位制等。

1.2.3 工作界面

在 Adams/View 主界面中出现的基本元素包括主菜单、主工具栏、模型树、主工作窗、状态栏，如图 1-5 所示。

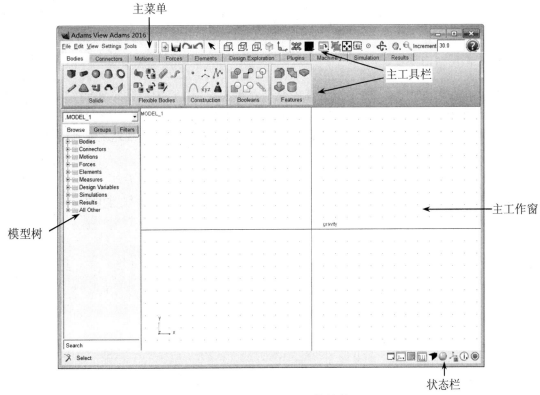

图 1-5 Adams/View 工作界面

其中，主工具栏包含各种常用命令的图标，如几何建模（Bodies）、施加约束（Connectors）、驱动约束（Motions）、施加载荷（Forces）、模型元素（Elements）、设计开发（Design Exploration）、插件（Plugins）、仿真分析（Simulation）、结果观察（Results）。

为方便操作，可以使用 Adams 提供的一些常用快捷键，如表 1-1 所示。

表 1-1 常用快捷键

快捷键	功能	快捷键	功能
F1	显示帮助说明	S	旋转视窗的 Z 轴
F3	显示命令窗口	T	平移视窗
F4	显示坐标窗口	V	切换图标的显示
F8	进入后处理界面	W	动态缩放所选区域
C	选择视窗中心	Z	动态缩放整个视窗

续表

快捷键	功能	快捷键	功能
Esc	结束当前操作	Shift+F	设置模型主视图
M	打开信息窗口	Shift+I	设置模型轴视图
F	模型充满窗口	Shift+R	设置模型右视图
G	切换工作栅格显示	Shift+S	设置模型显示模式
R	旋转模型	Shift+T	设置模型俯视图

1.2.4 常用窗口

在前处理建模过程中，用户会常用到几个对话框和窗口，这里进行简单介绍。

（1）模型树。模型树界面默认在界面的左侧，如图 1-6 所示，主要用于模型中元素的修改、改名、显示、测量、信息查看、失效、刚柔转换等编辑操作，可直观地观察到模型的拓扑。进行编辑操作时，选中要编辑的元素，右击即可显示可进行的操作项。

（2）坐标窗口。在 View 中建模，需要定义模型的具体坐标位置时，可按快捷键 F4 或单击菜单 View>Coordinate Window 命令，弹出坐标窗口，直接选择或右击输入坐标值，如图 1-7 所示。

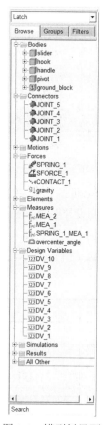

图 1-6 模型树界面

图 1-7 坐标窗口

（3）命令窗口。用户通过菜单栏或按快捷键 F3，可直接观察或输入相应的命令来建立虚拟样机模型。如图 1-8 所示，可在命令输入区直接输入命令，完成样机建模，也可查看通过用户界面已执行的命令。

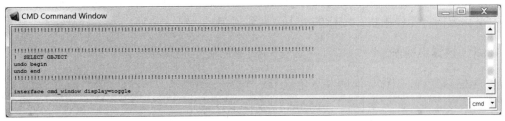

图 1-8　命令窗口

（4）信息窗口。在建模或者仿真分析计算时，系统会提示错误或者警告信息，可通过按快捷键 M 或者单击菜单 View>Message Window 命令，弹出信息对话框，根据信息窗口的提示信息完成模型修改，如图 1-9 所示。

图 1-9　信息对话框

（5）函数构造对话框。在建模过程中会频繁地使用函数构造对话框对模型进行参数化建模，可以通过单击菜单 Tools>Functions Builder 命令，弹出函数构造对话框，如图 1-10 所示。

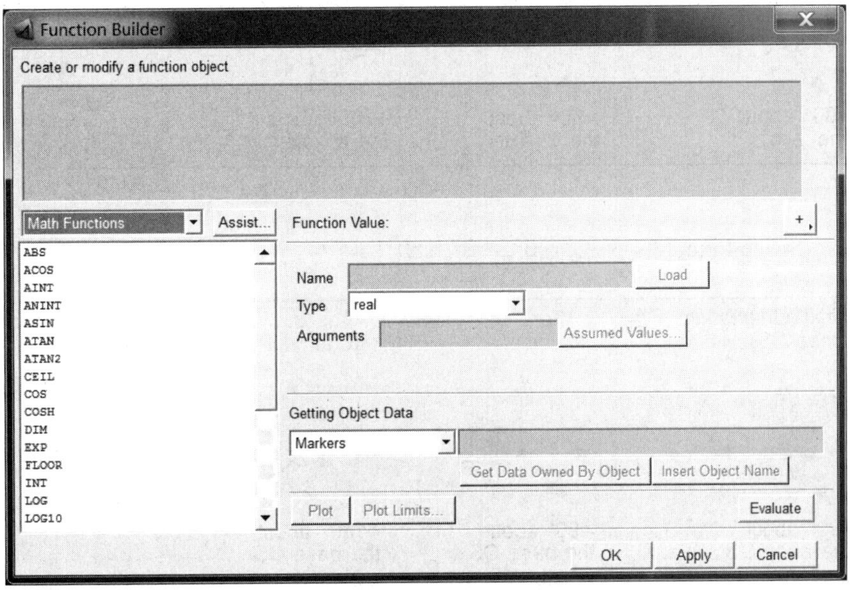

图 1-10　函数构造对话框

1.3　设置工作环境

在建立虚拟样机模型前，需要设置 Adams 工作环境，包括设置坐标系、单位制、重力加速度大小和方向、工作栅格、图标的大小、背景颜色等。

1.3.1　设置坐标系

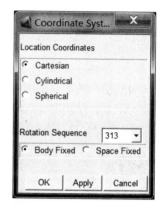

在 Adams/View 工作界面的左下角显示一个表示建模全局坐标系类型和方向的坐标系。Adams 中全局坐标系分为三种类型：笛卡尔坐标系（Cartesian）、圆柱坐标系（Cylindrical）、球形坐标系（Spherical）。默认情况下，Adams/View 中采用笛卡尔坐标系，坐标系的设置对话框可通过单击菜单 Settings>Coordinate System 命令，弹出坐标系设置对话框，如图 1-11 所示。

Adams/View 中采用三个方向角确定对象在空间中绕坐标轴的旋转，旋转方式分为两类：Body Fixed，相对于对象的局部坐标系的相应坐标轴绕对象的定位点旋转；Space Fixed，相对于全局坐标系的相应坐标轴绕对象的定位点旋转。

图 1-11　设置坐标系对话框

示例 1：Body fixed[3 1 3]：　[90°，-90°，180°]。

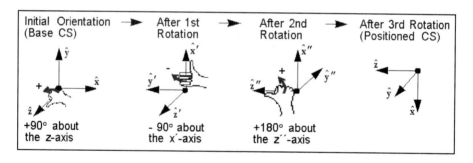

示例 2：　Space Fixed[3 1 3]：　[90°，-90°，180°]。

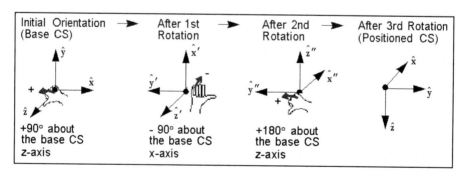

1.3.2 设置工作栅格

Adams/View 中显示了工作栅格平面，在建立模型元素（如几何模型、约束）时，系统会自动捕捉工作栅格上的点和方向。可通过单击菜单 Settings>Working Grid 命令，弹出工作栅格对话框来设置，如图 1-12 所示。

图 1-12　工作栅格对话框

工作栅格的显示包括两种类型：直角坐标和极坐标。可以对栅格点（Dots）、坐标轴（Axes）、栅格线（Lines）设置颜色、线宽、线型、是否显示等，也可以设置工作中心坐标图标（Triad）是否显示。

1.3.3 设置单位

在 Adams/View 中开始几何建模时，设置合适的单位制有利于快速准确地进行建模分析。单击菜单 Settings>Units 命令，弹出单位设置对话框，如图 1-13 所示。

图 1-13　单位设置对话框

用户可以设定长度（Length）、质量（Mass）、力（Force）、时间（Time）、角度（Angle）和频率（Frequency）的度量单位。也可以使用系统已经定义好的 MMKS、MKS、CGS、IPS 来快速地定义单位制，如表 1-2 所示。

表 1-2　系统定义的单位制组合

量纲	MMKS	MKS	CGS	IPS
长度（Length）	Millimeter	Meter	Centimeter	Inch
质量（Mass）	Kilogram	Kilogram	Gram	Pound
力（Force）	Newton	Newton	Dyne	Pound

1.3.4　设置重力加速度

在启动 Adams/View 时重力单位已经设定好，用户在工作界面建模时，可重新设置加速度大小和方向来对系统施加重力的影响，或者通过打开/关闭命令设置重力的显示。当显示重力时，重力图标显示在工作视窗的坐标原点。单击菜单 Settings>Gravity 命令，弹出设置重力加速度设置对话框，如图 1-14 所示。

图 1-14　设置重力加速度对话框

1.3.5　设置图标

单击菜单 Settings>Icons 命令后，弹出设置图标对话框，如图 1-15 所示。

图 1-15　设置图标对话框

在 New Value 后的下拉列表中选择 On 或 Off 可以将所有的图标显示或隐藏起来，等同于按快捷键 V；在 New Size 后的输入框中输入图标的尺寸，可以将图标放大、缩小；在 Specify Attributes for 下拉列表中选择相应的模型元素，可以单独设置模型元素的可见性、颜色、尺寸等。

1.3.6　设置颜色

单击菜单 Settings>Colors 命令后，弹出编辑颜色对话框，如图 1-16 所示，可给工作界面中的模型、图标赋予不同的颜色。

图 1-16　编辑颜色对话框

可以对已有的颜色进行编辑，在 Color 下拉列表中选中颜色名称，然后单击 Color Picker 按钮从中选中相应的颜色进行编辑；或者直接单击 New Color 按钮，在弹出的对话框中输入要创建的颜色名称，然后单击 Color Picker 按钮从中选中相应的颜色进行编辑。

1.3.7　设置背景颜色

单击菜单 Settings>View Background Color 命令后，弹出编辑背景颜色对话框，如图 1-17 所示，可以改变工作界面的背景颜色。

图 1-17　编辑背景颜色对话框

1.3.8 设置模型名称

单击菜单 Settings>Names 命令后，弹出设置名称对话框，如图 1-18 所示。

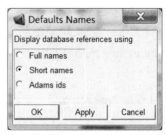

Adams 中的模型元素可以通过名称和编号 ID 表示，通过设置名称对话框，可以确定用全名称格式 DX(Model_1.Part_2.Mar_15)还是短名称格式 DX(Mar_15) 或者 ID 编号 DX(15)来描述模型元素。

图 1-18　设置名称对话框

1.4　Adams 理论基础

1.4.1 广义坐标选择

坐标系是定义运动学和动力学分析量必要的测试对象，如图 1-19 所示。

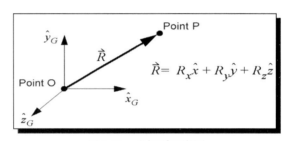

图 1-19　坐标系示意图

机械系统的坐标系广泛采用直角坐标系,常用的笛卡尔坐标系就是一个采用右手规则的直角坐标系。运动学和动力学的所有矢量均可以用沿三个单位坐标矢量的分量来表示。坐标系可以固定在一个参考标架上，也可以相对于参考框架运动。合理地设置坐标系可以简化机械系统的运动分析。在机械系统的运动分析过程中，经常使用三种坐标系：

（1）地面坐标系（Ground Coordinate System）。地面坐标系又称为静坐标系，是固定在地面标架上的坐标系。在 Adams 中，所有构件的位置、方向和速度都用地面坐标系表示。

（2）局部构件参考坐标系（Local Part Reference Frame，LPRF）。这个坐标系固定在构件上并随构件运动。每个构件都有一个局部构件参考坐标系，可以通过确定局部构件参考坐标系在地面坐标系的位置和方向，来确定一个构件的位置和方向。在 Adams 中，局部构件参考坐标系默认与地面坐标系重合。

（3）标架坐标系（Marker System）。标架坐标系又称为标架，是为了简化建模和分析在构件上设立的辅助坐标系，有两种类型的标架坐标系：固定标架和浮动标架。固定标架固定在构件上，并随构件运动。可以通过固定标架在局部构件参考坐标系中的位置和方向来确定固定标架坐标系的位置和方向。固定标架可以用来定义构件的形状、质心位置、作用力和反作用力的作用点、构件之间的连接位置等。浮动标架相对于构件运动，在机械系统的运动分析过程中，有些力和约束需要使用浮动标架来定位。

动力学方程的求解速度很大程度上取决于广义坐标的选择。研究刚体在惯性空间中的一般运动时，可以用它的质心标架坐标系确定位置，用质心标架坐标相对于地面坐标系的方向余弦矩阵确定方位。为了解析地描述方位，必须规定一组转动广义坐标表示方向余弦矩阵。第一种方法是用方向余弦矩阵本身的元素作为转动广义坐标，但是变量太多，同时还要附加 6 个约束方程；第二种方法是用欧拉角或卡尔登角作为转动坐标，它的算法规范，缺点是在逆问题中存在奇点，在奇点位置附近数值计算容易出现困难；第三种方法是用欧拉参数作为转动广义坐标，它的变量不太多，由方向余弦计算欧拉角时不存在奇点。Adams 软件用刚体 B_i 的质心笛卡尔坐标和反映刚体方位的欧拉角作为广义坐标，即 $q_i = [x, y, z, \psi, \theta, \varphi]^T$，$q = [q_1^T, q_2^T, \cdots, q_n^T]^T$。由于采用了不独立的广义坐标，系统动力学方程虽然是最大数量，但却是高度稀疏耦合的微分代数方程，适用于稀疏矩阵的方法高效求解。

1.4.2　动力学方程的建立与求解

Adams 中用刚体 B 的质心笛卡尔坐标和反映刚体方位的欧拉角作为广义坐标，即 $q = [x, y, z, \psi, \theta, \phi]^T$，令 $R = [x, y, z]^T$，$\gamma = [\psi, \theta, \phi]^T$，$q = [R^T, \gamma^T]^T$。构件质心参考坐标系与地面坐标系间的坐标变换矩阵为：

$$A^{gi} = \begin{bmatrix} \cos\psi\cos\phi - \sin\psi\cos\theta\sin\phi & -\cos\psi\sin\phi - \sin\psi\cos\theta\cos\phi & \sin\psi\sin\theta \\ \sin\psi\cos\phi + \cos\psi\cos\theta\sin\phi & -\sin\psi\sin\phi + \cos\psi\cos\theta\cos\phi & -\cos\psi\sin\theta \\ \sin\theta\sin\phi & \sin\theta\cos\phi & \cos\theta \end{bmatrix} \quad (1\text{-}1)$$

定义一个欧拉转轴坐标系，该坐标系的三个单位矢量分别为上面三个欧拉转动的轴，因而三个轴并不相互垂直。该坐标系到构件质心坐标系的坐标变换矩阵为：

$$B = \begin{bmatrix} \sin\theta\sin\phi & 0 & \cos\theta \\ \sin\theta\cos\phi & 0 & -\sin\theta \\ \cos\theta & 1 & 0 \end{bmatrix} \quad (1\text{-}2)$$

构件的角速度可以表达为：

$$\omega = B\dot{\gamma} \quad (1\text{-}3)$$

Adams 中引入变量 ω_e 为角速度在欧拉转轴坐标系的分量：

$$\omega_e = \dot{\gamma} \quad (1\text{-}4)$$

考虑约束方程，Adams 利用带拉格朗日乘子的拉格朗日第一类方程的能量形式得到如下方程：

$$\frac{\mathrm{d}}{\mathrm{d}t}\left(\frac{\partial T}{\partial \dot{q}_j}\right) - \frac{\partial T}{\partial q_j} = Q_j + \sum_{i=1}^{n} \lambda_i \frac{\partial \Phi}{\partial q_j} \quad (1\text{-}5)$$

T 为系统广义坐标表达的动能，q_j 为广义坐标，Q_j 为在广义坐标 q_j 方向的广义力，最后一项涉及约束方程和拉格朗日乘式表达式在广义坐标 q_j 方向的约束反力。

Adams 中近一步引入广义动量：

$$P_j = \partial T / \partial \dot{q}_j \quad (1\text{-}6)$$

简化表达约束反力为：

$$C_j = \sum_{i=1}^{n} \lambda_i \frac{\partial \Phi}{\partial q_j} \quad (1\text{-}7)$$

这样方程（1-5）可以简化为：

$$\dot{P}_j - \frac{\partial T}{\partial q_j} = Q_j - C_j \qquad (1\text{-}8)$$

动能可以近一步表达为：

$$T = \frac{1}{2}\dot{R}^T M \dot{R} + \frac{1}{2}\dot{\gamma}^T B^T J B \dot{\gamma} \qquad (1\text{-}9)$$

其中 M 为构件的质量阵，J 为构件在质心坐标系下的惯量阵。

将方程（1-8）分别表达为移动方向与转动方向：

$$\dot{P}_R - \frac{\partial T}{\partial q_R} = Q_R - C_R \qquad (1\text{-}10)$$

$$\dot{P}_\gamma - \frac{\partial T}{\partial q_\gamma} = Q_\gamma - C_\gamma \qquad (1\text{-}11)$$

其中 $\dot{P}_R = \frac{\mathrm{d}}{\mathrm{d}t}\left(\partial T / \partial \dot{q}_R\right) = \frac{\mathrm{d}}{\mathrm{d}t}(M\dot{R}) = M\dot{V}$，$\frac{\partial T}{\partial q_R} = 0$。

方程（1-10）可以简化为：

$$M\dot{V} = Q_R - C_R \qquad (1\text{-}12)$$

$P_\gamma = \left(\dfrac{\partial T}{\partial \dot{q}_\gamma}\right) = B^T J B \dot{\gamma}$，由于 B 中包含欧拉角，为了简化推导，Adams 中并没有进一步推导 $\dot{P}_\gamma$，而是将其作为一个变量求解。

这样 Adams 中每个构件具有如下 15 个变量（而非 12 个）和 15 个方程（而非 12 个）。

变量：

$$\begin{cases} V = \left[V_x, V_y, V_z\right]^T \\ R = [x, y, z]^T \\ P_\gamma = \left[P_\psi, P_\theta, P_\phi\right]^T \\ \omega_e = \left[\omega_\psi, \omega_\theta, \omega_\phi\right]^T \\ \gamma = [\psi, \theta, \phi]^T \end{cases} \qquad (1\text{-}13)$$

方程：

$$\begin{cases} M\dot{V} = Q_R - C_R \\ V = \dot{R} \\ \dot{P}_\gamma - \dfrac{\partial T}{\partial q_\gamma} = Q_\gamma - C_\gamma \\ P_\gamma = B^T J B \omega_e \\ \omega_e = \dot{\gamma} \end{cases} \qquad (1\text{-}14)$$

集成约束方程 Adams 可自动建立系统的动力学方程——微分－代数方程：

$$
\begin{cases}
\dot{P} - \partial T / \partial q + \Phi_q^T \lambda + H^T F = 0 \\
P = \partial T / \partial \dot{q} \\
u = \dot{q} \\
\Phi(q,t) = 0 \\
F = f(u,q,t)
\end{cases}
\tag{1-15}
$$

其中，P 为系统的广义动量；H 为外力的坐标转换矩阵。

对于微分－代数方程的求解，Adams 采用两种方式：第一种方法为对 DAE 方程的直接求解，第二种方法为 DAE 方程利用约束方程，将广义坐标分解为独立坐标和非独立坐标然后化简为 ODE 方程求解。DAE 方程的直接求解是将二阶微分方程降阶为一阶微分方程来求解，通过引入 $u = \dot{q}$，将所有拉格朗日方程均写成一阶微分形式，该方程为 Index 3 微分代数方程。

Index 3 积分格式如下：

$$
\begin{cases}
\dot{P} - \partial T / \partial q + \Phi_q^T \lambda + H^T F = 0 \\
P = \partial T / \partial \dot{q} \\
u = \dot{q} \\
\Phi(q,t) = 0 \\
F = f(u,q,t)
\end{cases}
\tag{1-16}
$$

运用一阶向后差分公式，上述方程组对 $(u\ q\ \lambda)$ 求导，可得其 Jacobian 矩阵，然后利用 Newton-Rapson 求解。可以看出，当积分步长 h 减小并趋近于 0 时，上述 Jacobian 矩阵呈现病态。为了有效地监测速度积分的误差，可采用降阶积分方法（Index Reduction Methods）。通常来说，微分方程的阶数越少，其数值求解稳定性就越好。Adams 还采用两种方法来降阶求解，即 SI2（Stabilized-Index Two）和 SI1（Stabilized-Index One）方法。

SI2 积分格式：

$$
\begin{cases}
\dot{P} - \partial T / \partial q + \Phi_q^T \lambda + H^T F = 0 \\
P = \partial T / \partial \dot{q} \\
u - \dot{q} + \Phi_q^T \mu = 0 \qquad (\mu = 0) \\
\Phi(q,t) = 0 \\
\dot{\Phi}(q,u,t) = 0 \\
F = f(u,q,t)
\end{cases}
\tag{1-17}
$$

上式能同时满足 Φ 和 $\dot{\Phi}$ 求解不违约，且当步长 h 趋近于 0 时，Jacobian 矩阵不会呈现病态现象。

SI1 积分格式：

$$
\begin{cases}
\dot{P} - \partial T / \partial q + \Phi_q^T \dot{\eta} + H^T F = 0 \\
P = \partial T / \partial \dot{q} \\
u - \dot{q} + \Phi_q^T \dot{\zeta} = 0 \\
\Phi(q,t) = 0 \\
\dot{\Phi}(q,u,t) = 0 \\
F = f(u,q,t)
\end{cases}
\tag{1-18}
$$

上式中，为了对方程组降阶，引入 $\dot{\eta}$ 和 $\dot{\zeta}$ 来替代拉格朗日乘子，即 $\dot{\eta} = \lambda$，$\dot{\zeta} = \mu$。这种变化有效地将上述方程组的阶数降为 1，因为只需要微分速度约束方程一次来显式地计算表达式 $\dot{\eta}$ 和 $\dot{\zeta}$。运用 SI1 积分器，能够方便地监测 q, u, η 和 ζ 的积分误差，系统的加速度也趋于更加精确。但在处理有明显的摩擦接触问题时，SI1 积分器十分敏感并具有挑剔性。

1.4.3 静力学、运动学初始条件分析

在进行动力学、静力学分析之前，Adams 会自动进行初始条件分析，以便在初始系统模型中各物体的坐标与各种运动学约束之间达到协调，这样可以保证系统满足所有的约束条件。

初始条件分析通过求解相应的位置、速度、加速度的目标函数的最小值得到。

（1）对初始位置分析，需满足约束最小化问题。

Minimize:
$$C = \frac{1}{2}(q - q_0)^T W(q - q_0) \tag{1-19}$$

Subject to:
$$\Phi(q) = 0 \tag{1-20}$$

q 为构件广义坐标，W 为权重矩阵，q_0 为用户输入的值，如果用户输入的值为精确值，则相应权重较大，并在迭代中变化较小。可以利用拉格朗日乘子将上述约束最小化问题变为如下极值问题：

$$L = \frac{1}{2}(q - q_0)^T W(q - q_0) + \Phi(q)^T \lambda \tag{1-21}$$

L 取最小值，则由 $\dfrac{\partial L}{\partial q} = 0$，$\dfrac{\partial L}{\partial \lambda} = 0$ 得：

$$\begin{cases} W(q - q_0) + \left[\dfrac{\partial \Phi}{\partial q}\right]^T \lambda = 0 \\ \Phi(q) = 0 \end{cases} \tag{1-22}$$

因为约束函数中存在广义坐标，该方程为非线性方程，须用 Newton-Raphson 迭代求解，迭代方程如下：

$$\begin{bmatrix} [W] & \left[\dfrac{\partial \Phi}{\partial q}\right]^T \\ \left[\dfrac{\partial \Phi}{\partial q}\right] & [0] \end{bmatrix} \begin{Bmatrix} \Delta q \\ \Delta \lambda \end{Bmatrix} = \begin{Bmatrix} W(q - q_0) + \left[\dfrac{\partial \Phi}{\partial q}\right]^T \lambda \\ \Phi(q) \end{Bmatrix} \tag{1-23}$$

（2）对初始速度分析，需满足约束最小化问题。

Minimize:
$$C = \frac{1}{2}(\dot{q} - \dot{q}_0)^T W(\dot{q} - \dot{q}_0) \tag{1-24}$$

Subject to:
$$[\partial \Phi / \partial q]\dot{q} + \partial \Phi / \partial t = 0 \tag{1-25}$$

其中，$\dot{q}_0$ 为用户设定的准确的或近似的初始速度值，或者为程序设定的默认速度值；W 为对应 $\dot{q}_0$ 的权重系数矩阵。

同样可以利用拉格朗日乘子将上述约束最小化问题变为如下极值问题：

$$L = \frac{1}{2}(\dot{q} - \dot{q}_0)^T W(\dot{q} - \dot{q}_0) + \left([\partial \Phi / \partial q] \dot{q} + \partial \Phi / \partial t \right)^T \lambda \qquad (1\text{-}26)$$

L 取最小值，得：

$$\begin{cases} W(\dot{q} - \dot{q}_0) + \left[\dfrac{\partial \Phi}{\partial q}\right]^T \lambda = 0 \\[3mm] \left[\dfrac{\partial \Phi}{\partial q}\right] \dot{q} + \dfrac{\partial \Phi}{\partial t} = 0 \end{cases} \qquad (1\text{-}27)$$

q 为已知，该方程为线性方程组，可求解如下方程：

$$\begin{bmatrix} [W] & \left[\dfrac{\partial \Phi}{\partial q}\right]^T \\[3mm] \left[\dfrac{\partial \Phi}{\partial q}\right] & [0] \end{bmatrix} \begin{Bmatrix} \dot{q} \\ \lambda \end{Bmatrix} = \begin{Bmatrix} Wq_0 \\ \left[\dfrac{\partial \Phi}{\partial t}\right] \end{Bmatrix} \qquad (1\text{-}28)$$

（3）对初始加速度、初始拉氏乘子的分析，可直接由系统动力学方程和系统约束方程的二阶导数确定。

1.4.4　计算分析过程

Adams 中 DAE 方程的求解采用了 BDF 刚性积分法，以下为其步骤：

1. 预估阶段

用 Gear 预估－校正算法可以有效地求解微分－代数方程。首先，根据当前时刻的系统状态矢量值，用泰勒级数预估下一时刻系统的状态矢量值：

$$y_{n+1} = y_n + \frac{\partial y_n}{\partial t} h + \frac{1}{2!} \frac{\partial^2 y_n}{\partial t^2} h^2 + \cdots \qquad (1\text{-}29)$$

其中，时间步长 $h = t_{n+1} - t_n$。这种预估算法得到的新时刻的系统状态矢量值通常不准确，可以由 Gear $k+1$ 阶积分求解程序（或其他向后差分积分程序）来校正。

$$y_{n+1} = -h\beta_0 \dot{y}_{n+1} + \sum_{i=1}^{k} \alpha_i y_{n-i+1} \qquad (1\text{-}30)$$

其中，y_{n+1} 为 $y(t)$ 在 $t = t_{n+1}$ 时的近似值；β_0 和 α_i 为 Gear 积分程序的系数值。

上式经过整理，可表示为：

$$\dot{y}_{n+1} = \frac{-1}{h\beta_0} \left[y_{n+1} - \sum_{i=1}^{k} \alpha_i y_{n-i+1} \right] \qquad (1\text{-}31)$$

2. 校正阶段

（1）求解系统方程 G，如 $G(y, \dot{y}, t) = 0$，则方程成立，此时的 y 为方程的解，否则继续。

（2）求解 Newton-Raphson 线性方程，得到 Δy，以更新 y，使系统方程 G 更接近于成立。

（3）$J \Delta y = G(y, \dot{y}, t_{n+1})$，其中 J 为系统的雅可比矩阵。

（4）利用 Newton-Raphson 迭代，更新

$$y: \quad y^{k+1} = y^k + \Delta y^k \qquad (1\text{-}32)$$

（5）重复以上步骤，直到 Δy 足够小。

3. 误差控制阶段

（1）预估计积分误差并与误差精度比较，如积分误差过大则舍弃此步。

（2）计算优化的步长 h 和阶数 n。

（3）如达到仿真结束时间，则停止，否则 $t = t + \Delta t$，重新进入第（1）步。

第 2 章 构件建模

Adams/View 中可产生 4 种类型的构件：刚性体（Rigid body）、柔性体（Flexible body）、点质量（Point mass）和大地形体（Ground part）。

- 刚性体：在任何时候都不发生变形，可以运动，具有空间的 6 个自由度，有质量和转动惯量等力学性质。
- 柔性体：受到外力时会发生变形，可以运动，有质量和转动惯量等力学性质。
- 点质量：不考虑几何外延，体积为零，仅有质量，没有惯性矩，可以运动，但只有 3 个平动自由度。
- 大地形体：没有质量和速度，自由度为零。每个模型中必须存在，且在进入 Adams/View 后系统会自动生成，定义绝对坐标系（GCS）及坐标原点，并且在仿真过程中始终静止不动，在计算速度和加速度时起着惯性参考坐标系的作用。

2.1 View 中建模

2.1.1 构件与构件元素

在 Adams/View 中，一个或几个构件元素构成一个复杂的构件（Part）。构件元素包括构造元素（如点、曲线、坐标标记等）和几何实体（如立方体、圆柱、球、圆环等）。构件与构件元素之间的关系如图 2-1 所示，构件 handle 由 Link、Marker 标记点 4 与 9 组成。

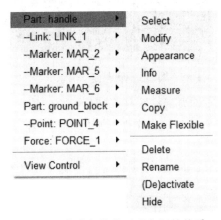

图 2-1　构件与构件元素之间的关系

对于一些简单的几何模型，可直接在 Adams/View 中通过建立几何元素、构造元素、布尔运算、特征修改来构建，而对于比较复杂的几何模型或要求逼真的视觉效果模型，则可以在其他 CAD 软件中建立几何模型，直接通过 Exchange 接口或 Translator 接口模块导入到 Adams/View 中。

2.1.2 创建构造元素

构造元素包括设计点、标记点、圆、圆弧、直线、质量点、多段线和样条曲线。单击主工具栏 Bodies>Construction，构造元素工具栏如图 2-2 所示。

图 2-2　构造元素工具栏

这些构造元素建模工具的使用方法大同小异，单击不同的按钮，工具界面状态栏会有相应的提示信息，如图 2-3 所示，可根据状态栏的提示信息进行操作，下面介绍部分要素的使用方法。

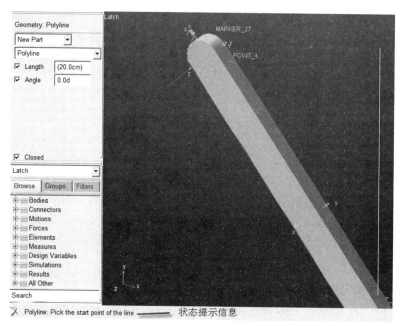

图 2-3　状态提示信息

（1）创建设计点。以设计点为基准定义空间位置来创建构件，是 Adams/View 中的常用方法。可以通过对设计点的参数化处理，实现模型的参数化建模，在试验设计、研究和优化分析中非常有用。

单击 Construction 中的 ° 按钮，在模型树上方出现设计点的属性栏，如图 2-4 所示。

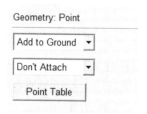

图 2-4　设计点属性栏

在设置栏中可以选择以下内容：

● Add to Ground：将设计点放置在大地上。

● Add to Part：将设计点放置在零件上。

● Don't Attach：附近的标记点不与设计点关联。

● Attach Near：附近的标记点与设计点关联。

单击属性栏的 Point Table 按钮，可通过单击 Create 按钮来快速创建 Point 点，默认坐标值为（0,0,0），可以根据实际修改坐标值。还可以参数化坐标值，选中需要参数化的坐标分量，在对话框顶部的编辑框内右击鼠标，在快捷菜单中执行 Parameterize>Create Design Variable 命令，直接创建设计变量，或选中 Reference Design Variable 来选择已经创建好的设计变量，如图 2-5 所示。

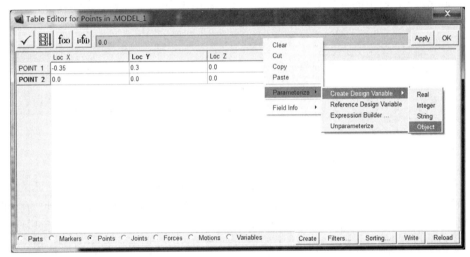

图 2-5　设计点编辑参数化对话框

（2）创建 Marker 标记点。标记点既有位置又有方向，可在任意构件或地面上定义局部坐标系参考点。

单击 Construction 中的 ⋏ 按钮，在模型树上方出现标记点的属性栏，如图 2-6 所示。

在设置栏中可以选择以下内容：

● Add to Ground：将标记点放置在大地上。

● Add to Part：将标记点放置在零件上。

● Add to Curve：将标记点放置在曲线上。

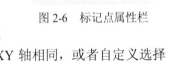

图 2-6　标记点属性栏

Orientation 用于指定 Marker 点的方向，可以选择全局坐标系 Global XY Plane 平面设置 Marker 点的 XY 轴与全局坐标系的 XY 轴相同，或者自定义选择 X-Axis 和 Y-Axis 来指定 Marker 的 XY 轴方向。

2.1.3　创建实体元素

Adams/View 中提供了 10 种常用几何实体（Solids）建模工具，包括立方体（Box）、连杆（Link）、圆柱体（Cylinder）、多边形板（Plate）、球体（Sphere）、拉伸实体（Extrusion）、圆

台（Frustum）、旋转体（Revolution）、圆环（Torus）、平面（Plane），如图 2-7 所示。

几何实体建模的一般过程如下：

（1）在实体建模工具栏中选取需要创建的三维实体建模工具。

（2）在参数设置栏中，选择创建新几何实体（New Part），还是添加到已有零部件上创建几何实体（Add to Part），或者是在地面上创建几何实体（On Ground）。

（3）输入几何实体的尺寸参数，如长、宽、高、半径等。

（4）按照工作界面下方状态栏的提示信息，点选起始设计点，拖动鼠标至希望绘制的形体尺寸，如果在参数设置栏中定义了具体的尺寸参数，则不随鼠标拖动变化。

（5）单击完成实体建模。

1. 创建长方体

单击 Solids 工具栏中的 ![button] 按钮，在模型树上方出现 Box 属性栏，如图 2-8 所示。

图 2-7　实体建模工具栏

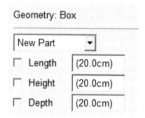

图 2-8　Box 属性栏

在下拉列表框中有 New Part、Add to Part、On Ground 选项，分别表示所创建的长方体是新创建、添加到已有的构件上或者属于地面。Length、Height、Depth 分别表示长方体的长度、宽度、高度。这三个值分别对应于全局坐标系的 X、Y、Z 轴方向，输入正值时默认为全局坐标系 XYZ 轴的正方向，输入负值时则为全局坐标系 XYZ 轴相应的负方向。如果需要参数化长方体的长度、宽度、高度这三个值，可在相应的输入值处右击鼠标，在快捷菜单中执行 Parameterize>Create Design Variable 命令，直接创建设计变量，或选中 Reference Design Variable 来选择已经创建好的设计变量。

2. 创建拉伸体（Extrusion）

对于一些复杂的不规则的几何形体，可以使用此工具来创建。单击 Solids 工具栏中的 ![button] 按钮，在模型树上方出现长方体属性栏，如图 2-9 所示。

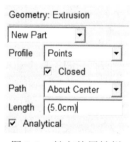

图 2-9　长方体属性栏

在下拉列表框中有 New Part、Add to Part、On Ground 选项，分别表示所创建的拉伸体是新创建、添加到已有的构件上或者属于地面。在 Profile 下拉列表框中可选择 Points、Curve 选项，分别表示拉伸体截面可由点或曲线生成。

选择 Points 创建截面时，可通过选择 Closed 来决定首尾点是否封闭。

Path 下拉列表框中的可选项有 Forward、About Center、Backward、Along Path，分别表示将截面沿着 Z 轴正方向拉伸、沿着 Z 轴正负方向对称拉伸、沿着 Z 轴负方向拉伸、自定义拉伸路径。

Length 栏表示截面拉伸的长度，为正值。

2.1.4　创建柔性体

当考虑系统中构件的柔性变形对分析结果的影响时，需要使用柔性体来代替刚性体。在 Adams/View 中可以输入其他有限元软件创建的柔性体中性文件 MNF 来直接创建柔性体、将已有刚性体转换为柔性体、将已有柔性体转换为另一柔性体、生成离散梁单元连杆，也可以对柔性体构件进行移动、旋转和镜像。柔性体工具栏如图 2-10 所示。

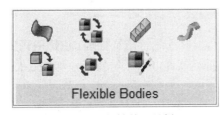

图 2-10　柔性体工具栏

单击柔性体工具栏左上角的 　　按钮，创建柔性体对话框如图 2-11 所示。

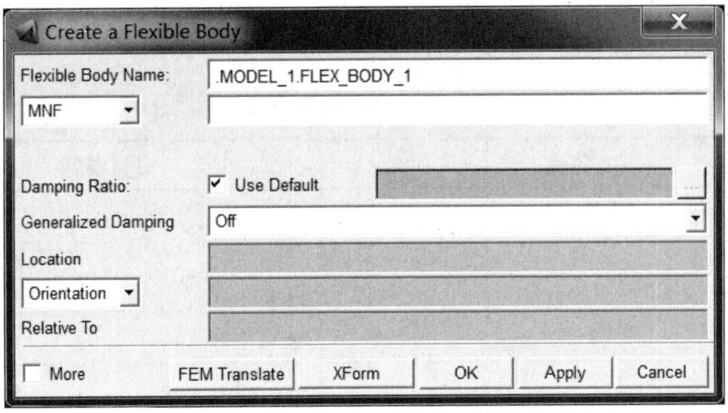

图 2-11　创建柔性体对话框

在 Flexible Body Name 栏中输入要创建的柔性体名称。

在 MNF 可选项中，可输入 MNF 或 MD DB 文件名。

Damping Ratio 栏中可设置阻尼比：1%为频率小于 100 的模态衰减；10%为频率在 100～1000 之间的模态衰减；100%为频率大于 1000 的模态衰减。

Generalized Damping 设置使用何种阻尼衰减类型，在 Location 中输入起始坐标位置，方向可选择 Orientation（相对全局坐标系）、Along Axis（以起点和终点连线为轴）、In Plane（沿平面）。FEM Translate 按钮适用于使用 MSC Nastran 软件的用户，用户可根据需要进行设置，如图 2-12 所示。

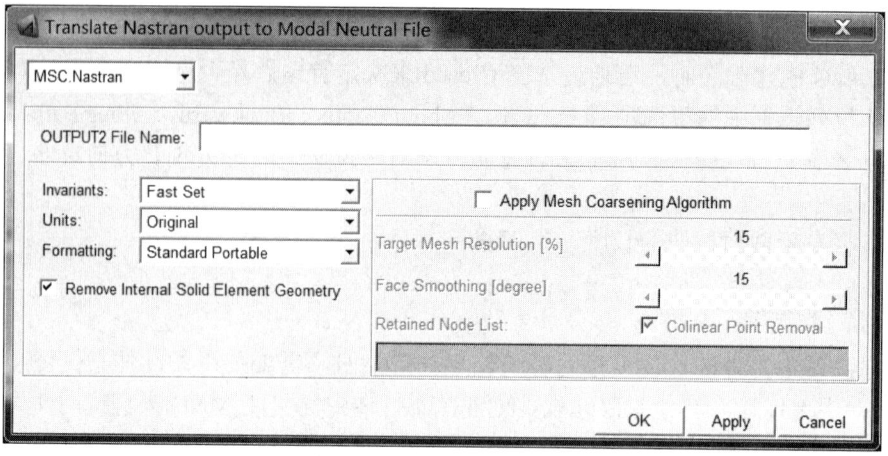

Translate Nastran output to Modal Neutral File ✕

MSC.Nastran ▾

OUTPUT2 File Name:

Invariants: Fast Set ▾   ☐ Apply Mesh Coarsening Algorithm
Units: Original ▾   Target Mesh Resolution [%]   15
Formatting: Standard Portable ▾   Face Smoothing [degree]   15
☑ Remove Internal Solid Element Geometry   Retained Node List: ☑ Colinear Point Removal

OK   Apply   Cancel

图 2-12　MSC Nastran Translate 设置

2.1.5　添加特征

创建了几何实体后，用户可以对其进行修饰处理，包括倒直角（Chamfer）、倒圆角（Fillet）、钻孔（Hole）、凸圆（Boss）、抽壳（Hollow）等特征，如图 2-13 和表 2-1 所示。

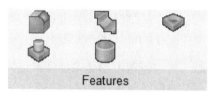

图 2-13　创建特征工具栏

表 2-1　模型特征命令

图标	名称	功能	设置参数
	Chamfer	倒直角	倒角边长度（Width）
	Fillet	倒圆角	圆角半径（Radius） 末端半径（End Radius）
	Hole	钻孔	孔半径（Radius） 孔深（Depth）
	Boss	凸圆	半径（Radius） 高度（Height）
	Hollow	抽壳	厚度（Thickness）

2.1.6　布尔操作

创建几何实体和进行特征修饰后，还可以通过布尔操作将简单的几何实体合并到一起创建更为复杂的几何实体模型，如图 2-14 和表 2-2 所示。

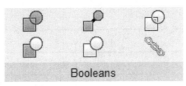

图 2-14　布尔操作工具栏

表 2-2　布尔运算操作

图标	名称	功能	说明
	Union	合并两个相交的实体	实体 2 并入实体 1，实体 2 被删除
	Merge	合并两个不相交的实体	实体 2 并入实体 1，实体 2 被删除
	Intersect	两个实体相交	实体 1 变成两实体相交部分，实体 2 被删除
	Cut	用一个实体切割另一个实体	用实体 1 切割实体 2，实体 2 中同实体 1 相交部分被切除
	Split	还原被布尔运算的几何实体	还原被布尔运算前的几何实体
	Chain	将构造线首尾相连成一条线	构造复杂的几何轮廓

2.2　CAD 导入建模

通过 Adams/Exchange 模块，用户可以将所有来源于产品数据交换库（PDE/Lib）的标准格式表示的机构部件或系统的几何外形进行数据导入，从而实现 Adams 与 CATIA、IDEAS、UG、Pro/E、MDT、Inventor、Solidworks、Solidedge 等 CAD 软件之间的标准通用接口。标准格式包括 IGES、STEP、DWG、DXF、Stereolithography、Wavefront、Render、Shell 及 Parasolid 等，数据传入 Adams 软件时，能够保持该模型原有的精度。

也可以通过 Adams_CAD_Tranlators 模块，直接导入和导出 CAD 几何模型原始文件（需要单独的 license），不需要通过中立格式文件传递 CAD 几何模型，可直接读取 CAD 装配体文件到 Adams 中并生成运动部件，精确地定义系统几何模型。

● 支持的文件格式有 CATIA V4，CATIA V5，IGES，STEP，VDA-FS，Pro/ENGINEER（Pro/E），Parasolid（PS），Unigraphics（UG），Solidworks，Inventor，ACIS。

● 支持的输入输出文件格式版本见表 2-3。

表 2-3　Adams/Translators 支持的几何格式

格式	导入版本	导出版本
IGES (.igs)	3 & 5	5.3
STEP (.stp)	203/214/242	214
ACIS (.sat)	All → R21	不支持
CATIA V4 (.model, .dlv, .exp, session)	All 4.xx	不支持

续表

格式	导入版本	导出版本
CATIAV5(.CATPart, .CATProduct)	R10 → R26	不支持
Pro/Engineer part files (.prt, .asm)	13 → Creo3 (M040)	不支持
Inventor (.ipt, .iam)	All → 2016	不支持
Solidworks (.sldprt, .sldasm)	99 → 2016	不支持
Unigraphics (.prt)	11 → NX10	不支持
JT : JtOpen (.jt)	7.0 → 10	不支持

2.3　编辑模型

2.3.1　进入编辑窗口

在 Adams 中建立的虚拟样机模型，所有构件都具有一定的物理特性，包括质量、转动惯量、初速度、初始位置和初始方向。利用系统提供的几何建模工具，通过构件的体积和材料密度，可以自动计算构件的质量和转动惯量。用户也可以自定义构件的质量和转动惯量，及初始条件等信息。

用户对构件特性进行修改，可通过以下几种方式：

（1）右击需要修改特性的构件，单击弹出菜单中的 Modify 命令，如图 2-15 所示，出现构件特性修改对话框。

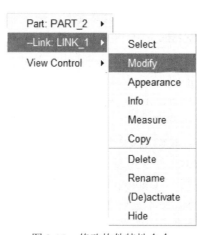

图 2-15　修改构件特性命令

（2）菜单栏 Edit>Modify。单击要修改的构件，然后通过单击菜单 Edit>Modify 命令，显示该构件的特性修改对话框；没有选择构件而直接单击菜单 Edit>Modify 命令，将显示 Database Navigator 数据库浏览对话框，可在浏览器中选择需要修改的构件。

（3）在模型树中选择 Bodies 中要修改的构件。右击需要修改特性的构件，单击弹出菜单中的 Modify 命令，出现构件特性修改对话框。

2.3.2 修改外观

修改构件几何元素的外观，可通过鼠标选中需要修改的几何元素并右击，在弹出菜单中选择 Appearance 命令，弹出修改外观对话框，也可以通过单击菜单 Edit>Appearance 命令，弹出数据库浏览器，在浏览器中选择需要修改外观的几何元素，如图 2-16 所示。

图 2-16 修改构件元素外观对话框

在修改对话框中，可以修改几何元素的可见性（Visibility）、几何元素名称的可见性（Name Visibility）、颜色（Color）、颜色应用范围（Color Scope）、渲染样式（Render）、透明性（Transparency）、图标的显示大小（Icon Size）。

2.3.3 修改名称和方位

如图 2-17 所示，在 Modify Body 对话框中，将 Category 设为 Name and Position 项，在 New Name 中输入构件的新名称，在 Location 中输入移动的位移量，在 Orientation 中输入旋转的角度可以将构件进行平动或旋转，在 Relative to 中输入参考坐标，可将构件相对于该参考坐标系进行平动或旋转。

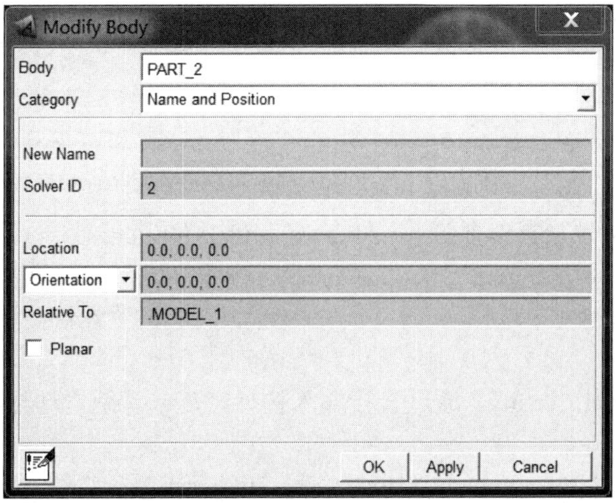

图 2-17 构件名称方位修改对话框

Adams/View 中还提供了一种精确修改构件方位的方法，可先在工作界面中选中需要修改的构件，单击菜单 Edit>Move 命令，弹出精确移动对话框，如图 2-18 所示。

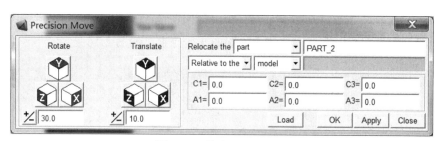

图 2-18　精确移动对话框

在 Relative to the 下拉列表框中可选择 part、marker 作为参考坐标，在 C1、C2、C3 中输入相对位移的距离，在 A1、A2、A3 中输入相对旋转的角度值，也可以直接在坐标框中输入旋转或移动值，直接旋转坐标轴完成旋转。

2.3.4　修改质量信息

在 Modify Body 对话框中，将 Category 设为 Mass Properties，即可给构件赋予不同的材料及质量信息，如图 2-19 所示。

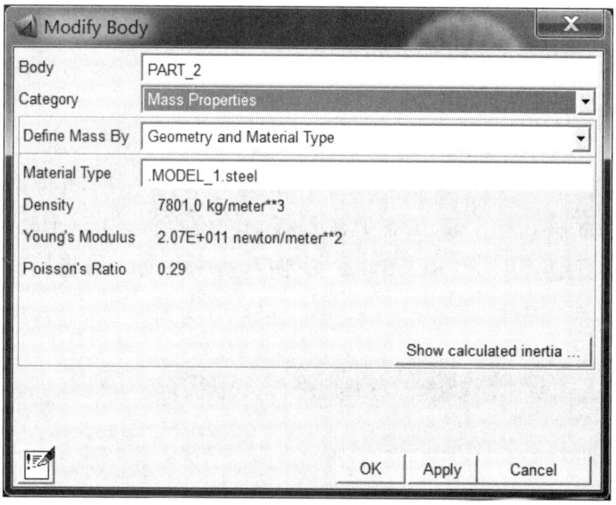

图 2-19　构件的质量信息修改对话框

Define Mass By 下拉列表中有如下三种方法定义构件质量信息：

（1）Geometry and Material Type，通过几何形状和材料计算构件质量和转动惯量信息，可在 Material Type 材料库中选择输入材料，系统根据材料的物理特性自动计算构件的质量和转动惯量。

（2）Geometry and Density，通过直接输入构件密度，系统自动计算构件的质量和转动惯量。

（3）User Input，用户可以自定义构件的质量和转动惯量。需要直接输入构件的质量、转动惯量、质心标记点、转动惯量参考标记点等信息。

2.3.5　修改初始运动条件

在 Modify Body 对话框中，将 Category 设为 Velocity Initial Conditions，出现如图 2-20 所示的对话框，可对构件初始线速度和角速度进行设定。

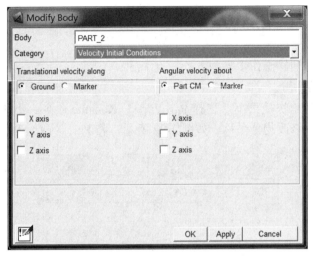

图 2-20　构件的初始速度修改对话框

2.4　实例：建模

本节在 Adams/View 中绘制挂锁模型，通过该例，读者可以学到一些几何建模的综合方法。

（1）启动 Adams/View，创建一个新的数据文件，在模型名称输入框中输入 Latch，将单位设置成 MMKS。

（2）设置工作环境。操作步骤如下：

1）在 Settings 菜单中选择 Units，将长度单位设置为厘米（cm），单击 OK 按钮。

2）在 Settings 菜单中选择 Working Grid，则弹出工作栅格设置对话框。

3）将工作栅格尺寸设置为 25，格距为 1，单击 OK 按钮。

4）在 Settings 菜单中选择 Icons，弹出 Icons 设置对话框，将 Model Icons 的所有默认尺寸改为 2，单击 OK 按钮。

（3）建立设计点。操作步骤如下：

1）单击 Dynamic Pick 图标并放大工作栅格。用光标框出想观察的区域。

2）单击工具栏的 Bodies>Construction，再单击 Point 图标。

3）按照图 2-21 中 Table 3 所列数据设置设计参考点。使用点的默认设置，即 Add to Ground 和 Don't Attach。

注意：当放置许多点时，不用重复选择 Point 图标，只需在图标上双击即可。

（4）创建曲柄，操作步骤如下：

1）右击打开工具包，单击工具栏的按钮，把厚度和半径设为 1cm。

2）单击选择 Point_1、Point_2 和 Point_3，单击右键使曲柄闭合。

Table 3. Points Coordinate Locations

	X Location	Y Location	Z Location
POINT_1	0	0	0
POINT_2	3	3	0
POINT_3	2	8	0
POINT_4	-10	22	0

图 2-21　设计参考点坐标

（5）重新命名曲柄。操作步骤如下：

1）将光标放在曲柄上。

2）单击右键，弹出快捷菜单，选择 Part:Part_1>Rename 命令。出现 Rename 对话框。

3）模型名不变，修改物体名称。如图 2-22 所示，将 Part_1 改为 Pivot。

图 2-22　重命名曲柄

（6）创建手柄。操作步骤如下：

1）选择工具 Link。

2）在 Point_3 和 Point_4 之间建立连杆。

注意：只有当点的标识出现才表示已把连杆附着到点上。

3）为连杆改名，将 Part:Part_1 改为 handle。

（7）创建钩子（hook）和连杆（slider）。操作步骤如下：

1）选择拉伸工具 Extrusion，设置长度为 1cm，用鼠标左键按图 2-23 中 Table 4 所列值选取位置，最后单击鼠标右键使之闭合。

Table 4. Extrusion Coordinate Values

X Location	Y Location	Z Location
5	3	0
3	5	0
-6	6	0
-14	6	0
-15	5	0
-15	3	0
-14	1	0
-12	1	0
-12	3	0
-5	3	0
4	2	0

图 2-23　钩子截面参考点坐标

2）当鼠标放在物体上时，会出现对话窗，右击选取其几何外形，这时在拉伸体的各顶点处出现叫做"热点"的小方块。可以用这些热点修改拉伸体侧面外形的形状。

3）将拉伸体的名字改为 hook。

4）再创建两个设计点 Point_5 和 Point_6，位置如图 2-24 中 Table 5 所示。

Table 5. Points Coordinate Locations

	X Location	Y Location	Z Location
POINT_5	-1	10	0
POINT_6	-6	5	0

图 2-24　设计参考点坐标

5）在两个新设计点之间建立连杆。在点取之前要确认点的标识显现出来。

6）将连杆改名为 slider。

（8）存储模型数据文件。

用 Save Database As 命令把当前的模型存为 Adams/View 二进制文件，该文件存储了有关模型的所有信息。

在 File 菜单中选择 Save Database As 命令，保存文件名为 Latch。生成的虚拟样机模型如图 2-25 所示。

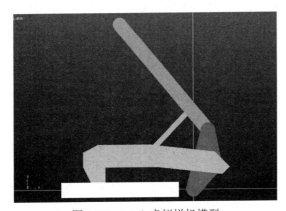

图 2-25　Latch 虚拟样机模型

第 3 章　约束建模

机械系统通常是由多个构件组成的，各个构件之间通过各种约束限制相对运动，并以此将不同构件连接起来组成一个机械系统。Adams/View 中约束的定义：限制部件之间的相对运动；表示理想化的连接关系；从系统中移去或者转动或者移动的自由度。

Adams/View 可以处理 4 种类型的约束：

（1）常用运动副约束，例如旋转副、滑移副、圆柱副等。

（2）指定约束方向：限制某个运动方向。

（3）接触约束：定义两构件在运动中发生接触时是怎样相互约束的。

（4）约束运动：规定一个构件遵循某个时间函数按指定的轨迹规律运动。

3.1　定义运动副

Adams/View 提供了多种常用运动副，用来表示具有相互作用的物理运动副，一般分为低副（Joints）、基本副（Primitives）、耦合副（Couplers）、高副（Special），如图 3-1 所示。运动副连接的两个构件可以是刚体、柔性体和质点。

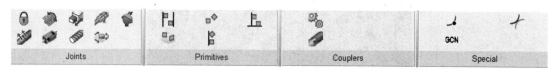

图 3-1　运动副工具栏

3.1.1　低副（Joints）

在 Adams/View 中，低副运动副有固定副、旋转副、滑移副、圆柱副、球副、等速副、胡克副、螺纹副、平面副。空间中两个构件有 6 个相对自由度，即 3 个平动自由度和 3 个旋转自由度，添加不同的运动副后，不同的运动副约束不同的自由度数目，低副约束关系详见表 3-1。

表 3-1　Adams 中的低副

图标	名称	图例	约束自由度
🔒	固定副（Fixed）	构件 1 构件 2	3 个旋转自由度 3 个移动自由度

图标	名称	图例	约束自由度
	旋转副 （Revolute）		2 个旋转自由度 3 个移动自由度
	滑移副 （Translational）		3 个旋转自由度 2 个移动自由度
	圆柱副 （Cylindrical）		2 个旋转自由度 2 个移动自由度
	球副 （Spherical）		0 个旋转自由度 3 个移动自由度
	等速副 （Common Velocity）		1 个旋转自由度 3 个移动自由度
	胡克副 （Hooke）		1 个旋转自由度 3 个移动自由度

图标	名称	图例	约束自由度
	螺纹副（Screw）		2 个旋转自由度 2 个移动自由度
	平面副（Planar）		2 个旋转自由度 1 个移动自由度

创建运动副时连接方式设置如下：

（1）1 Location-Bodies impl：Adams/View 自动选择所选位置点附近的两个构件，如果所选位置点附近只有一个构件，则系统自动将该构件连接到大地（Ground）上。

（2）2 Bodies-1 Location：用户需要选择两个构件和一个连接位置点。运动副被固定在第一个构件上，相对于第二个构件运动。

（3）2 Bodies-2 Location：用户需要选择两个构件和两个连接位置点。

创建运动副方向设置：

（1）Normal to Grid：如果工作界面中显示工作栅格，运动副方向将垂直于工作栅格的方向。如果工作界面中不显示工作栅格，运动副方向将垂直屏幕的方向。

（2）Pick Geometry Feature：用户需要在模型中选择特征以确定矢量方向来定义运动副的方向。

3.1.2 基本副（Primitives）

Adams/View 中提供的基本运动约束副是一种抽象的运动副，通过基本副的组合可以建立更为复杂的运动约束关系。基本运动约束关系如表 3-2 所示。

表 3-2　Adams 中的基本副

图标	名称	图例	约束自由度
	平行约束（Parallel Axis）	约束构件 1 的 Z 轴始终与构件 2 的 Z 轴平行，且构件 1 只能绕构件 2 的 Z 轴转动	2 个旋转自由度 0 个移动自由度
	垂直约束（Perpendicular）	约束构件 1 的 Z 轴始终与构件 2 的 Z 轴垂直，且构件 1 只能绕构件 2 的两轴转动	1 个旋转自由度 0 个移动自由度
	方向约束（Orientation）	约束两个构件的坐标方向始终保持一致	3 个旋转自由度 0 个移动自由度

续表

图标	名称	图例	约束自由度
	点面约束（Inplane）	约束构件 1 上的一点始终在构件 2 的 XY 平面上	0 个旋转自由度 1 个移动自由度
	点线约束（Inline）	约束构件 1 上的一点始终在构件 2 的一条直线上	0 个旋转自由度 2 个移动自由度

创建基本运动副时连接方式的设置选择和方向选择同低副一致。

3.1.3　耦合副（Couplers）

Adams/View 中提供了齿轮副（Gear）和耦合副（Coupler）两种耦合运动副。

（1）齿轮副关联两个运动副和一个坐标标记点（Marker），如图 3-2 所示，标记点位于两个齿轮的啮合点处，标记点到两个运动副连接点处的距离决定了齿轮的传动比。

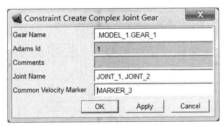

图 3-2　齿轮副设置对话框

齿轮副中连接的运动副可以是旋转副、圆柱副，用户选择不同类型的连接，就可以模拟直齿齿轮、斜齿轮、行星齿轮、锥齿轮、齿条齿轮和涡轮蜗杆齿轮等传动形式。

（2）耦合副（Coupler）将两个或三个运动副的运动关联起来，通常用于皮带轮、链轮、滑轮等连接。

如图 3-3 所示，在修改对话框中，可以选择两个运动副（Two Joint Coupler）或三个运动副（Three Joint Coupler）。在 Driver 和 Coupled 栏中修改或输入运动副类型。对圆柱副连接，需要在 Freedom Type 栏中选择连接处是直线运动（Translational）或旋转运动（Rotational）。在 Scale 栏输入运动副的传递比例系数 k_1、k_2、k_3，如果各运动副转过的角度或移动的距离分别为 s_1、s_2、s_3，则关联副确定的约束关系是 $k_1s_1+k_2s_2+k_3s_3=0$。

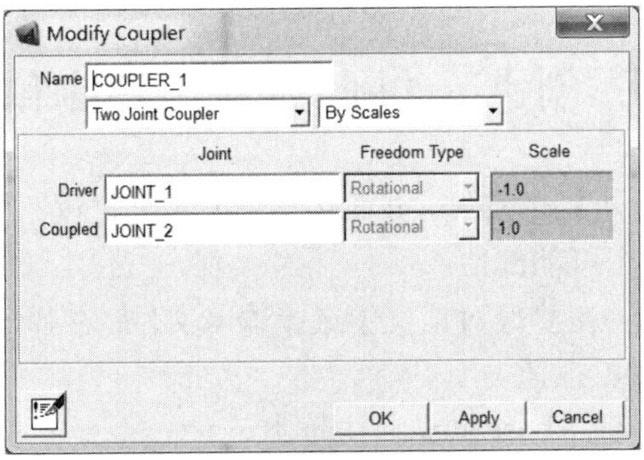

图 3-3　关联副修改对话框

3.1.4 高副（Special）

Adams/View 中提供了点线接触副（Point Curve Constraint）、线线接触副（2D Curve-Curve Constraint）两种高副。

（1）点线接触副。点线接触定义一个点线约束，限制固定在一个构件上的点沿着固定在另一构件上的曲线或边运动。点线接触副限制两个移动自由度，不限制转动自由度。

点线接触约束一个构件在另一个构件上的曲线自由滚动或滑动，两者不能分离，构件上的曲线可以是平面曲线或空间曲线，也可以是封闭曲线或开放曲线。

在定义点线接触副时，先选择一个构件上的某点，再选择另一构件上的曲线（Curve）或边（Edge）。

（2）线线接触副。线线接触定义一个线线约束，限制固定在一个构件上的曲线与固定在另一个构件上的曲线始终保持接触运动。线线接触副限制两个移动自由度。线线接触副的一种如图 3-4 所示。

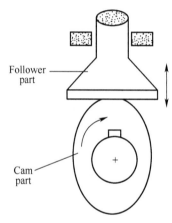

图 3-4　凸轮－从动轮模型

线线接触模拟两个构件的接触点随着运动不断变化的机构，两个曲线可以是封闭曲线也可以是开放曲线。

在定义线线接触时，先选择一个构件上的某条曲线（Curve）或边（Edge），再选择另一构件上的某条曲线（Curve）或边（Edge）。

3.2　实例：创建运动副（低副、高副和基本副）

本节通过挖掘机的举升机构的实例，介绍运动副的定义过程。在 Adams/View 中建立如图 3-5 所示举升机构中的每一个可动部件。

（1）启动 Adams/View，在欢迎对话框中选择输入文件，在弹出的输入文件对话框中输入 lift_mech.cmd 文件，单击 OK 按钮。

（2）使用固定副 ⚙ 将部件 base 固结到大地上。

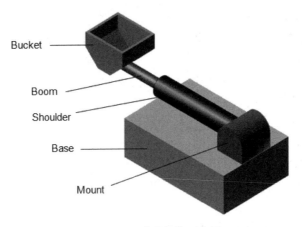

图 3-5　举升机构示意图

（3）将部件 Mount 与部件 Base 之间以旋转副 进行连接。

- 选择 2 Bod-1 Loc 和 Pick Feature。
- 将约束放在部件 Mount 的质心（cm）标记点上。
- 选择 +y 轴作为回转的方向。

（4）将部件 Shoulder 与部件 Mount 之间以旋转副 进行连接。

- 选择 Normal To Grid。
- 右键选择圆柱的定位标记点。

（5）将部件 Boom 与部件 Shoulder 之间以移动副 进行连接。

- 选择 Pick Feature。
- 选择 x- 轴作为移动轴的方向。

（6）将部件 Bucket 与部件 Boom 之间以旋转副 进行连接。

- 选择 Normal To Grid。
- 选择圆柱的端部的圆心点。

（7）将部件 Bucket 与大地 Ground 之间以垂直副 进行约束。

- 选择 2 Bod-2 Loc，有关垂直原始约束中 I 和 J 标记点的方向如图 3-6 所示。

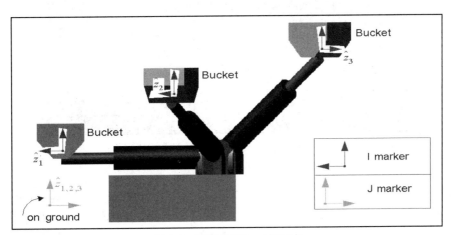

图 3-6　垂直约束 I、J 标记点

- 选择部件 Bucket，再选择部件 Ground。
- 选择标记点时注意 I 标记点可以是部件 Bucket 上任意一个标记点，而 J 标记点可以是部件 Ground 上任意一个标记点。
- 选择方向时，选择绝对坐标系的 X 方向为 I 标记点的方向，再选择绝对坐标系的 Y 方向为 J 标记点的方向。

（8）添加约束驱动。

- 使用工具 Rotational Joint Motion 在部件 Mount 和部件 Base 之间的约束上添加驱动，其表达式为：D(t) = 360d*time。
- 在部件 Shoulder 和部件 Mount 之间的约束上添加驱动：D(t) = -STEP(time, 0, 0, 0.10, 30d)。

由于是按照 Normal to Grid 的方式建立的约束，所添加的驱动可能会出现与模型描述部分（按照右手定则）相反的方向，如果出现这种情况，只须在修改驱动的表达式的前面加上一个负号即可。

- 在约束 Boom-to-Shoulder 上添加如下移动驱动：D(t) = -STEP(time, 0.8, 0, 1, 5)。
- 在约束 Bucket-to-Boom 上添加如下转动驱动：D(t) = 45d*(1-cos(360d*time))。

添加约束后的举升机构模型如图 3-7 所示。

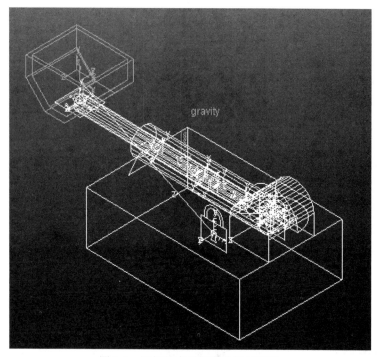

图 3-7　添加约束后的举升机构模型

（9）验证模型。

检查模型中以约束为定点的拓扑结构关系（在状态栏 Status bar 内的工具包 Information ⓘ 上右击并选择🔧工具），以保证模型中所有的部件都按照预先指定的方式约束好了，或者从菜单 Tools 下选择 Database Navigator 来检查模型图形化的拓扑关系，如图 3-8 所示。

```
Topology of model: lift_mechanism

  Ground Part: ground

  Ground_Base_joint_fixed                        connects  Base    with  ground   (Fixed Joint)
  Base_Mount_rev_Joint                           connects  Base    with  Mount    (Revolute Joint)
  Shoulder_Mount_Rev_Joint                       connects  Mount   with  Shoulder (Revolute Joint)
  Boom_Shoulder_Joint                            connects  Boom    with  Shoulder (Translational Joint)
  Bucket_Boom_Rev_Joint                          connects  Boom    with  Bucket   (Revolute Joint)
  JPRIM_1                                         connects  Bucket  with  ground   (Perpendicular Primitive_J
  Base_Mount_General_motion_1.motion_t1          connects  Base    with  Mount    (Point Motion)
  Base_Mount_General_motion_1.motion_t2          connects  Base    with  Mount    (Point Motion)
  Base_Mount_General_motion_1.motion_t3          connects  Base    with  Mount    (Point Motion)
  Base_Mount_General_motion_1.motion_r1          connects  Base    with  Mount    (Point Motion)
  Base_Mount_General_motion_1.motion_r2          connects  Base    with  Mount    (Point Motion)
  Base_Mount_General_motion_1.motion_r3          connects  Base    with  Mount    (Point Motion)
  Shoulder_Mount_General_Motion_2.motion_t1      connects  Mount   with  Shoulder (Point Motion)
  Shoulder_Mount_General_Motion_2.motion_t2      connects  Mount   with  Shoulder (Point Motion)
  Shoulder_Mount_General_Motion_2.motion_t3      connects  Mount   with  Shoulder (Point Motion)
  Shoulder_Mount_General_Motion_2.motion_r1      connects  Mount   with  Shoulder (Point Motion)
  Shoulder_Mount_General_Motion_2.motion_r2      connects  Mount   with  Shoulder (Point Motion)
  Shoulder_Mount_General_Motion_2.motion_r3      connects  Mount   with  Shoulder (Point Motion)
  Boom_Shoulder_General_motion_3.motion_t1       connects  Boom    with  Shoulder (Point Motion)
  Boom_Shoulder_General_motion_3.motion_t2       connects  Boom    with  Shoulder (Point Motion)
  Boom_Shoulder_General_motion_3.motion_t3       connects  Boom    with  Shoulder (Point Motion)
  Boom_Shoulder_General_motion_3.motion_r1       connects  Boom    with  Shoulder (Point Motion)
  Boom_Shoulder_General_motion_3.motion_r2       connects  Boom    with  Shoulder (Point Motion)
  Boom_Shoulder_General_motion_3.motion_r3       connects  Boom    with  Shoulder (Point Motion)
```

图 3-8　模型拓扑关系信息

最后即可进行仿真分析计算。

3.3　添加驱动

在 Adams/View 中，在模型上定义驱动是将运动副未约束的自由度做进一步的约束，规定具体的某一种运动。可以在运动副上添加驱动，也可以在两个构件的两点之间添加驱动。

Adams/View 中提供两种类型的驱动：约束驱动（Joint motion）和通用驱动（General motion）。

3.3.1　运动副上添加驱动

约束驱动有两种类型：移动驱动和旋转驱动。

（1）移动驱动用于移动副（translational）或圆柱副（cylindrical），移去一个移动的自由度，沿构件 2 的 Z 轴约束构件 1 的移动。

（2）旋转驱动用于旋转副（revolute）或圆柱副（cylindrical），移去一个转动的自由度，约束构件 1 按右手规则绕构件 2 的 Z 轴旋转，构件 1 的 Z 轴必须始终同构件 2 的 Z 轴保持平行。

通过如图 3-9 所示的驱动约束编辑对话框，可在 Joint 选项中选择其他的运动副，将驱动移到其他的运动副上；在 Direction 选项中选择 Translational（平动驱动）和 Rotational（旋转驱动）；驱动规律定义可通过 Define Using 选项中函数 Function 或子程序 Subroutine 来定义，选择函数定义，可选择弹出函数构造器按钮，自定义函数输入。Type（驱动类型）项可选择 Displacement（位移）、Velocity（速度）、Acceleration（加速度）。如果选择 Velocity，还可以指定 Displacement IC（初始位移）；如果选择 Acceleration，还可以定义 Displacement IC（初始位移）、Velocity IC（初始速度）。

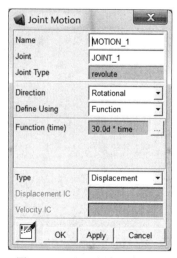

图 3-9　驱动约束编辑对话框

3.3.2　两点间添加驱动

两点间的驱动约束分为单点驱动和一般点驱动。

单点驱动一次指定两个构件只能沿着一个轴移动或转动（如图 3-10 所示），两个构件间可以定义多个单点驱动约束。可在 Direction 下拉列表框中选择 Along X、Along Y、Along Z、Around X、Around Y、Around Z 选项，确定是滑移自由度还是旋转自由度，并可以在 Type 下拉列表框中选择驱动类型位移、速度、加速度。

一般点驱动约束一次可以指定两个构件沿三个轴的移动或转动。如图 3-11 所示，可同时在某个或所有自由度上添加驱动，只需在该自由度上选择驱动类型 disp(time)、velo(time)、acce(time)，并定义驱动函数。驱动类型为速度时，还需要指定初始位移；驱动类型为加速度时，还需要指定初始位移和初始速度；如不需要在某个自由度上添加驱动，只需将该自由度指定为 free。

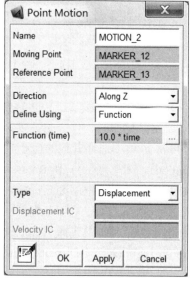

图 3-10　一般点驱动设置对话框

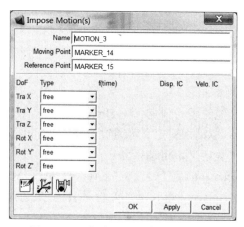

图 3-11　一般点驱动约束设置对话框

3.3.3 冗余约束

冗余约束出现的情况是添加了过多的运动副约束。

冗余约束不影响运动学和动力学分析，在计算力的时候，系统在两个约束中选一个进行计算，达到约束的目的，同时无冗余约束，这样才是最合理的。冗余约束在简单的多刚体模型中通常没有什么影响，但在刚柔模型或复杂的多刚体模型中通常会导致仿真失败。所以防止冗余约束出现成为前处理时要注意的原则之一，通过选择菜单 Tool>Model Verify 命令或者单击界面右下角的模型验证快捷键 ✓，在信息窗口中可看到过约束的情况。

第4章　力元建模

Adams/View 提供了几种类型的力：作用力、柔性连接力、特殊力，如图 4-1 所示。添加力元不会增加或者减少系统的自由度。

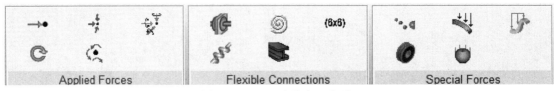

图 4-1　Adams 中的力元类型

（1）作用力：定义在部件上的外载荷。定义作用力时，通常用常值、Adams/View 的函数表达式或者链接到 Adams/View 中的用户子程序来说明。

（2）柔性连接力：可以抵消驱动的作用。柔性连接力比作用力使用起来更简单，因为定义该类力时只需指定常量系数。这类力包括弹簧阻尼器、梁、衬套、场力。

（3）特殊力：包括重力、轮胎力、接触力、模态力、FE 力。

在施加力时，根据力的三要素（作用点、大小和方向），需要指明力作用的构件、作用点、力的大小和方向。Adams 中定义力的大小有以下三种方式：

（1）直接输入数值：对于外部载荷，直接输入力或者力矩的大小；对于柔性连接力，可直接输入刚度系数 K、阻尼系数 C、扭转刚度系数 KT、扭转阻尼系数 CT。

（2）输入 Adams/View 提供的函数表达式：如位移、速度和加速度函数，用以建立力和各种运动之间的函数关系；力函数，用以建立各种不同的力之间的关系，如正压力和摩擦力的关系；数学运算函数，如正弦、余弦、指数、对数、多项式等函数；样条函数，利用样条函数可以由数据表插值的方法获得力值。

（3）输入子程序的传递参数：用户可以用 FORTRAN 或 C++语言编写子程序，定义力和力矩。用户只需输入子程序的传递参数，通过传递参数同用户自编子程序进行数据交流。

在 Adams 中定义力的方向，可通过两点连线方向或者沿标记点 XYZ 轴的方向定义。

4.1　作用力定义

在 Adams/View 中，作用力分为三种类型：

（1）集中力、力矩：定义一个方向的力或力矩。

（2）3 分量力、力矩：可以定义 3 个方向的分量力或力矩。

（3）6 分量力、力矩：可以定义 3 个方向的分量力和力矩。

1. 创建单集中力、力矩

在 Force>Applied Force 中单击单分量力图标 → 或单分量力矩图标 ↻ ，设置对话框如图 4-2 所示。

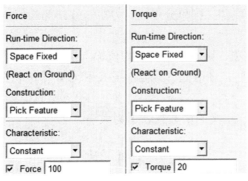

图 4-2　单分量力/力矩设置对话框

（1）在 Run-time Direction 中设置仿真运行时力的方向特征，下拉菜单中有三个选项。

● Space Fixed：指在部件运动的时候，力的方向不随部件的运动而改变，力的反作用力作用在地面框架上，在分析时将不考虑和输出反作用力。

● Body fixed：表示力的方向随部件的运动而改变，相对于指定的构件参考坐标始终没有变化。

● Two bodies：表示力的方向为部件上两作用点的连线方向，随两部件的运动而变化。

（2）在 Construction 中设置力方向的选项，下拉菜单中有两个选项。

● Normal to Grid：定义力在工作栅格平面内，如果工作栅格没有打开，则垂直于屏幕。

● Pick Feature：利用方向矢量定义力的方向。

（3）在 Characteristic 栏，设置定义力值的方法，在这个下拉菜单中有三种方式。

● Constant：选择该项，则下方会出现力值输入框，可以为力输入一个常值。

● K and C：此时，对话框下方会出现 K 和 C 两个编辑框，可以选择输入刚度系数和阻尼系数。

● Custom：采用用户定义的函数来表示力的大小。这个选项只有选择了 Two bodies 的力作用方式后才会出现。

2．创建 3 分量（或 6 分量）力或力矩

创建 3 分量力或力矩同创建 6 分量力或力矩的过程基本一样。

在 Force>Applied Force 中单击 3 分量力图标 、3 分量力矩图标 、6 分量力图标 ，设置对话框如图 4-3 所示。

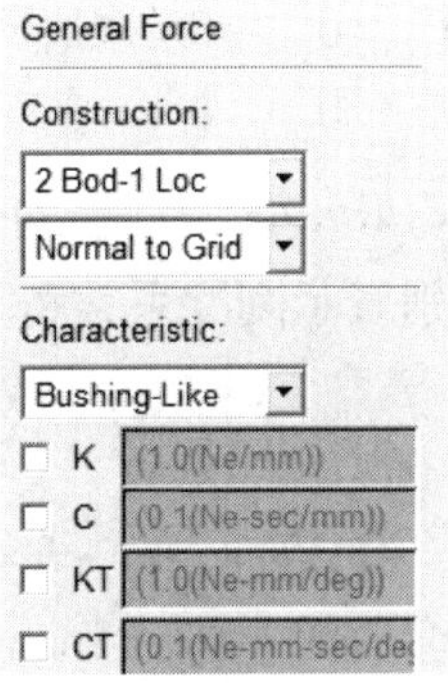

图 4-3　6 分量力设置对话框

Construction 栏中的选项含义同单分量力、力矩一致。Characteristic 下拉列表有三个选项，含义分别如下：

- Constant：选择该项，则下方会出现力值输入框，可以为力输入一个常值。
- Bushing-Like：此时，对话框下方会出现 K 和 C 两个编辑框，可以选择输入刚度系数和阻尼系数。
- Custom：采用用户定义的函数来表示力大小。

4.2　柔性连接力

在构件之间定义的运动副，实际上是在构件间添加了刚性连接关系，构件间可以产生力和力矩，但是在运动副约束的自由度上不能产生相对运动。而柔性连接考虑了变形的因素，柔性连接元素可以使两个部件按柔性的方式连接起来，运动副则对两个部件的约束是刚性连接的。

在 Adams/View 中，提供了以下几类柔性连接元素：衬套（Bushing）、线性弹簧阻尼器（Spring）、扭转弹簧阻尼器（Torsion Spring）、无质量梁（Beam）、场力（Field）。

1. 衬套（Bushing）

定义衬套时，需要相互作用的两个部件作用点上建立两个标记点（Marker），在第一个部件和第二个部件上建立的标记点分别称为 I 标记点和 J 标记点。

下面给出衬套力的计算公式，该公式说明了线性衬套依靠作用部件上的 I 标记点相对于反作用部件上的 J 标记点的位移和速度是如何向作用部件施加力和力矩的。

$$\begin{bmatrix} F_x \\ F_y \\ F_z \\ T_x \\ T_y \\ T_z \end{bmatrix} = -\begin{bmatrix} K_{11} & 0 & 0 & 0 & 0 & 0 \\ 0 & K_{22} & 0 & 0 & 0 & 0 \\ 0 & 0 & K_{33} & 0 & 0 & 0 \\ 0 & 0 & 0 & K_{44} & 0 & 0 \\ 0 & 0 & 0 & 0 & K_{55} & 0 \\ 0 & 0 & 0 & 0 & 0 & K_{66} \end{bmatrix}\begin{bmatrix} z \\ y \\ z \\ a \\ b \\ c \end{bmatrix}$$
$$-\begin{bmatrix} C_{11} & 0 & 0 & 0 & 0 & 0 \\ 0 & C_{22} & 0 & 0 & 0 & 0 \\ 0 & 0 & C_{33} & 0 & 0 & 0 \\ 0 & 0 & 0 & C_{44} & 0 & 0 \\ 0 & 0 & 0 & 0 & C_{55} & 0 \\ 0 & 0 & 0 & 0 & 0 & C_{66} \end{bmatrix}\begin{bmatrix} V_x \\ V_y \\ V_z \\ \omega_x \\ \omega_y \\ \omega_z \end{bmatrix} + \begin{bmatrix} F_1 \\ F_2 \\ F_3 \\ T_1 \\ T_2 \\ T_3 \end{bmatrix} \tag{4-1}$$

式中，F,T 表示力和力矩；$X,Y,Z,a,b,c,V_x,V_y,V_z,\omega_x,\omega_y,\omega_z$ 分别表示 I,J 标记之间的相对位移、转角、速度、角速度；K,C 分别表示刚度系数和阻尼系数；F_1,F_2,F_3,T_1,T_2,T_3 分别表示力和力矩的初始值。

衬套力的反作用力按下式计算：

$$F_J = -F_I, T_J = -T_I - \delta \times F_I \tag{4-2}$$

定义衬套力的时候，应该注意衬套力的方向。Adams/View 要求，在 a,b,c 三个角度中，有两个角度应该是非常小的。一般在三个转角中，至少有两个转角应该小于 10°。如果 a 大于

90°，*b* 将无法确定；反之，如果 *b* 大于 90°，*a* 也将无法确定。只有 *c* 可以大于 90°。

创建衬套，单击工具栏 Force>Flexible Connections 中的 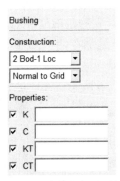 图标，弹出如图 4-4 所示的定义对话框。

图 4-4 衬套定义对话框

在 Properties 栏中可以为衬套定义刚度系数（K）、阻尼系数（C）、扭转刚度系数（KT）、扭转阻尼系数（CT），用户根据需要选择定义。根据状态栏的提示，选择部件和定位方向、定位点；注意第一部件和第二部件的顺序。

将鼠标移至衬套上，单击右键，在弹出菜单中选择需要修改的衬套名，在其子菜单中选择 Modify。弹出如图 4-5 所示的修改对话框，可以修改衬套力参数。

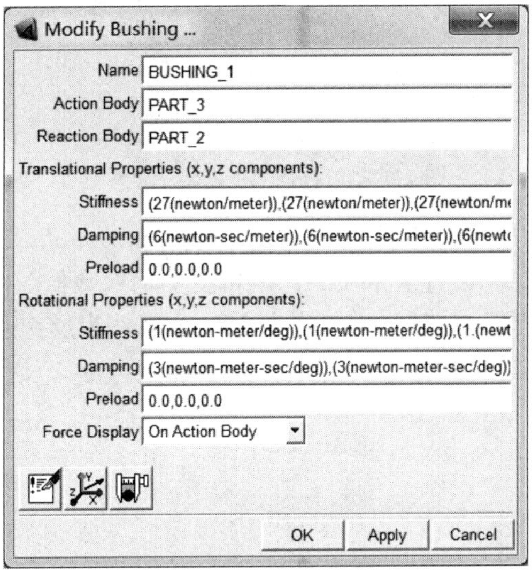

图 4-5 衬套力修改对话框

Name：名字编辑框。

Action Body：作用力部件。为选择的第一个部件；可以修改为其他部件。

Reaction Body：反作用力部件。为选择的第二个部件，可以修改为其他部件。

Translation Properties：输入衬套的线性刚度、线性阻尼、线性预载荷三个分量上的值。

Rotational Properties：输入衬套的扭转刚度、扭转阻尼、扭转预载荷三个分量上的值。

Force Display：力图形显示。下拉菜单有四个选项：None，表示不显示图形；On Action Body：

只显示作用在第一个部件上的力；On Reaction Body，只显示作用在第二个部件上的力；Both，表示显示作用在两个部件上的力。

单击左下部的图标按钮 ![icon]，可以修改衬套位置；单击图标按钮 ![icon]，可以为衬套定义测量。

2. 线性弹簧阻尼器（Spring）

线性弹簧阻尼器表征作用在一定距离的两部件和沿两部件方向上的力，选择第一个部件为作用部件，第二个部件为反作用部件，施加在两个部件上的力分别为作用力和反作用力，两者大小相等，方向相反。

线性弹簧阻尼器的力学模型如图 4-6 所示，Adams/Solver 通过下式计算弹簧力 F：

$$F = -C \cdot \frac{\mathrm{d}R}{\mathrm{d}t} - K(R - R_0) + F_0 \tag{4-3}$$

式中，C 为粘滞阻尼系数；K 为弹簧刚性系数；R 为弹簧两端的相对位移；$\mathrm{d}R/\mathrm{d}t$ 为弹簧两端的相对速度；R_0 为弹簧两端的初始相对位移；F_0 为弹簧的预作用力。

从公式中可以看出，当 $C=0$ 时，弹簧阻尼器变为一个没有阻尼的纯弹簧。当 $K=0$ 时，弹簧阻尼器变为一个纯阻尼器。

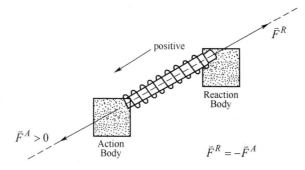

图 4-6　线性弹簧阻尼器力学模型

创建线性弹簧阻尼器，单击工具栏 Force>Flexible Connections 中的 ![icon] 图标，出现如图 4-7 所示的定义对话框，可以选择设置 K 和 C，在编辑框中输入数值。根据 Adams/View 的状态栏提示，选择第一个部件为作用力部件，然后选择第二个部件为反作用力部件，完成线性弹簧阻尼器的创建。

图 4-7　线性弹簧阻尼器定义对话框

要修改线性弹簧阻尼器，则将鼠标移至弹簧上，单击右键，在弹出菜单中选择需要修改的弹簧名，在其子菜单中选择 Modify 命令，弹出的修改对话框如图 4-8 所示。

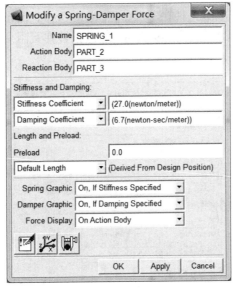

图 4-8　线性弹簧阻尼器修改对话框

Name：名称编辑框。

Action Body：作用力部件。为选择的第一个部件；可以修改为其他部件。

Reaction Body：反作用力部件。为选择的第二个部件，可以修改为其他部件。

Stiffness Coefficient & Damping Coefficient：弹簧刚度和阻尼系数修改。在下面的两个下拉菜单中各有三个选项，含义基本相同。No Stiffness（Damping）：没有刚度（阻尼）；Stiffness（Damping）Coefficient：表示输入刚度（阻尼）系数；Spline:F＝f(delo)（Spline:F=f(velo)）：表示通过样条曲线来定义刚度（阻尼）系数。

Preload：弹簧的预载荷；在其下面有下拉菜单。两个选项，一是 Default Length，表示长度为采用弹簧阻尼器时的自然长度；第二个是 Length at preload，表示弹簧的长度是在预载荷下的长度，用户可以输入长度值。

Spring（Damping）Graphics：弹簧（阻尼器）图形显示。有三个选项：Always On，表示图形总是显示出来；Always Off，表示图形不显示；On,If Stiffness（Damping）Specified，表示假如定义了刚度（阻尼）就显示。

Force Display：力图形显示。下拉菜单有四个选项：None，表示不显示图形；On Action Body：只显示作用在第一个部件上的力；On Reaction Body，只显示作用在第二个部件上的力；Both，表示显示作用在两个部件上的力。

单击左下部的图标按钮 ，可以修改弹簧位置；单击图标按钮 ，可以为弹簧定义测量。

3. 扭转弹簧阻尼器（Torsion Spring）

扭转弹簧阻尼器对两个构件施加一个大小相等方向相反的转矩。Adams/Solver 通过下式计算弹簧扭转力矩：

$$T = -C_T\left(\frac{\mathrm{d}\omega}{\mathrm{d}t}\right) - K_T(\omega - \omega_0) + T_0 \tag{4-4}$$

式中，ω 为弹簧扭转角；ω_0 为弹簧的初始扭转角；C_T，K_T 为扭转的阻尼系数和弹簧刚度系数；T_0 为初始预紧力矩。

创建扭转弹簧阻尼器，单击工具栏 Force>Flexible Connections 中的 ◎ 图标，输入扭转弹簧的感度系数 K 和阻尼系数 C。如图 4-9 所示，修改扭转弹簧阻尼器，相关设置可参考线性弹簧阻尼器。

图 4-9 扭转弹簧阻尼器修改对话框

4. 无质量梁（Beam）

利用无质量梁定义两个构件之间的作用力，建模首先选择的第一个构件上产生 I 标记点，作为作用力点，然后选择的第二构件上产生 J 标记点，并作为反作用力点。

Adams/View 中利用如下公式计算梁的作用力：

$$
\begin{bmatrix} F_x \\ F_y \\ F_z \\ T_x \\ T_y \\ T_z \end{bmatrix} = -\begin{bmatrix} K_{11} & 0 & 0 & 0 & 0 & 0 \\ 0 & K_{22} & 0 & 0 & 0 & K_{26} \\ 0 & 0 & K_{33} & 0 & K_{35} & 0 \\ 0 & 0 & 0 & K_{44} & 0 & 0 \\ 0 & 0 & K_{53} & 0 & K_{55} & 0 \\ 0 & K_{62} & 0 & 0 & 0 & K_{66} \end{bmatrix} \begin{bmatrix} x-L \\ y \\ z \\ a \\ b \\ c \end{bmatrix}
$$

$$
-\begin{bmatrix} C_{11} & C_{21} & C_{31} & C_{41} & C_{51} & C_{61} \\ C_{21} & C_{22} & C_{32} & C_{42} & C_{52} & C_{62} \\ C_{31} & C_{32} & C_{33} & C_{43} & C_{53} & C_{63} \\ C_{41} & C_{42} & C_{43} & C_{44} & C_{54} & C_{64} \\ C_{51} & C_{52} & C_{53} & C_{54} & C_{55} & C_{65} \\ C_{61} & C_{62} & C_{63} & C_{64} & C_{65} & C_{66} \end{bmatrix} \begin{bmatrix} V_x \\ V_y \\ V_z \\ \omega_x \\ \omega_y \\ \omega_z \end{bmatrix}
$$

(4-5)

式中，F、T 为各向力和力矩；x、y、z，a、b、c，V，ω 为梁标记 I、J 之间的相对位移、转角、速度、角速度；L 为梁的长度值。

创建无质量梁，单击工具栏 Force>Flexible Connections 中的 ▓ 图标，根据状态栏的提示，选择第一构件和第二构件、梁截面向上的 Y 方向。

要修改无质量梁参数，将鼠标移至梁单元上，单击右键，在弹出菜单中选择需要修改的梁名称，在其子菜单中选择 Modify 命令，弹出的修改对话框如图 4-10 所示。

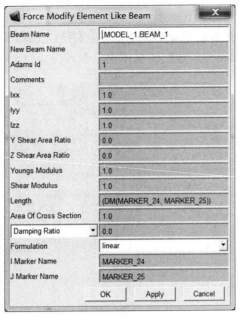

图 4-10　无质量梁修改对话框

可修改绕 x 轴、y 轴、z 轴的转动惯量；Y Shear Area Ratio 和 Z Shear Area Ratio 分别为 y 方向、z 方向的剪切变形系数；Youngs Modulus 为材料的弹性模量 E，Shear Modulus 为材料的剪切模量 G；Area of Cross Section 为无质量梁的横截面的面积 A；Length 为无质量梁的长度；Damping Ratio 为阻尼比 R。

5. 场力（Field）

场力提供了一种施加一般情况的力和力矩的工具，应用场力不但可以施加线性力，而且可以施加非线性力。定义线性场力需要输入一个 6 阶的刚度系数矩阵、移动和转动的预定值及一个 6 阶阻尼系数矩阵。所输入的矩阵必须是正定矩阵，但不必对称。定义非线性场力可以使用用户子程序定义 3 个力分量和 3 个力矩分量。

Adams/View 中利用如下公式计算场力：

$$
\begin{bmatrix} F_x \\ F_y \\ F_z \\ T_x \\ T_y \\ T_z \end{bmatrix} = -\begin{bmatrix} K_{11} & K_{12} & K_{13} & K_{14} & K_{15} & K_{16} \\ K_{21} & K_{22} & K_{23} & K_{24} & K_{25} & K_{26} \\ K_{31} & K_{32} & K_{33} & K_{34} & K_{35} & K_{36} \\ K_{41} & K_{42} & K_{43} & K_{44} & K_{45} & K_{46} \\ K_{51} & K_{52} & K_{53} & K_{54} & K_{55} & K_{56} \\ K_{61} & K_{62} & K_{63} & K_{64} & K_{65} & K_{66} \end{bmatrix}\begin{bmatrix} x - x_0 \\ y - y_0 \\ z - z_0 \\ a - a_0 \\ b - b_0 \\ c - c_0 \end{bmatrix}
$$

$$
-\begin{bmatrix} C_{11} & C_{12} & C_{13} & C_{14} & C_{15} & C_{16} \\ C_{21} & C_{22} & C_{23} & C_{24} & C_{25} & C_{26} \\ C_{31} & C_{32} & C_{33} & C_{34} & C_{35} & C_{36} \\ C_{41} & C_{42} & C_{43} & C_{44} & C_{45} & C_{46} \\ C_{51} & C_{52} & C_{53} & C_{54} & C_{55} & C_{56} \\ C_{61} & C_{62} & C_{63} & C_{64} & C_{65} & C_{66} \end{bmatrix}\begin{bmatrix} V_x \\ V_y \\ V_z \\ \omega_x \\ \omega_y \\ \omega_z \end{bmatrix} + \begin{bmatrix} F_1 \\ F_2 \\ F_3 \\ T_1 \\ T_2 \\ T_3 \end{bmatrix}
$$

（4-6）

创建场力，单击工具栏 Force>Flexible Connections 中的 (6x6) 图标，根据状态栏的提示选择构件。要修改场力参数，将鼠标移至梁单元上，单击右键，在弹出菜单中选择需要修改的场力名称，在其子菜单中选择 Modify，弹出的修改对话框如图 4-11 所示。

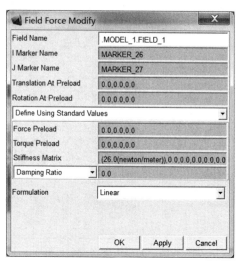

图 4-11　场力修改对话框

其中，Translation At Preload 为各向初始位移值，Rotation At Preload 为各向初始角度值，Force Preload 和 Torque Preload 为预载荷力和力矩值，Stiffness Matrix 为刚度矩阵，Damping Ratio 为阻尼比 R。

4.3　特殊力

碰撞接触力模拟仿真两个运动的物体相互之间的碰撞关系。碰撞通常分为两种类型：二维碰撞，即二维平面几何元素之间的相互关系，包括圆、点、线接触；三维碰撞，即三维几何实体之间的相互关系，包括球、圆柱、拉伸体、旋转体等。

Adams/View 中支持的接触类型有：Solid to Solid（实体与实体）、Curve to Curve（曲线与曲线）、Point to Curve（点与曲线）、Point to Plane（点与平面）、Curve to Plane（曲线与平面）、Sphere to Plane（球与平面）、Sphere to Sphere（球与球）、Flex Body to Solid（柔性体与实体）、Flex Body to Flex Body（柔性体与柔性体）、Flex Edge to Curve（柔性体边与曲线）、Flex Edge to Flex Edge（柔性体边与柔性体边）、Flex Edge to Plane（柔性体边与平面）。

单击工具栏 Force>Special Forces 中的 图标，弹出如图 4-12 所示的对话框，设置接触力参数，根据状态栏的提示选择构件。

可以修改 Contact Type，根据实际需要选择接触类型，然后点选相应的几何元素；Normal Force 确定计算接触力的方法，有 Restitution（补偿法）、Impact（冲击函数法）和 User Defined（用户自定义法）。

补偿法需要输入惩罚系数（Penalty）和补偿系数（Restitution）；Impact 冲击函数法，需要输入接触刚度系数 k、力指数（Force Exponent）、阻尼系数（Damping）、渗透深度（Penetration）；Friction Force 摩擦力的计算方法，可以选择 Coulomb（库仑法）、None（没有摩擦力）、User

Defined（用户自定义），按库仑法计算需要输入静摩擦系数（Static Coefficient）、动摩擦系数（Dynamic Coefficient）、静态滑移速度（Stiction Transition Vel）、动态滑移速度（Friction Transition Vel）。

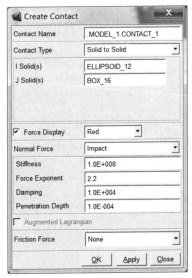

图 4-12　碰撞接触力对话框

4.4　实例：创建力元（接触，柔性连接）

本节以配气机构为例，介绍接触力和柔性连接弹簧阻尼器的添加过程。

（1）启动 Adams/View，在欢迎对话框中选择输入已有文件，在弹出的输入文件对话框中输入 valve_contact.cmd 文件，单击 OK 按钮。打开的模型如图 4-13 所示。

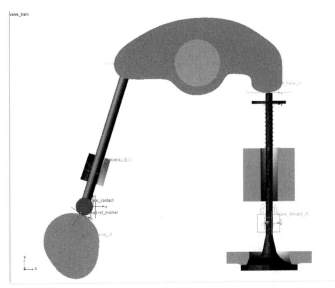

图 4-13　配气机构

（2）考虑 cam-to-rod 的接触关系更逼近实际情况，添加接触力，如图 4-14 所示。

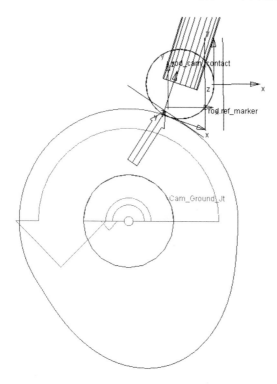

图 4-14　Cam 和 Rod 之间添加接触力

在 Cam 和 Rod 部件间添加接触力：选择工具栏 Forces>Special Forces 中的 图标，设置接触力参数。

- Contact Name: rod_cam_contact；
- Contact Type: Curve to Curve；
- I Curve: CIRCLE_1；
- J Curve: GCURVE_176；
- 使用改变方向的工具 确认正交矢量的箭头指向曲线的外部；
- Normal Force: Impact；
- Stiffness (K): 1e6 (N/mm)；
- Force Exponent (e): 1.5；
- Damping (C): 10 (N-sec/mm)；
- Penetration Depth (d): 1e-3 mm；
- Friction Force: Coulomb；
- Coulomb Friction: On；
- Static Coefficient (μ_s): 0.08；
- Dynamic Coefficient (μ_d): 0.05；
- Stiction Transition Vel. (vs): 1 (mm/sec)；
- Friction Transition Vel. (vt): 2 (mm/sec)。

（3）为防止阀门脱开，在阀门上增加一个弹簧阻尼器。

在阀门 valve 上 Valve_Point 处增加一个标记点：

● 选择 Add to Part；

● 从屏幕上选择 valve 再选择位置 Valve_Point。

在刚生成的标记点和设计点 Ground_Point（该点属于大地，在导轨 guide 的顶部）之间增加一个弹簧阻尼器，设置如下参数：

● Stiffness (K): 20 (N/mm)；

● Damping (C): 0.002 (N-sec/mm)；

● Preload: 100 N。

添加接触力和弹簧阻尼器后的模型如图 4-15 所示。

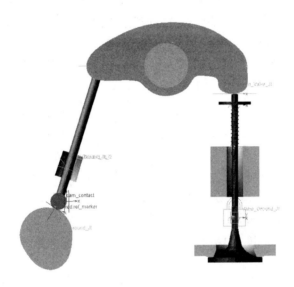

图 4-15　添加接触力和弹簧阻尼器后的模型

第 5 章　求解与后处理

5.1　求解器介绍

Adams/Solver 是 Adams 的求解器，包括稳定可靠的 Fortran 求解器和功能更为强大丰富的 C++求解器。该模块既可以集成在 Adams 的前处理模块下使用，也可以从外部直接调用。既可以进行交互方式的解算过程，也可以进行批处理方式的解算过程。求解器先导入模型并自动校验模型，进行初始条件分析，再进行后续的各种解算过程。其独特的调试功能，可以输出求解器解算过程中重要数据量的变化，方便把控定位模型中深层次的问题所在。Adams/Solver 同时提供了用于进行机械系统的固有频率（特征值）和振型（特征矢量）的线性化专用分析工具。

功能及特色如下：

- 静力学、准静力学、运动学和非线性瞬态动力学的求解。
- 借助空间笛卡儿坐标系及欧拉角描述空间刚体的运动状态，使用 Euler-Lagrange 方程自动形成系统的运动学或动力学方程，采用牛顿—拉夫森迭代算法求解模型。
- 多种显式、隐式积分算法：刚性积分方法（Gear's 和 Modified Gear's）、非刚性积分方法（Runge-Kutta 和 ABAM）和固定步长方法（Constant_BDF）以及二阶 HHT 和 NewMark 等积分方法。
- 多种积分修正方法：3 阶指数法、稳定 2 阶指数法和稳定 1 阶指数法。
- 新的静平衡（Equilibrium）算法：特别是在困难情形，如系统处于奇异的、病态的或者初始状态与平衡状态相距甚远情形下的非线性系统非常有效。
- 支持弹性体—刚性体、弹性体—弹性体接触碰撞，弹性体可以是 3D 实体单元或 2D 壳单元。最值得注意的是，后处理功能同样支持对 2D 壳单元节点应力应变等的绘图及动画功能，以及可藉由 FEMDATA 功能输出负载到有限元分析软件的功能。
- 支持本构几何外形，如球、椭球体、圆柱体、长方体等直接进行碰撞载荷的计算。该方法借助简单几何形状具备特征尺寸之优势，采用解析法进行接触检测，计算实体接触点及接触力本身的值，达到提高计算的精度并减少计算时间的目的。应用实例则包括通用机械、履带式车辆、滚柱轴承和球轴承、皮带和绳索等模型。
- 支持用户自定义的 Fortran 或 C++子程序。
- 解算稳定，结果精确，经过大量实际工程问题检验。
- 提供大量的求解参数选项供用户进一步调试求解器，以改进求解的效率和精度。

5.2　求解计算

5.2.1　计算类型

（1）装配分析。

● 在装配分析中主要处理模型中所定义的初始条件中相矛盾或不匹配之处，检查所有的约束是否被破坏或者被错误定义，装配分析有助于纠正错误的约束，比如分开的约束。

● 装配分析也称作初始条件分析（initial conditions simulation）。

部件的初始位置和方向：生成部件时可以指定其初始位置和方向；在装配分析中可以让一个部件保持固定，可以指定最多三个方向的位置（$\hat{x}_g, \hat{y}_g, \hat{z}_g$）和最多三个方向的转动（psi,theta,phi）。

（2）静力学分析（Static），如图 5-1 所示。

● 系统自由度 DOF>0。

● 系统中所有部件的速度和加速度都设置为 0。

● 如果静力学的解与初始的位置相距很远的话，分析会出现失败。

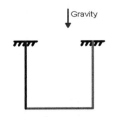

图 5-1　静力学分析图示

（3）动力学分析（Dynamic），如图 5-2 所示。

● 系统自由度 DOF>0。

● 由一系列的外载荷和激励所驱动。

● 求解非线性的微分代数方程组（DAEs）。

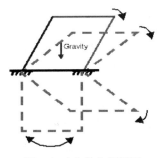

图 5-2　动力学分析图示

（4）运动学分析（Kinematic），如图 5-3 所示。

● 系统自由度 DOF = 0。

- 由约束（驱动）使系统运动。
- 只求解约束（代数）方程。
- 计算（测试）约束中的反力。

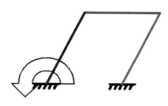

图 5-3　运动学分析图示

（5）线性化分析（Linear）。

- Adams/Solver 可以将非线性系统的方程在某个特殊的状态点上进行线性化。
- 从线性化的方程中，可以进行线性化系统的特征值分析，得到系统的特征值和特征矢量以便于：系统的固有频率和模态振型的可视化；与实际试验数据或 FEA 分析结果进行比较。

5.2.2　验证模型

在仿真分析之前，需要对模型的拓扑结构、自由度、冗余约束等信息进行验证，以保证所建立模型的准确性。

右击工作界面右下角的 ⓘ 按钮，单击弹出选项中的 ☑ 按钮，出现系统验证信息对话框，如图 5-4 所示。

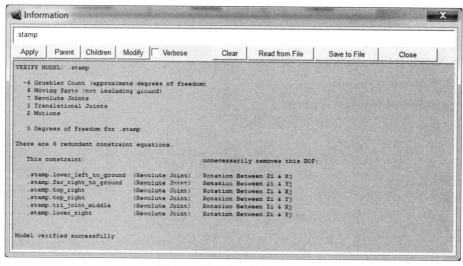

图 5-4　模型验证信息对话框

5.2.3　仿真控制

1. 交互式仿真分析控制

单击工具栏 Simulation 中的 ⚙ 按钮，弹出交互式仿真控制对话框，如图 5-5 所示。

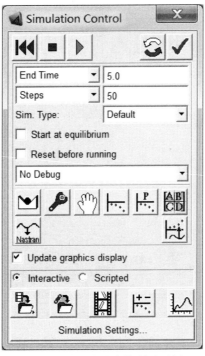

图 5-5　交互式仿真控制对话框

交互式仿真控制设置对话框中各按钮功能如表 5-1 所示。

表 5-1　交互式仿真控制按钮功能说明

工具按钮	功能说明	工具按钮	功能说明
	将模型返回至初始位置		停止仿真分析
	开始仿真分析		回放仿真过程
	模型验证		静平衡分析
	装配分析		拖动分析
	保存或删除分析结果		保存仿真分析模型
	回放仿真过程控制		进入后处理界面

　　仿真时间的控制，可以选择 End Time（终止时间）、Duration Time（持续时间）和 Forever（连续）；计算步长或步数，通过选择 Step（步数）、Step Size（步长）进行设置；Start at equilibrium是指从模型当前位置处找到一个静平衡位置处开始仿真计算；Reset before running 是指在仿真计算时，从模型的初始位置开始仿真计算。

　　2. 脚本式仿真分析控制

　　脚本式仿真命令是基于 Adams/Solver 的命令。Adams/Solver 的命令可以让用户进行复杂的仿真，比如在仿真过程中改变模型的参数，在不同的仿真间隔内使用不同的输出步长，在不同的仿真间隔内使用不同的仿真参数（如收敛误差等）。

　　单击工具栏 Simulation 中的　　按钮，弹出脚本式仿真控制对话框，或者直接在交互式仿真控制对话框下面选择 Scripted 单选项，如图 5-6 所示。

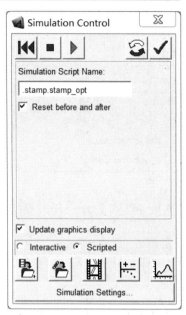

图 5-6　脚本式仿真控制对话框

在脚本式仿真分析之前，需要创建脚本控制命令，然后在脚本式仿真控制对话框的 Simulation Script Name 中输入或右击选择创建好的脚本控制命令。Adams 中可以进行如下两种脚本仿真：

（1）单击工具栏 Simulation 中 Setup 栏中的 按钮，弹出如图 5-7 所示的仿真脚本设置对话框。

图 5-7　仿真脚本设置对话框

在 Script Type 下拉列表中提供了 Simple Run、Adams/View Commands 和 Adams/Solver Commands 三种类型的脚本控制命令选项。

Simple Run：简单的脚本控制，功能基本与交互式仿真控制相同。Simulation Type 下拉列表中只有运动学、动力学和静平衡仿真计算控制。

　　Adams/View Commands：即 Adams/View 命令方式，用户可以直接以 Adams/View 命令语法格式输入命令，也可以单击 Append Run Command 按钮，在弹出的新对话框中输入仿真类型和仿真参数，单击 OK 按钮后（如图 5-8 所示），会自动将仿真命令添加到命令编辑区。

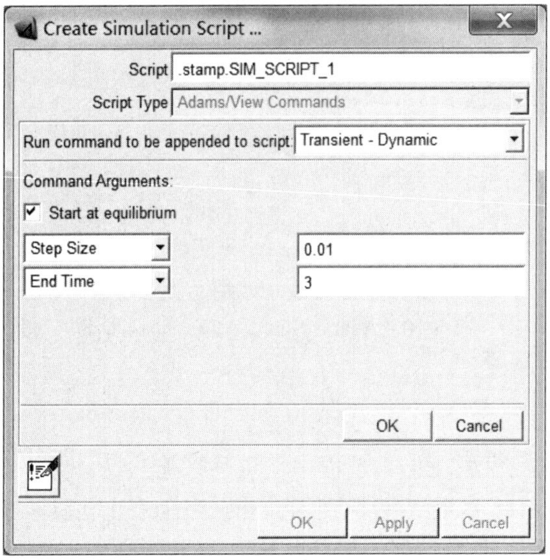

图 5-8　Adams/View Commands 脚本设置对话框

　　Adams/Solver Commands：即求解器命令方式，用户可以在命令输入区直接输入命令和仿真参数，也可以在 Append ACF Command 下拉列表中选择仿真控制命令，如图 5-9 所示，在弹出的相应的对话框中输入仿真参数，单击 OK 按钮，自动将仿真命令添加到命令编辑区。

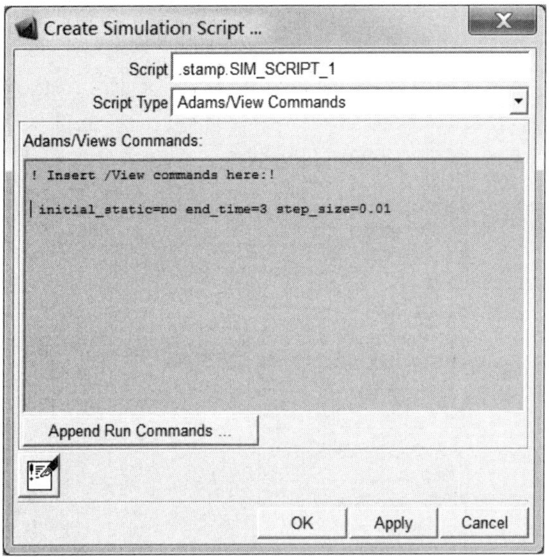

图 5-9　Adams/Solver Commands 脚本设置对话框

　　（2）单击工具栏 Simulation 中 Setup 栏中的 ⏎ 按钮，弹出如图 5-10 所示的脚本定义对话框，可直接在 ACF File 导入框中导入已编辑好的 ACF 文件。

图 5-10　Adams/Solver ACF 导入对话框

5.2.4　传感器

传感器（Sensor）监视模型在仿真过程中任意感兴趣的量，当其值达到或超出某个临界值时，可以控制 Adams/Solver 执行一些特别的操作：完全停止仿真、改变求解过程中的控制参数、改变仿真的输入参数、改变模型的拓扑结构。

选择工具栏中 Design Exploration>Instrumentation 中的 🌓 图标，弹出传感器设置对话框，如图 5-11 所示。

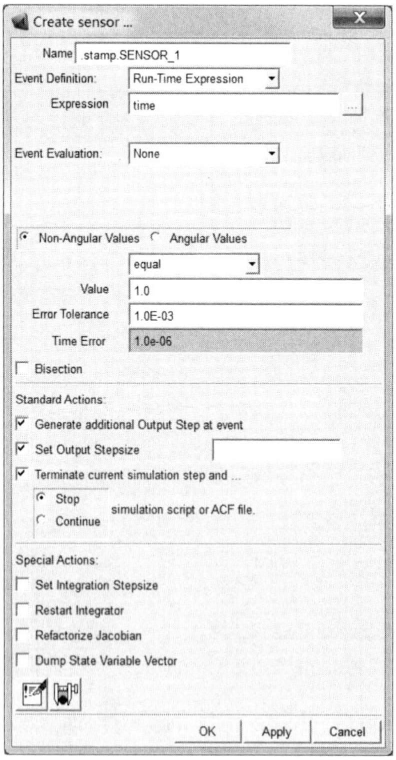

图 5-11　传感器设置对话框

（1）在 Name 栏中输入传感器的名称。

（2）在 Event Definition 选项中选择数值比较方式。

- equal 在目标值（Value±Error）时触发相应操作；
- greater than or equal 在大于或等于目标值（Value±Error）时触发相应操作；
- less t han or equal 在小于或等于目标值（Value±Error）时触发相应操作。

（3）在 Value 中输入触发操作的目标值。

（4）在 Error Tolerance 中输入触发操作的误差值。

（5）在 Standard Actions（标准操作）中设置分为：

- Generate additional Output Step at event：传感器触发时，再多发生一步计算。
- Set Output Stepsize：重新设置时间步长。
- Terminate current simulation step and…：结束仿真分析或中断仿真分析。

（6）Special Actions（特殊操作）中设置分为：

- Set Integration Stepsize：重新定义下一步的积分步长。
- Restart Integrator：如果设置 Set Integration Stepsize 值，则积分步长不变，否则重新调整积分阶次。
- Refactorize Jacobian：重新分解雅可比矩阵，调整仿真分析过程中积分求解的精度。
- Dump State Variable Vector：将状态变量值保存到当前路径的一个文本文件中。

5.3 实例：仿真脚本控制，传感器设置

本节以汽车后备箱开启机构为例，介绍仿真脚本的生成及传感器的使用。

（1）启动 Adams/View，在欢迎对话框中选择输入已有文件，在弹出的输入文件对话框中输入 hatchback.cmd 文件，单击 OK 按钮，打开的模型如图 5-12 所示。

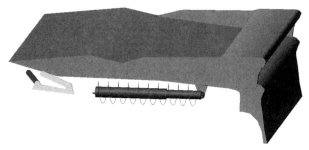

图 5-12 汽车后备箱开启机构

（2）由于模型为对称结构，无须对模型中右侧的可动部件进行约束，可以将其失效掉，模型中左侧的约束关系对于此多刚体系统已经足矣。将部件 right_shortarm 失效：在该部件上单击鼠标右键并选择 De(activate)命令，在出现的对话窗内清除 Object Active，同样地再将部件 right_longarm 失效。

（3）生成载荷，代表带有止档的气缸力。

在部件 left_piston 上 POINT_5 的位置处生成一个名为 lpiston_ref 的标记点：选择 Add to Part，在屏幕上先选择 left piston，然后选择 POINT_5。

在部件 left_cylinder 上 POINT_6 的位置处生成一个名为 lcyl_ref 的标记点。

在 left_piston（第一个部件）和 left_cylinder（第二个部件）之间的两个标记点 lpiston_ref（第一个位置）和 lcyl_ref（第二个位置）上生成一个弹簧阻尼器，其参数如下：

Stiffness: 0.21578 (N/mm)

Damping: 2.0 (N-sec/mm)

同样的方法在 right_piston 和 left_cylinder 处添加弹簧阻尼器。

（4）生成限位止挡。在左右两侧气缸的两个部件 piston/cylinder 之间生成一个单元力 ，用来描述一个冲击函数以使后备箱的运动停下来。选择 Two Bodies，使用已经存在的标记点 pis_impact（位于 left_piston 上）和 cyl_impact（位于 left_cylinder），如图 5-13 所示。

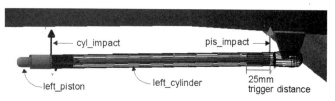

图 5-13　添加碰撞力

修改该单元力，并使用函数发生器（Function Builder）生成一个单边的冲击函数，如图 5-14 所示。冲击函数在函数发生器（Function Builder）的 Contact 类内。位移参数为两个标记点 pis_impact 和 cyl_impact 之间的距离（使用 DM 函数）。速度参数为沿着两个标记点 pis_impact 和 cyl_impact 之间的连线上的相对速度（使用 VR 函数）。

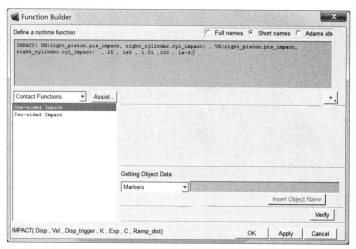

图 5-14　碰撞力函数

注意：在函数发生器（Function Builder）中不要输入单位。

Stiffness Coefficient: 1e5 (N/mm)

Stiffness Force Exponent: 1.01

Damping Coefficient: 100 (N-sec/mm)

Trigger for Displacement Variable: 25 mm

Damping Ramp-up Distance: 1e-3 mm

（5）生成仿真脚本。脚本中包含将驱动失效 Adams/Solver 的命令并运行仿真及将驱动生效再运行一秒钟的仿真。

从工具栏 Simulation>Setup 中选择 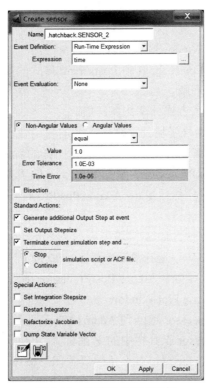 图标，创建新的脚本，将仿真脚本命名为 script_1。选择 Script Type 为 Adams/Solver Commands。

输入下列 Adams/Solver 命令：

DEACTIVATE/MOTION, id=1

SIMULATE/DYNAMIC, END=4, STEPS=40

ACTIVATE/MOTION, id=1

SIMULATE/KINEMATIC, END=7, STEPS=30

单击 OK 按钮，完成脚本命令的创建。

（6）执行脚本式仿真。选择工具栏中 Simulation>Simulate 中的 图标，输入所生成的仿真脚本的名字 script_1，单击 Start Simulation。

（7）在旋转副 1_shortarm_rev 上单击鼠标右键并生成一个名为 shortarm_rotation 的测试。

Characteristic: Ax/Ay/Az Projected Rotation

Component: Z

From/At: .ground.MAR_7

（8）增加一个传感器。将后备箱盖在转到关闭位置时停止仿真：选择工具栏中 Design Exploration>Instrumentation 中的 图标，在弹出的对话框中设置传感器参数，如图 5-15 所示。

图 5-15　传感器设置对话框

（9）再运行一次仿真，以验证传感器是否如预期的那样起作用。

5.4　后处理

　　Adams/PostProcessor 是显示 Adams 仿真结果的可视化图形界面。后处理界面中除了主窗口外，还备有一个树形目录窗口、一个属性编辑窗口和一个数据选取窗口。主窗口可同时显示仿真的结果动画及数据曲线，可以方便地叠加显示多次仿真的结果以便比较。

　　后处理的结果既可以显示为动画，也可以显示为数据曲线（对于 Vibration 的分析结果，可以显示 3D 数据曲线），还可以显示报告文档。既可以一个页面显示一个数据曲线，也可以在同一页面内显示最多 6 个分窗口的数据曲线。相关页面的设置以及数据曲线的设置都可以保存起来，这样对于新的分析结果，可以使用已保存的后处理配置文件（.plt 文件）快速地完成数据的后处理过程，既有利于节省时间也有利于报告格式的标准化。Adams/PostProcessor 模块既可以在 Adams/View、Adams/ Car 环境中运行，也可以独立运行，独立运行时可以加快软件启动速度，同时也节约系统资源。

　　功能及特色如下：
- 以数据曲线和动画方式观察仿真结果。
- 丰富的数据后处理功能（数学函数、FFT 变换、滤波、波特图等）。
- 多种文件输出功能（HTML 格式、表格输出等）。
- 部件几何外形之间动态间隙检查。
- 弹性体变形、应力、应变的彩色云图显示（需要结合 Adams/Durability 模块使用）。
- 灯光效果的高级控制。
- 输出电影动画文件（Windows 系统）。
- 输出 jpeg、png、tif、pict、hpgl 和 Postscript 格式的图片文件。
- 可加深对系统性能的理解。
- 通过图表、报告和动画方式分享仿真结果。
- 绘制曲线插件，明显增强了后处理功能方面的易用性，该功能允许使用者存储后处理的所有页面，并在后续的分析中一次性重建同样的后处理的所有页面。

　　（1）直接启动 Adams/PostProcessor。单击 Windows 的"开始"菜单，依次指向"程序">MSC.Software>APostProcessor，然后单击 Adams/PostProcessor，即可直接启动进入 Adams/PostProcessor 窗口。

　　（2）在 Adams/View 或其他 Adams 模块中启动 Adams/PostProcessor。在 Adams/View 的工具栏的 Results>Postprocessor 中，选择 PostProcessor 或按 F8 键进入后处理界面。

　　（3）退出 Adams/PostProcessor。Adams/PostProcessor 的退出方法有多种：
- 在 File 菜单中选择 Close Plot Window。
- 如需从 Adams/PostProcessor 退回到 Adams/View，可按 F8 键。
- 单击 Adams/PostProcessor 工具栏中的 图标。
- 单击 Adams/PostProcessor 窗口右上角的"关闭"按钮。

5.4.1　后处理工作界面及操作

启动 Adams 软件或 PostProcessor 后进入 Adams/PostProcessor 工作界面，如图 5-16 所示。

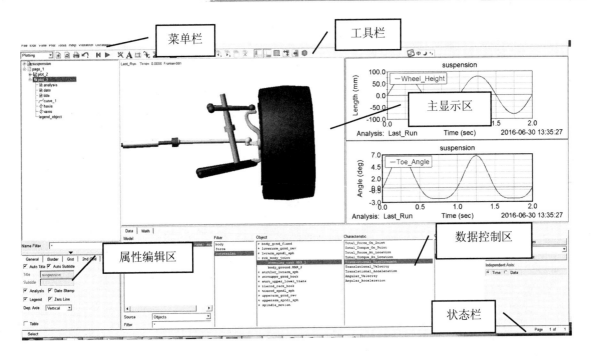

图 5-16 后处理模块工作界面

在后处理界面中，可以进行 4 种模式的处理：Plotting（绘制曲线图）、Animation（仿真动画）、Report（报告）、3Dplotting（三维曲线），可以利用输入试验数据并绘图来对比验证仿真分析结果数据的可靠性；播放仿真动画过程，观察模型运动的情况，运动干涉间隙检查等；对数据曲线结果进行处理，包括滤波、FFT（快速傅里叶变换）和创建伯德图；对分析结果进行编辑，并以报告形式输出；3D 曲线的绘制等。

进入后处理界面后，最好首先设置有关的选项，通过单击 Edit>Preferences 弹出参数设置对话框，如图 5-17 所示，可以设置动画、颜色、曲线、字体、单位等选项，这样可以统一后处理界面中的动画、曲线格式等，以避免后期手动逐一修改的麻烦。

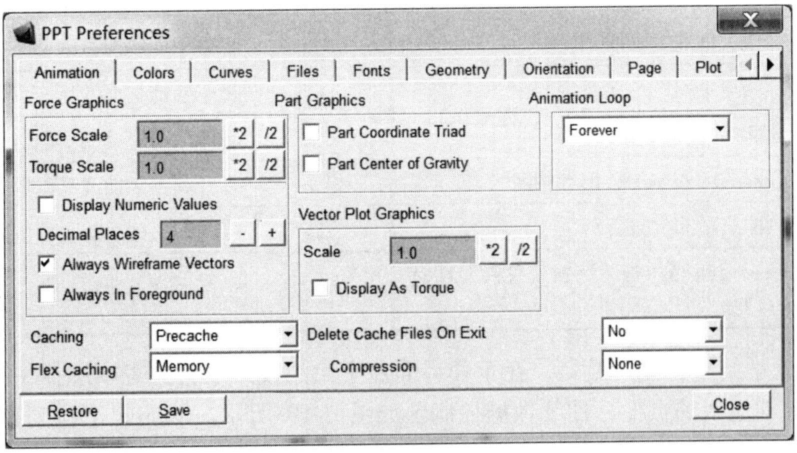

图 5-17 后处理界面参数设置对话框

5.4.2 后处理结果曲线绘制与动画播放

首先介绍一下后处理工作界面上主工具条按钮的功能。主工具条的设置可通过 View>Toolbar>Main Toolbar>Setting，显示主工具栏设置对话框，如图 5-18 所示，可以在选项前面选择是否显示工具栏；也可以选择对应后面的位置选项 Top，设置工具栏位于工作界面的顶部还是底部。

图 5-18　工具栏设置对话框

其中，主工具栏中各功能按钮的功能如表 5-2 所示。

表 5-2　工具栏按钮功能说明

工具按钮	功能说明	工具按钮	功能说明
	打开文件		重新输入数据，用于数据的更新
	打印设置与输出		撤消操作
	返回到动画的起始位置		播放动画
	选择模式		添加文字注释
	选择和关闭曲线统计工具栏，可实时显示曲线点的 XY 坐标值、斜率、最大值、最小值、均方根值等		选择和关闭曲线编辑工具栏
	局部放大框选的曲线图区域		将整个曲线图充满整个视窗
	显示当前页面的前一页内容		显示当前页面的后一页内容
	创建新的页面		删除当前选择的页面
	打开和关闭左侧的树形结构区		打开和关闭曲线动画的控制区域
	以页面显示布局设置		打开和关闭所选页面的整个视窗显示
	交换窗口布局，将所选窗口交换至所选的窗口处		关闭后处理模块

（1）后处理结果曲线的绘制。在工作界面左上角的模式下拉列表中选择 Plotting 选项，单击按钮，创建新的页面，曲线数据控制区如图 5-19 所示，Source 下拉列表中有 Objects（对象）、Measure（自定义测量项）、Request（自定义测量项/Car 模块中）、Results（仿真结果）选项，Filter 列表根据 Source 选项的选择有相应的变化。选择 Objects 后，过滤列表 Filter

中会显示 body、force、constraint 选项。然后在 Characteristic 列表中出现多个对象的特性选项，选择关注的对象特性选项后，在 Component 列表中选择对象特性的分量 X/Y/Z 或者总和 mag。

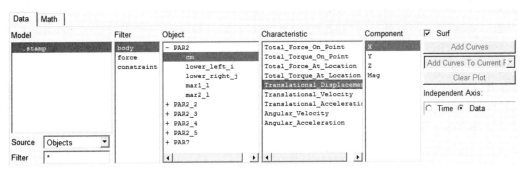

图 5-19　曲线数据控制区

在控制区的右下角，Independent Axis 中可以选择 Time 和 Data（自定义自变量）选项，Time 选项设置横坐标值为时间，Data 选项下可以在数据浏览器里自定义其他各类型数据为横坐标，再单击 Add Curve 按钮生成曲线图。

在 Add Curve 按钮下的下拉选项中有 Add Curves To Current Plot（将曲线添加到当前列表中）、One Curve Per Plot（创建新的图表后再添加曲线）、One Plot Per Object（不同的对象创建新的图表）。

（2）在后处理模块中，仿真动画的播放包含两种类型：一种是时域动画，另一种是频域动画。时域动画是进行运动学和动力学仿真分析时，每一步计算生成的一系列随时间变化的画面；频域动画是在频域内，回放柔性体不同频率下的模态振型动画，显示柔性体的变形。

后处理界面中的动画载入，可在工作界面左上角的模式下拉选项中选择 Animation，如图 5-20 所示，在主显示区域右击，在弹出的快捷菜单中选择 Load Animation 载入时域动画，选择 Load Mode Shape Animation 载入频域动画。

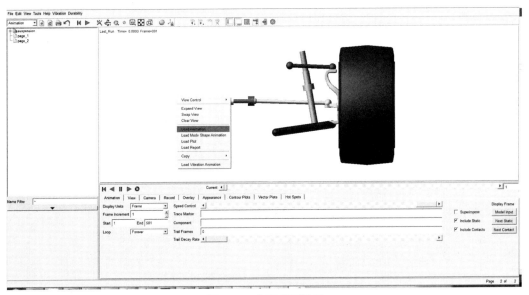

图 5-20　仿真动画设置

动画载入后，可在工作界面底部的动画控制区对仿真动画进行设置。选择 Animation，可在 Display Units 中设置播放动画是按 Frame（帧）还是按 Time（时间）来播放动画；Frame Increment 中可设置每步长跳过的帧数或时间间隔，以及起始帧数和终止帧数或起始时间和终止时间；Loop 播放次数选项可以设置为 Once（一次）、Forever（不停连续）、Oscillate Once（往复一次）、Oscillate Forever（连续往复）；Speed Control 滑动条用来控制播放速度；Tracer Mareker 可以实时显示跟踪点的轨迹曲线，关注和检查特定运动和检查部件的运动轨迹。

在 Record 选项中，可以将动画保存成一系列的文件，可保存为 AVI、mpg、tiff、jpg、xpm、bmp、png 等格式，设置好动画文件名称、文件格式、动画长度、播放速度和质量等后，单击 ⓡ 按钮，然后单击 ▶ 按钮播放，后处理模块将自动完成动画的录制，并保存于 Adams 的工作目录下。

第6章　刚柔耦合分析

在不同的机械系统中，由于构件的弹性变形将会影响到系统的运动学、动力学特性，考虑到对分析结果的精度要求，必须把系统中的部分构件处理成实际的可以变形的柔性体。Adams 中柔性体的处理包括线性和非线性方法，线性柔性通常适用于变形小于10%的该部件特征长度的小变形情况，非线性柔性适用于包含几何大变形、材料非线性和边界条件非线性等特征的部件。

Adams 常规的柔性体建模方法：

（1）离散梁连接，即将一个构件离散成许多段刚性构件，各刚性构件间通过柔性梁单元连接。

（2）利用其他有限元分析软件（Nastran/ABAQUS），将构件离散成细小的网格，然后进行模态计算，将计算的模态保存为模态中性文件 MNF（Modal Neutral File），直接导入到 Adams 中建立柔性体。

（3）利用 Adams/ViewFlex 功能，直接在 Adams/View 中建立柔性体的中性 MNF 文件。

Adams 新增的非线性柔性体建模方法：

（1）有限元部件（FE Part），一种带惯量属性的 Adams 原生建模对象，可以准确模拟梁结构的大变形（即几何非线性）特征。

（2）Adams-Marc 联合仿真，利用 Marc 对材料非线性、几何大变形、边界条件非线性特征的部件进行建模和分析，通过 Adams-Marc 联合仿真接口实现联合仿真，从而在多体动力学仿真中引入部件的非线性柔性影响。

（3）利用嵌入式非线性柔性模块 Adams MaxFlex 功能，直接读取和生成 Nastran SOL400 BDF 文件考虑部件的材料非线性、几何大变形及边界条件非线性特征。

6.1　离散柔性连接件

离散柔性连接件是利用柔性梁连接单元，将构件离散成多个刚体，在各个分散的刚体之间建立的柔性连接，如图6-1所示。

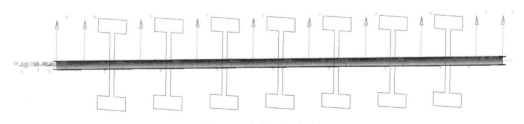

图 6-1　离散柔性连接件

单击工具栏 Bodies>Flexible Bodies 中的 ✏ 图标，出现创建离散柔性连接件对话框，如图6-2所示。

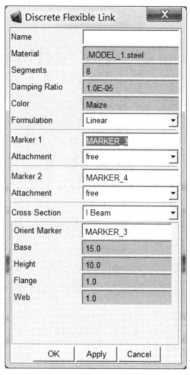

图 6-2 创建离散柔性连接件对话框

离散柔性连接件对话框中各选项功能如下：

- Name：定义离散连接件的名字，系统会自动按照定义的名字赋予每个离散刚性体一个名字，如定义离散连接件的名称为 flex_link，则各个离散刚性体名称为 flex_link_elem1、flex_link_elem2、flex_link_elem3、flex_link_elem4...，同样也自动赋予柔性梁一个名称为 flex_link_beam1、flex_link_beam2、flex_link_beam3、flex_link_beam4...。
- Material：赋予离散连接件的材料属性。
- Segments：输入将构件离散的段数。
- Damping Ratio：设置阻尼比。
- Color：设置柔性连接件的颜色，可右击在颜色库中选择。
- Marker1、Marker2：选择 Marker 点，确定离散柔性连接件的起始端点位置和终止端点位置。
- Attachment：确定离散连接件在起始端点位置和终止端点位置与其他相邻构件间的连接关系，有 free（自由连接）、rigid（刚性连接）、flexible（柔性连接）三种关系。
- Cross Section：确定离散柔性连接件的横截面形状，有 6 种横截面形状可选择：Solid Rectangular（实心矩形）、Hollow Rectangular（空心矩形）、Solid Circle（实心圆形）、Hollow Circle（空心圆形）、I Beam（工字梁形状）和 Properties。系统会根据用户选择的横截面的形状和几何形状参数，自动计算相应离散刚体的质量和转动惯量。
- Orient Marker：柔性梁单元、离散连接件在起始端点位置和终止端点位置与其他相邻构件间的连接副的方向参考标记点。

6.2　有限元程序生成柔性体

Adams 支持从 Nastran、MARC、ABAQUS、ANSYS、I-DEAS 等专业有限元分析软件导出的模态中性文件，本节以 Nastran 为例，通过 MSC Nastran 软件与 MSC Adams 软件之间的双向接口，可以将两个软件有机结合起来，实现将零部件级的有限元分析的结果传递到系统级的运动仿真分析中，完成在 MSC Adams 中的考虑部件弹性影响的分析，同时还可以将 MSC Adams 软件中的分析结果，如部件在各种工况下运动过程中的受力情况传递给 MSC Nastran，以此来定义其载荷的边界条件，从而可以提高产品整体的分析结果的精度和置信度。

MSC Nastran 从 2004 版本开始，对与 MSC Adams 的接口提供了更为简便的方法，从 MSC Nastran 中可以直接生成 MSC Adams 软件所需要的模态中性文件（简称 MNF 文件），这个过程可以在有限元通用的前处理软件 MSC Patran 中方便地实现。

这个接口可应用于模态分析、瞬态响应分析、频响分析以及有预加载荷的模态分析等分析过程中。对于有非线性变形的部件，要首先使用非线性分析，再用模态分析重新进行计算。

6.2.1　MSC Nastran 生成模态中性文件 MNF

MSC Nastran 允许使用单独的剩余结构、超单元或部件超单元作为 MSC Adams/Flex 弹性体分析的一个部件。

通过在 MSC Patran 中的设置，可产生输出弹性体 MNF 文件的定义卡片，MSC Patran 中直接生成 MNF 文件的过程如下：

（1）在模态分析、瞬态分析或频响分析等分析选项中，选择 Solution Parameters，选定 Adams Preparation。

（2）在 Adams Preparation 中对输出内容、输出单位等予以设定。

（3）提交 MSC Nastran 分析，将产生 MNF 文件，如图 6-3 所示。

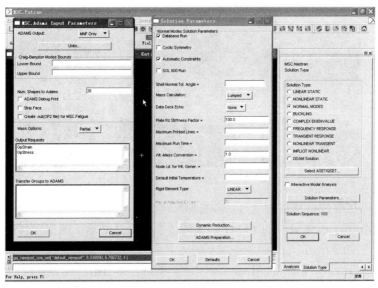

图 6-3　Nastran 中生成 MNF 文件

通过以上操作在 MSC Nastran 中必需的两个命令将会产生。

（1）工况控制部分将有产生 MNF 文件的命令：

MSC AdamsMNF   FLEXBODY=YES

（2）数据部分需要指定 MSC Adams/Flex 单位的命令：

DTI, UNITS, 1, mass_unit, force_unit, length_unit, time_unit

例如：DTI,UNITS,1,KG,N,M,SEC

6.2.2 导入 MNF 文件

在 Nastran 中计算出模态中性文件后，就可以导入到 Adams 中创建柔性体。单击工具栏中 Bodies>Flexible Bodies 中的 📢 图标，弹出创建柔性体对话框，如图 6-4 所示。

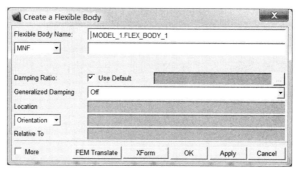

图 6-4 创建柔性体对话框

在对话框的 Flexible Body Name 中输入柔性体的名称。MNF 下拉列表中设置输出模态中性文件的位置，选择 Browse，打开文件所在的位置。Damping Ratio 中设置柔性体的模态阻尼，Default 规定如下：低于 100Hz 的所有模态阻尼率为 1%；100 至 1000Hz 的模态阻尼率为 10%；高于 1000Hz 的模态为 100%临界阻尼率。用户可以自定义输入具体的模态阻尼值。单击 OK 按钮后，完成创建柔性体，如图 6-5 所示。

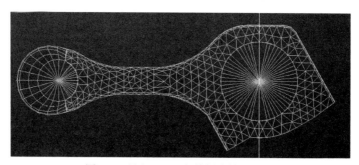

图 6-5 导入 MNF 文件创建的柔性体

另外，也可以在柔性体替换刚体时，输入 MNF 文件，直接导入替换系统模型中的刚性体，替换后的柔性体保留了刚体原有的运动副、载荷信息，而且继承了原来刚体的一些特征信息，如颜色、图标、初始速度等。

单击工具栏中 Bodies>Flexible Bodies 中的 📢 图标，弹出柔性体替换刚性体对话框，如图 6-6 所示。

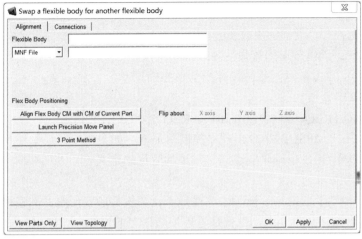

图 6-6　柔性体替换刚体对话框

6.2.3　编辑柔性体

创建柔性体后，可对其进行编辑，双击所要编辑的柔性体或者右击鼠标，在弹出菜单中选择 Modify，弹出柔性体编辑对话框，如图 6-7 所示。

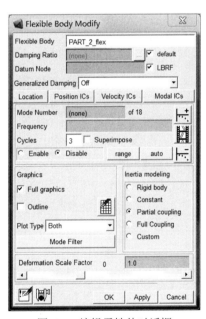

图 6-7　编辑柔性体对话框

1．Damping Ratio

弹性体模态的阻尼率的设置方式有如下几种：

（1）默认（Default），规定如下：

● 　低于 100Hz 的所有模态阻尼率为 1%；

● 　100 至 1000Hz 的模态阻尼率为 10%；

● 　高于 1000Hz 的模态为 100%临界阻尼率。

（2）各阶模态具有单一的阻尼率。

（3）阻尼率还可以用普通的函数表达式来定义。这里介绍两个专门定义模态阻尼率的函数：

- FXMODE：该函数返回该弹性体的模态阶数。
- FXFREQ：该函数返回该弹性体当前模态的频率。

如：FLEX_BODY/1

CRATIO=IF(FXFREQ-100:0.01,0.1,if(FXFREQ-1000:0.1,1.0,1.0))

（4）还可以用 DMPSUB 用户子程序控制阻尼率。如果用户习惯于使用时间单位为毫秒的话，就必须用 DMPSUB 子程序实现同等效果的阻尼率定义。

2. 模态的激活与取消

选择 Disable 相当于取消某阶模态，也就是当计算构件的变形时，忽略该阶模态的影响。选择 Enable 相当于激活某阶模态，也就是考虑该阶模态的影响。可使用的设置方式包括：

- 模态设定表（Modal ICs）
- 按频率范围设置（Range）
- 按能量分布设置（auto 按钮设定）

如果仿真计算中发现某阶模态对弹性体影响非常小，就可考虑选择取消该模态。

用户对弹性体模态的设置对分析是否成功影响很大，因为在 MSC Adams 中，弹性体的每阶模态对应于一个广义模态坐标，相应地会影响模型的自由度。对于 Solver 而言，太多的自由度意味着太长的不能容忍的计算时间，太少的自由度又会影响 MSC Adams 能否收敛到一个可以接受的解。

3. Inertia modeling 惯量设置

惯量设置有四种预设方式和一种用户自定制方式：

（1）Rigid body（刚体）：该选项设置近似采用刚体形式，但形式上仍采用弹性体公式表达。

（2）Constant（常数）：该选项设置惯量为常数值，弹性体变形不影响其惯量值。

（3）Partial coupling（部分耦合）：该选项为惯量默认选项。

（4）Full coupling（全部耦合）：该选项使用了全部 9 个不变量，是最复杂、最精确的选项。

（5）Custom（定制选项）：该选项允许用户设置自定义值或观察预设方式的值，如图 6-8 所示，带有"√"的为选定项。

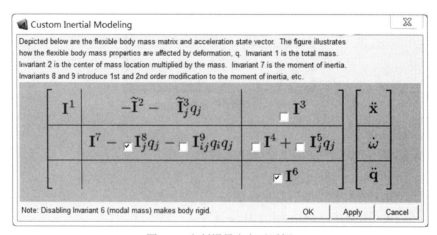

图 6-8　定制惯量定义对话框

4. Plot Type 可视化属性设置

输出图形类型用于表示弹性体变形的幅度，其数值具有连续性，不是离散值；它只显示相对变形，而不是应力。

Plot Type 可选项包括：

- Contour（轮廓线）：用于设置 MSC Adams/Flex 来显示彩色的轮廓图。
- Vector（向量线）：用于设置 MSC Adams/Flex 来显示向量图。
- None（不选择）：不显示任何图形。
- Both（两者都选）：既可显示彩色轮廓图，也可显示向量图。

变形比例系数设置 Deformation Scale Factor，可用于放大变形的显示幅度。该设置能够放大或缩小变形比例系数，便于观察。当比例系数大于 1 后，约束看起来妨碍变形，但这仅是视觉效果，与分析结果无关。从分析意图看，要保持所定义的约束不变。当比例系数等于 0 时，弹性体将像刚体一样，动画中不再出现变形。

Datum Node 设置用户选择认为的不动节点（即已知节点）作为其他所有节点位移的参考点。变形是一个相对过程，可以用相对于某一个已知节点的位移来表达。任意节点位移均可用彩色图形来表示其相对于已知节点的变形大小。其中，LBRF（局部部件参考坐标系，local body reference frame，默认设置，即部件坐标系或 BCS），与在有限元软件中的参考坐标系的位置相同。

6.2.4 刚柔连接

导入弹性体后，用户就可以使用 Adams 中所提供的约束库，将其与模型中的其他刚性部件相连了。

约束的位置可以直接连接到弹性体上约束位置的节点上，但连接的节点并不一定是有限元中的外接点。但从较好的建模经验来看，最好是在外接节点上进行约束连接。需要避免节点不匹配，要使用一致的编号规则，而且特别注意节点的排列问题。

Adams 中可以用于连接弹性体的常用约束包括 Fixed、Revolute、Spherical、Universal（or Hooke）。以下约束不能直接连接弹性体：有运动驱动的约束、任何允许移动的约束（translational，planar 等）、任何允许移动的基本约束（inline，inplane 等），但是可以创建连接该约束到中间的哑物体上（例如一个中间部件 interface part），将该哑物体与弹性体在节点上以固定副相连，此哑物体没有质量参数，不会对系统模型的计算有任何影响。

6.3 Adams/ViewFlex 建立柔性体

在 Adams 中可以直接创建构件的 MNF 文件，相比利用其他有限元分析软件计算 MNF 文件产生柔性体，Adams/ViewFlex 创建的柔性体的几何外形一般比较简单，对于复杂外形的柔性体 MNF 文件，还需要在其他有限元软件中生成。

在 Adams/ViewFlex 中创建柔性体，通常有三种方法：

（1）沿着给定的路径拉伸横截面创建柔性体；
（2）直接利用刚性体构件几何外形创建柔性体；
（3）导入有限元模型的网格文件创建柔性体。

6.3.1 拉伸法创建柔性体

单击工具栏中 Bodies>Flexible Bodies 中的 图标，弹出柔性体替换刚性体对话框，选择 Create New，如图 6-9 所示。

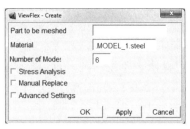

图 6-9　创建新的柔性体

在 FlexBody Type 中选择 Extrusion，用拉伸法创建柔性体。

（1）定义拉伸路径。选择 Centerline，选择 Marker 标记点，确定拉伸路径经过的点，在 Ref.Name 一列中输入选择的 Marker 点，可通过 Pick Coord. Reference 按钮来选择输入点；表格中可以输入欧拉角 R1、R2、R3，指定柔性体在 Marker 点处的横截面的比例 Scale X 和 Scale Y，以及柔性体截面在 Marker 点处的最大尺寸 Max X 和 Max Y。为使拉伸路径更加光滑，可以在 Interpolation 中选择插值运算：Linear（线性插值）、Cubic（三次插值）、None（没有插值）。如图 6-10 所示。

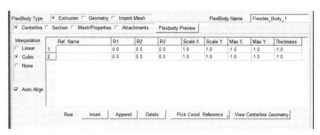

图 6-10　定义拉伸路径

（2）定义横截面。选择 Section，如图 6-11 所示，可以定义横截面形状为 Elliptical（椭圆）或 Generic。选择 Elliptical（椭圆），需要输入椭圆的两个半径的长度；选择 Generic 需要输入横截面的参数，可以直接在 XY 表格中输入横截面中各顶点坐标值，或者手动画出，通过单击 Fill 按钮，自定义绘制的横截面的顶点就会出现在 XY 表格中。

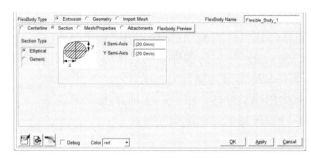

图 6-11　定义横截面选项

（3）定义单元属性。选择 Mesh/Properties，如图 6-12 所示，在 Element Type 中可以选择单元类型，包括 Shell Quad（壳单元）和 Solid Hexa（实体单元）。壳单元选项中要输入单元尺寸 Element Size 和单元厚度 Nominal Thickness。需要恢复应力，可选择 Stress Analysis，对于壳单元可以选择计算应力的位置 Top、Middle、Bottom。

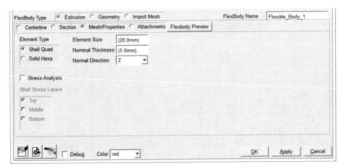

图 6-12　定义单元属性

（4）定义外连接点。选择 Attachments，如图 6-13 所示，在 Ref.Name 列中输入 Marker 点，单击 OK 按钮，完成柔性体的创建。

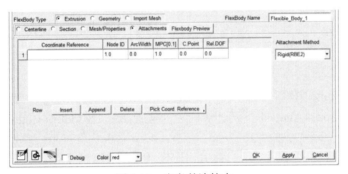

图 6-13　定义外连接点

6.3.2　利用刚性体构件几何外形创建柔性体

利用构件的几何外形创建柔性体，即直接由 Adams 中的几何外形来生成柔性体，几何外形可以是 Adams 中创建的构件或导入的其他三维几何模型。

单击工具栏中 Bodies>Flexible Bodies 中的 🔧 图标，弹出柔性体替换刚性体对话框，选择 Create New，如图 6-14 所示，在 FlexBody Type 中选择 Geometry。

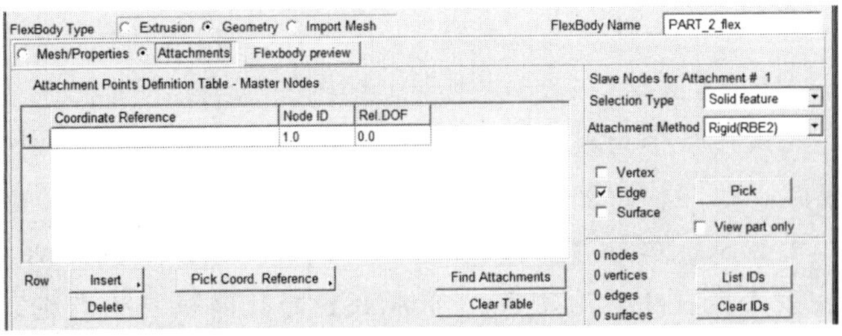

图 6-14　利用几何外形创建柔性体对话框

在 Mesh/Properties 页中，Element Type 下选择生成单元的类型，包括壳单元（Shell）和体单元（Solid）。在 Attachments 页中输入柔性体的外连接 Marker 点。

6.3.3　导入有限元模型的网格文件创建柔性体

单击工具栏中 Bodies>Flexible Bodies 中的 图标，弹出柔性体替换刚性体对话框，选择 Create New，如图 6-15 所示，在 FlexBody Type 中选择 Import Mesh。

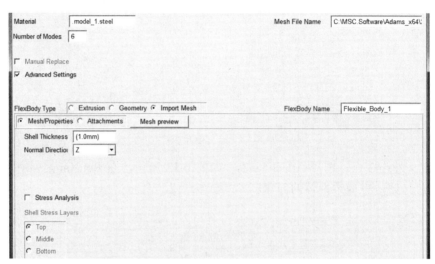

图 6-15　导入有限元模型网格文件对话框

在 Mesh File Name 中输入网格文件的位置，在 Mesh/Properties 页中定义壳单元的厚度，是否需要恢复应力 Stress Analysis，及计算应力的位置 Top、Middle、Bottom。

6.4　有限元部件（FE Part）

有限元部件 FE Part 是一种带惯量属性的 Adams 原生建模对象，可以准确模拟梁结构的大变形（即几何非线性）。FE Part 与基于 Adams/Flex 的线性柔体有两点显著不同：①它能准确地表现出线性模态方法所不能模拟的大变形；②它的建模不需要像模态中性文件（MNF）一样的有限元分析所产生的文件。FE Part 也不同于无质量梁力元，它具有惯量属性，其惯量属性使用对称、一致的质量矩阵，保持不变的惯性特性。

FE Part 具有如下公式选项：

● 3D Beam：一种用于梁结构的三维全几何非线性表示方法，考虑拉伸、剪切、弯曲和扭转。

● 2D Beam（XY，YZ 或 ZX）：一种用于梁结构的二维几何非线性表示方法，其中梁的中心线假定约束在一个与模型全局坐标系 XY、YZ 或 ZX 平面平行的平面上。二维梁可以在平面上拉伸和弯曲，求解速度也比三维梁更快。

这些公式选项基于 MSC 改编的绝对节点坐标公式（ANCF），Adams FE Part 的实现方式与纯 ANCF 公式的主要不同在于，它更像一个 ANCF 与几何精确梁理论之间的混合体，以克服传统 ANCF 公式的限制。

FE Part 并不支持材料非线性，目前建议 FE Part 仅仅被用于梁结构建模，其他形状（如板/壳或实体）还不能直接支持。另外，包含 FE Part 的模型也不支持利用 Adams/Linear 进行系统模态分析和 Adams2Nastran 输出。

6.4.1　创建 FE Part

有限元部件 FE Part 在 Adams View 中通过 FE Part 向导进行创建，该向导分为三个页面或步骤，单击工具栏 Bodies >Flexible Bodies 中的 图标，出现创建 FE Part 的向导对话框，如图 6-16 所示。

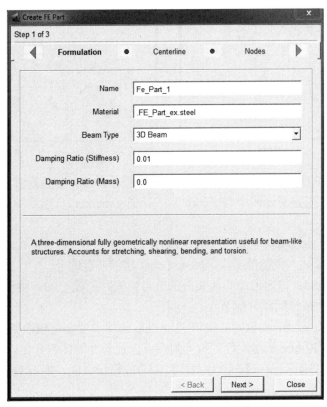

图 6-16　创建 FE Part 的向导对话框

对话框各选项功能如下：

（1）Name：定义有限元部件的名字，系统会自动赋予名称，比如 Fe_Part_1，如果需要，可以修改指定给有限元部件的默认名称。

（2）Material：赋予有限元部件的材料属性。

（3）Beam Type：选择有限元部件类型，3D Beam 或 2D Beam（XY、YZ 或 ZX）。

（4）Damping Ratio（Stiffness）：粘弹性阻尼系数。

（5）Damping Ratio（Mass）：粘滞阻尼系数。

中心线页面对话框各选项功能如下（图 6-17）：

（1）Define By：指定中心线的定义方法，可以是曲线（Curve）或者通过两点的直线（Line）。

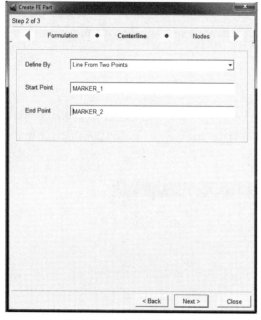

图 6-17　中心线页面对话框

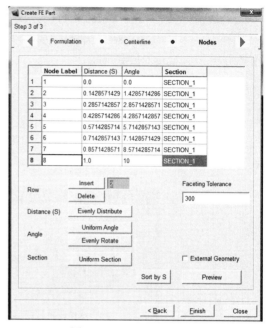

图 6-18　节点页面对话框

（2）如果通过曲线定义中心线，需要先定义好样条曲线，然后选择它即可；如果通过直线定义中心线，需要先定义好两个点（point）或标记（marker），然后把它们分别定义为起点和终点。

节点页面对话框各选项功能如下（图 6-18）：

（1）Row：可以插入或删除节点，Node Label 显示节点编号。

（2）Distance（S）：指定沿中心线长度的节点位置，起始于 0，终止于 1，单击 Evenly Distribute 按钮，自动按等间距分配节点。

（3）Angle：节点 x 轴沿其位置曲线切向，Angle 选项设置绕 x 轴的扭转角，Uniform Angle 是手动指定，Evenly Rotate 从起始位置角度到终点位置角度等比例变化。

（4）Section：直接通过右键在节点截面框创建或筛选截面，单击 Uniform Section 按钮指定所有节点位置的截面统一。

6.4.2　有限元部件结果后处理

与其他类型的部件类似，有限元部件也可以通过 Adams 后处理进行结果曲线绘图或者输出动画（图 6-19），具体包括：

（1）结果集：包括有限元部件各节点 6 个方向的运动指标分量和力学指标分量。

（2）测量或输出请求：注意有限元部件可以参考其标记点定义测量或输出请求，测量对象不能基于有限元部件本身。

（3）动画：有限元部件的中心线和几何都可以根据变形计算结果输出动画，同时体现变形的云图也可在动画中显示。

（4）有限元载荷：有限元部件计算生成的结果集包含沿长度方向每一个节点三个方向的力和三个方向的力矩。

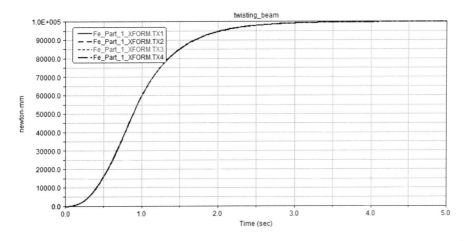

图 6-19　有限元部件结果后处理

6.5　Adams–to–Marc 联合仿真接口
（Adams Co–Simulation Interface，ACSI）

6.5.1　ACSI 概述

　　Adams-to-Marc 联合仿真接口（ACSI）实现 Adams 和非线性有限元软件 Marc 之间的信息沟通，将多体动力学和非线性有限元工具有机结合，解决系统动力学仿真中的非线性结构问题，比如计算工程上常见的橡胶垫隔振问题，机构热耦合问题，自接触问题，材料非线性、几何非线性和接触非线性等与机构运动的耦合现象。

　　借助 ACSI，Adams 把精确的边界条件传递给 Marc 模型中的部件或装配体，通过交换数据的方式，引入 Marc 模拟部件或装配体的非线性行为，准确捕捉应变能，并获取变形。在具体实现过程中，由于多体动力学计算较快，而非线性有限元计算较慢，可以利用 Marc 的并行求解能力充分提升计算效率，并可以实现一个 Adams 进程和多个 Marc 进程之间的结合。

　　Adams 模型与 Marc 模型之间的相互作用点被称为交互点，每一个交互点在 Adams 模型中必须是一个 GFORCE，同时在 Marc 模型中必须是一个 RIGID SURFACE。通过 Adams 与 Marc 之间的交互点，Adams 将位移传递给 Marc 并作用到 RIGID SURFACE 上，同时 Marc 用

GFORCE 将力/力矩值传递给 Adams。

图 6-20 中的点 P1、P2、P3 和 P4 就是交互点，一个 Adams 进程可以与多个 Marc 进程交互。

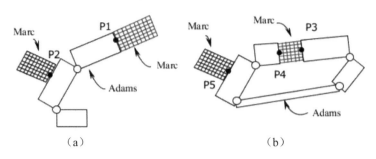

（a）　　　　　　　　　　　　　（b）

图 6-20　Adams 与 Marc 交互示意图

需要注意，交互点只能存在于 Adams 模型与 Marc 模型之间，不支持以图 6-21 所示的点 P7 代表交互点的情况，因为点 P7 是两个 Marc 模型之间的交互点。

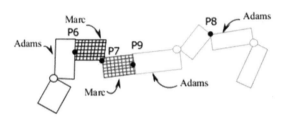

图 6-21　不支持的交互点拓扑形式示意图

进行 Adams-Marc 联合仿真的流程步骤如图 6-22 所示。

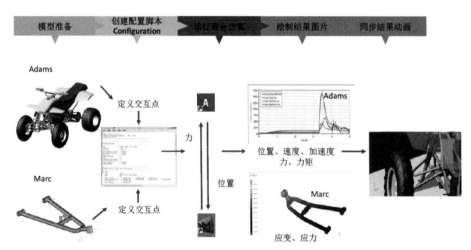

图 6-22　Adams-Marc 联合仿真流程步骤

6.5.2　建立并运行 Adams 模型

建立并运行 Adams 模型的步骤如下：

（1）每个交互点上必须放一个 GFORCE，GFORCE 必须反作用在 GROUND 上（即浮动标记 JFLOAT MARKER 必须位于 GROUND 上），参考标记 RM MARKER 必须位于 GROUND 上，它的位置必须与 GROUND 绝对坐标的原点一致，同时必须与 GROUND 绝对坐标系方向平行。其 I MARKER 必须与交互点位置一致（必须与 Marc 模型中的对应节点一致），同时必须与 GROUND 绝对坐标系方向平行。

另外，GFORCE 必须用下面示例用户子程序选项定义：

```
GFORCE/2
, I = 15
, JFLOAT = 17
, RM = 16
, FUNCTION = USER(0)\
, ROUTINE = ACSI_Adams::
```

例如，如图 6-23 所示 Adams 与 Marc 模型在点 P 交互。Adams 对 GFORCE 的设置如图 6-24 所示。

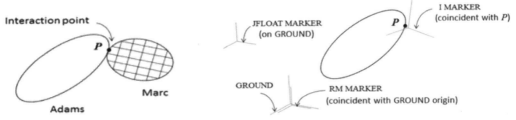

图 6-23　设置 Adams 与 Marc 模型的交互点　　图 6-24　在 Adams 中对交互点 P 设置 GFORCE

（2）全部联合仿真时间大部分用于 Marc，Marc 中节点的运动通过位置控制，我们推荐在 Adams 中使用下列设置：

● 使用 GSTIFF，S12 作为积分器。

● 控制 HMAX 来匹配 Marc 使用的时间步。

● 收紧积分器容差。

（3）通过 Adams/View 输出仿真控制脚本 acf 文件和模型数据 adm 文件：

● 设置 Solver > Executable，选择 Write Files Only。

● 定义仿真运行脚本（Script），通过脚本方式运行仿真，输出 acf 和 adm 文件。

● 在 adm 文件中添加环境变量：

ENVIRONMENT/NAME=MSC_COSIM_CONFIG_FILE, VALUE=configuration.cosim

ENVIRONMENT/NAME=MSC_COSIM_PROCESS_ID, VALUE=99

（4）联合仿真时，只有当 Glue 代码提示时，才需要启动 Adams 进程。Adams 进程可以通过 mdi 脚本从命令行启动或者从 A/View 启动。

6.5.3　建立并运行 Marc 模型

建立并运行 Marc 模型的步骤如下：

（1）在每个交互点位置放一个节点（节点必须有 6 个自由度），节点可能与一个刚性体或 RBE2 单元粘连在一起。交互节点必须是位置控制的，Co-Sim Int. Node 选项必须检查开启，如图 6-25 所示。

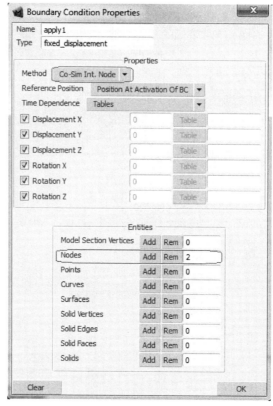

图 6-25　选择 Co-Sim Int. Node 选项

另外，需要在结构分析选项中检查对应联合仿真任务的 Adams-Marc Co-Simulation 复选项，如图 6-26 所示。

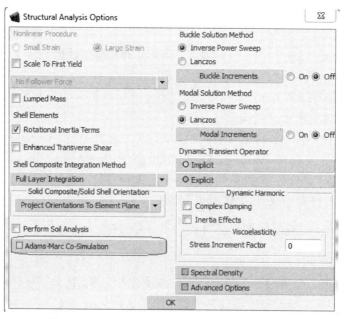

图 6-26　选择 Adams-Marc Co-Simulation 复选项

进程 ID 和配置脚本文件设置如图 6-27 所示。

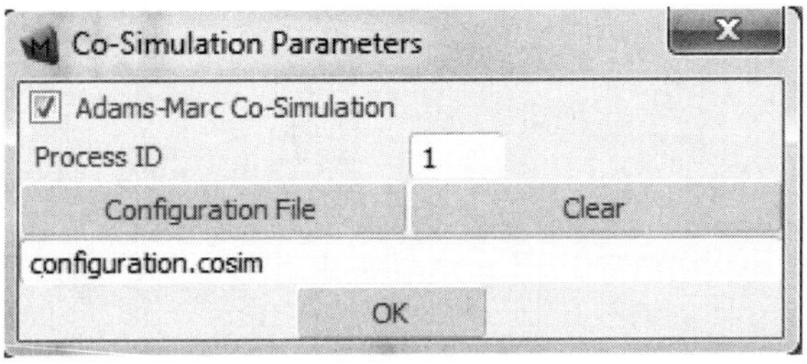

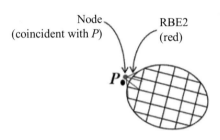

图 6-27　设置进程 ID 和配置脚本文件

交互节点的位置必须与 Adams 中的交互标记点 MARKER 的位置重合，在 Marc 中的交互点 P 位置定义节点如图 6-28 所示。

Node
(coincident with *P*)　　　RBE2
(red)

P

图 6-28　在 Marc 中的交互点 P 位置定义节点

（2）建议放宽非奇异矩阵的计算条件，在 Mentat 中选择 Job Properties>Run>Parallelization/GPU>Matrix Solver Options>Non-Positive Definite。在某些情况下，所计算的切线矩阵传给 Adams 是奇异的。在某些情况下，奇异的切线刚度矩阵是正确的。

（3）输出 Marc 模型文件（假定命名为 marc.dat）。

（4）联合仿真时，Adams 进程启动后，再通过命令启动 Marc 进程。

6.5.4　接口配置脚本

接口配置脚本可以通过手动编辑和图形用户界面两种方式进行。

1. 手动编辑配置脚本

配置脚本语法很简单，它就是一个 keyword=value 和命名为 keyword 组=value 的列表，所有 keyword 与 keyword 组的名称都是区分大小写的。注释行以 $，#，或者！符号开头。

举例说明，配置文件脚本看起来是这样的：

```
#-------------------------------------
# Spring damper test example
#-------------------------------------
cosim_ip    = 127.0.0.1
end_time    = 3.0
# Adams process
process {
    id          = 99
```

```
    name            = Rigid parts and springs
    code            = adams
    interaction {
        gforce_id  = 1
        name        = gforce1
        connection = rigid1
    }
    interaction {
        gforce_id  = 2
        name        = gforce2
        connection = rigid2
    }
}
# Marc process
process {
    id          = 3
    name        = Intermediate block
    code        = marc
    interaction {
        node_id      = 2
        name          = rigid1
        connection   = gforce1
    }
    interaction {
        node_id      = 3
        name          = rigid2
        connection = gforce2
    }
}
```

详细的语法说明，可以参考 Adams 帮助手册中 ACSI 接口的配置脚本部分。

2. 用 GUI 编辑配置脚本

接口配置脚本也可以通过图形用户界面（Graphical User Interface，GUI）创建、编辑和修改，创建和编辑配置脚本的步骤如下：

（1）单击"开始" > "程序" >MSC.Software > Adams x64 2016 > ACo-Simulation > Adams Co-Simulation Interface 命令，启动 ACSI 接口界面。

（2）单击 File> Create New Configuration(default values)命令，开始创建和编辑配置脚本，因为是默认设置，不进行菜单单击即可直接进入编辑模式。

（3）单击选择 Main，对项目名称、插值方法等进行编辑或选择，有五种插值阶数 Interpolation Order 可供选择，如图 6-29 所示：Quadratic exact（默认）、Linear weighted、Constant last、Linear least squares、Constant average，如果存在大量的振荡，优先考虑后两种方法。

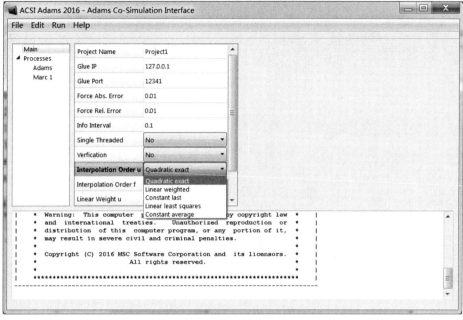

图 6-29　Adams-Marc 接口主界面

（4）单击 Adams，定义 Adams 交互点，直接对 Interaction、Connection 和 Gforce ID 进行编辑即可，如图 6-30 所示。特别注意 Adams 模型 Gforce 的 ID，还可以编辑进程名称 Process Name。

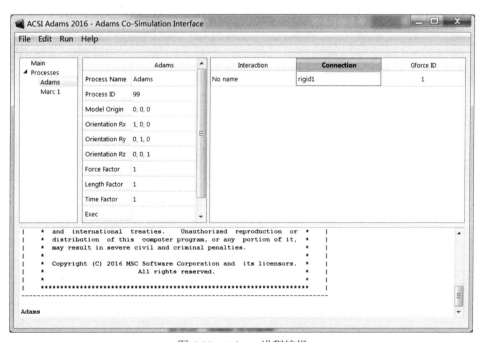

图 6-30　Adams 进程编辑

如果需要增加 Adams 交互点，单击 Edit> Add Interaction 命令，如图 6-31 所示，然后编辑 Interaction、Connection 和 Gforce ID。

图 6-31　增加 Adams 交互点

（5）单击 Marc1，定义 Marc 交互点，直接对 Interaction、Connection 和 Gforce ID 进行编辑，如图 6-32 所示。Interaction 与 Connection 刚好与 Adams 进程中反过来，特别注意 Marc 模型连接节点号，同样可以编辑进程名称 Process Name，需要增加交互点时，单击菜单 Add Interaction 即可。

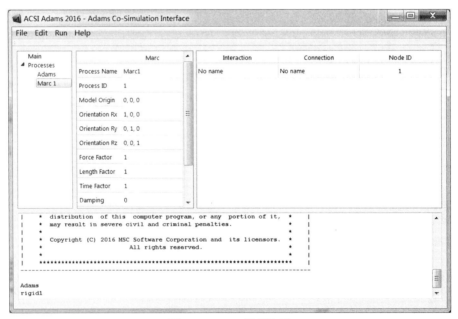

图 6-32　Marc 进程编辑

（6）完成上述编辑后，单击 File > Save Configuration As…命令，在指定文件夹路径保存配置脚本文件，比如命名为 configuration.cosim。

6.5.5 运行联合仿真

运行联合仿真的方法和步骤如下：

（1）建议先建立针对某个联合仿真分析任务的文件夹，并包含 adams、marc 和 results 等子文件夹，分别存放模型文件、脚本文件和结果文件，前述输出的模型文件及接口配置脚本分别存放模型子文件夹和仿真任务文件夹，如图 6-33 所示。

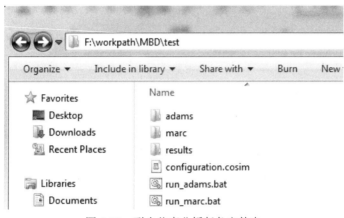

图 6-33　联合仿真分析任务文件夹

（2）文本编辑 Adams 进程批处理命令，并存放在仿真任务文件夹下，比如 run_adams.bat。以 Adams 2016 为例，批处理命令文件示例如下：

```
@echo off
copy configuration.cosim adams\configuration.cosim
cd adams
adams2016 ru-s adams.acf
cd ..\
```

（3）文本编辑 Marc 进程批处理命令，并存放在仿真任务文件夹下，比如 run_marc.bat。以 Marc 2015 为例，批处理命令文件示例如下：

```
@echo off
set MSC_COSIM_CONFIG_FILE=configuration.cosim
set MSC_COSIM_PROCESS_ID=1
copy configuration.cosim marc\configuration.cosim
cd marc
C:\MSC.Software\Marc\2015.0.0\marc2015\tools\run_marc.bat -mo i8 -j marc.dat -b n -save yes
cd..\
```

（4）单击"开始" > "程序" >MSC.Software > Adams 2016 > ACo-Simulation > Adams Co-Simulation Interface 命令，启动 ACSI 接口界面。再单击菜单 File > Open Configuration File…命令，打开接口配置脚本文件，比如 configuration.cosim。单击菜单 Run > Run 命令，启动联合仿真。

（5）单击 OK 按钮忽略提示信息，当出现图 6-34 中的 Start the Adams process…提示信息时，单击"开始" > "程序" >MSC.Software > Adams 2016 > Adams – Command Prompt 命令，将 DOS 命令行路径更改到联合仿真任务文件夹，运行 run_adams.bat。

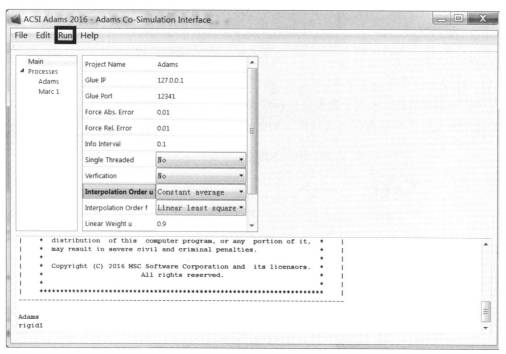

图 6-34　启动 Adams-Marc 联合仿真

（6）出现图 6-35 所示提示信息 Handshaking signal received from Glue code 时，通过 "开始" > "运行" 命令，输入 cmd 启动 DOS 窗口。将 DOS 命令行路径更改到联合仿真任务文件夹，运行 run_marc.bat，启动 Marc 进程，联合仿真真正进入运算阶段，Adams 和 Marc 两个软件同时在做计算，如图 6-36 所示。

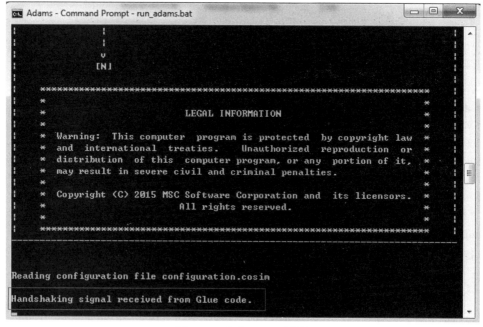

图 6-35　启动 Adams 进程

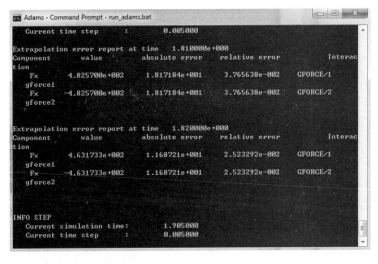

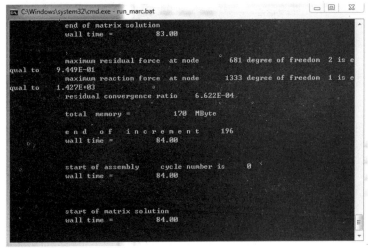

图 6-36　联合仿真进入运算阶段

（7）计算完成后，Adams 和 Marc 进程窗口都会提示计算完成，如图 6-37 所示。

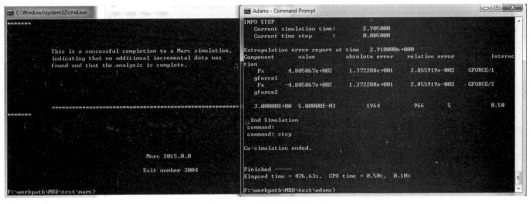

图 6-37　联合仿真完成

（8）联合仿真结束后，可以分别通过 Adams 和 Marc 打开各自的分析结果进行查看。

6.6　Adams MaxFlex

从 Adams 2015.1 版起增加了 Adams MaxFlex 模块，完美地将 Nastran SOL400 非线性求解技术嵌入 Adams 中，使得 Adams 用户可以考虑运动部件的非线性，包括几何、材料和边界条件非线性。MaxFlex 采用了内嵌于其中的 Nastran SOL400 隐式非线性求解器，结合多体动力学（MBD）和有限元分析（FEA）的优势，在 Adams 环境中求解带有强非线性特征的刚柔耦合系统。

Adams MaxFlex 是 Adams 柔性体的非线性选项，不同于基于模态中性文件（MNF）的线性柔性体，这种非线性柔性体基于 MSC Nastran SOL400 的计算文件，MSC Nastran SOL400 是 MSC Nastran 的隐式非线性求解器，因此，只需要导入有效的批量数据文件（BDF）。

在 Adams 中使用非线性柔性体的工作流程与基于 MNF 的线性柔性体的非常类似：

（1）导入代表柔性体的文件。

（2）通过约束或力元将柔性体与模型连接。

（3）非线性柔性体选项也支持 rigid-to-flex 和 flex-to-flex 功能。

6.6.1　创建非线性柔性体

（1）BDF 导入。

Adams 非线性柔性体基于 SOL400 BDF 文件生成，单击工具栏 Bodies >Flexible Bodies 中的图标，选择导入 BDF 类型，通过右键浏览选择要导入的 BDF 文件，单击 OK 按钮即可，如图 6-38 所示。

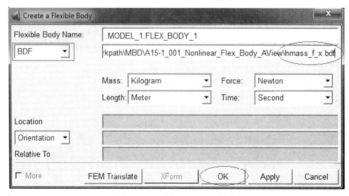

图 6-38　导入 BDF 文件

如果 BDF 文件不含单位，导入 BDF 生成柔性体时，需要指定对话框中的单位，且与 BDF 中建立的模型单位匹配，如果 BDF 模型单位与 Adams 模型单位不同，Adams/View 将按单位比例换算几何尺寸和质量属性参数。

（2）用非线性柔性体替换现有的部件。

利用刚－柔替换（图 6-39）或柔－柔替换（图 6-40）功能，可实现非线性柔性体替换现有的刚性体或柔性体，分别单击工具栏 Bodies >Flexible Bodies 中的或图标，通过对话框选择要替换的部件并导入非线性柔性体 BDF 文件即可。同样，需要注意单位设置。

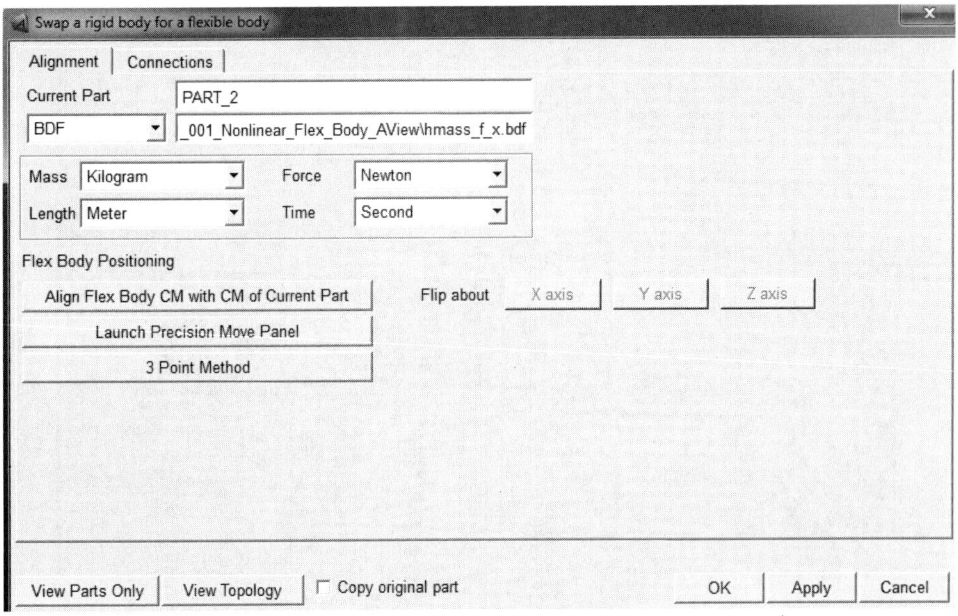

图 6-39　刚—柔替换

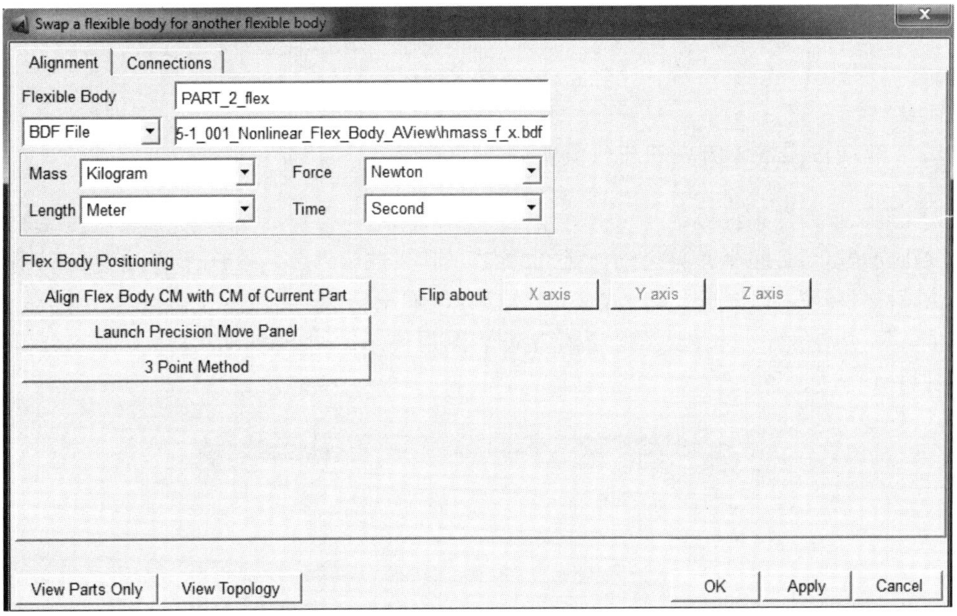

图 6-40　柔—柔替换

（3）通过信息工具验证非线性柔性体。

在 Adams 中，信息工具非常有用，可以用来验证非线性柔性体的质量属性和单位，在图形界面窗口或模型浏览器中单击非线性柔性体，选择弹出式菜单 Info，信息窗口将显示柔性体的详细信息，如图 6-41 所示。

（4）施加约束或力。

对非线性柔性体施加约束或力，定义约束或力的位置标记必须与柔性体节点关联。

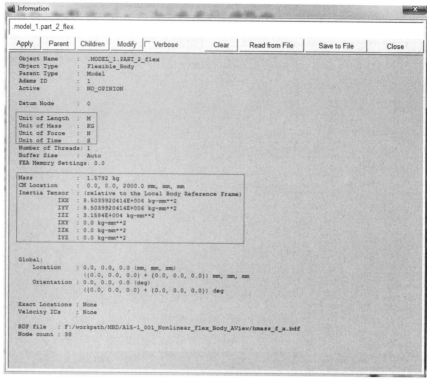

图 6-41　验证柔性体信息

6.6.2　非线性柔性体仿真的注意事项

（1）修改非线性柔性体。

向 Adams/Solver 递交计算之前，还可以修改非线性柔性体，在图形界面窗口或模型浏览器中单击非线性柔性体，选择弹出式菜单 Modify，弹出修改对话框，如图 6-42 所示，可以对柔性体位置、初始条件、阻尼参数、载荷工况、图形显示、结果输出请求、有限元分析设置以及线程数进行修改设置。

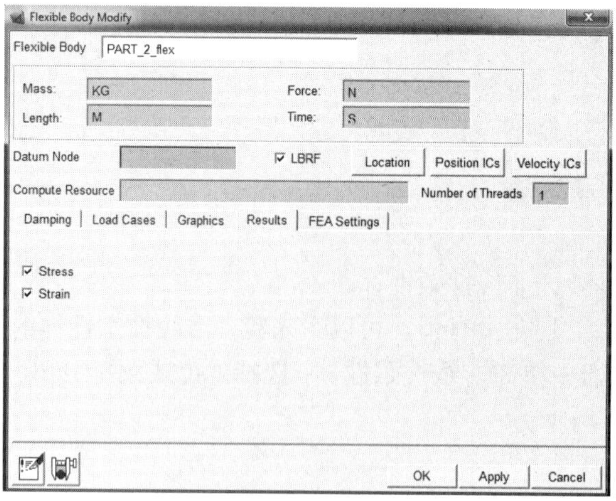

图 6-42　修改柔性体

（2）仿真设置。

如果模型中包含非线性柔性体，需要考虑如下仿真设置：

● 求解执行：需要设置外部求解或使用外部命令求解，如图 6-43 所示。

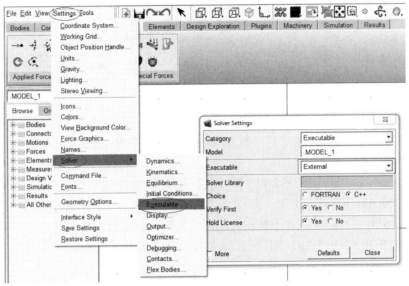

图 6-43　设置外部求解

● 积分器：动力学计算的积分器只能选择 GSTIFF 和 HHT，如图 6-44 所示。

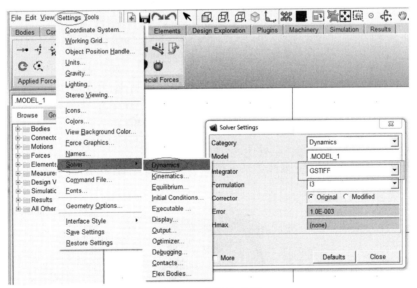

图 6-44　设置积分器

● 求解线程数设置：如果模型中只有一个非线性部件，对求解器设置多个线程数可能并
没有什么效果，希望单个非线性柔性体计算用多个线程，在前面非线性柔性体修改对
话框中设置，对求解器设置多个线程数，如图 6-45 所示。Adams/Solver 会把每一个
非线性柔性体放在分开的线程上进行并行求解。

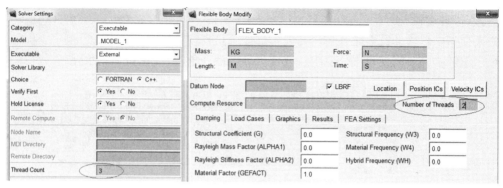

图 6-45　设置求解线程数

- 积分器容差：需要综合考虑计算精度和效率，其中 Nastran 求解的积分容差可以单独设置。
- 雅克比再评估模式：GSTIFF 和 HHT 积分器对牛顿－拉普森迭代的默认设置是 INTEGRATOR/PATTERN = T:F:F:F:T:F:F:F:T:F（4 次非线性迭代做 1 次再评估），如图 6-46 所示。但是，对于存在大的塑性变形、自接触和超弹材料等情形，建议设置为 INTEGRATOR/PATTERN = T（1 次迭代做 1 次再评估）。

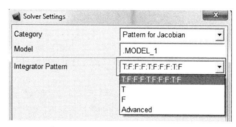

图 6-46　雅克比在评估模式

对于存在自接触的非线性部件，最大积分步长最好限制在 1E-4 以下。

6.7　实例：刚柔替换

本节通过具体的实例来介绍柔性体部件的替换，如图 6-47 所示。

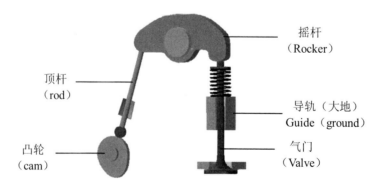

图 6-47　配气机构示意图

　　此模型为一个配气机构。凸轮在给定的速度下转动，顶杆（连杆）相对凸轮直线移动，摇杆相对于发动机壳体上的销轴转动，为了保持顶杆与凸轮之间接触，弹簧始终处于受压状态，当摇杆转动时，气门垂向运动，气门的运动使得空气可以进入下面的腔体内（此处未予考虑）。

　　启动 Adams/View，在欢迎对话框中选择新建模型并命名为 Valve，单击 OK 按钮，进入 Adams/View 前处理界面。单击菜单 File>Import 命令，在弹出对话框的 File Type 中选择 Adams/View Command File（*.cmd），在 File To Read 中选择 cmd 文件所在的文件夹，单击 OK 按钮。导入模型如图 6-48 所示。

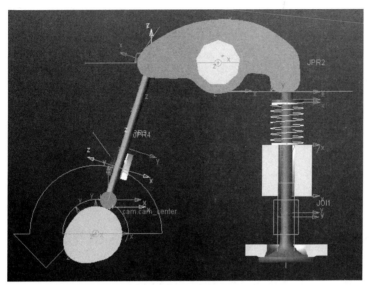

图 6-48　配气机构模型

　　单击工具栏中 Bodies>Flexible Bodies 中的 📷 图标，弹出柔性体替换刚性体对话框，如图 6-49 所示。在 Current Part 栏中右击选择 valve 部件，在 MNF File 下拉列表中选择要替换的中性文件路径。

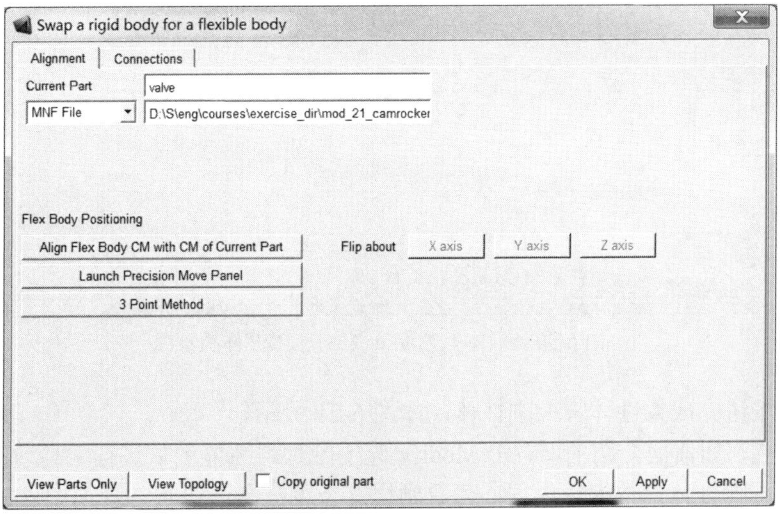

图 6-49　柔性体替换刚性体对话框

在对话框中的 Connections 页，可以查看修改刚体运动副、Marker 点与柔性体之间的转换情况，如图 6-50 所示。

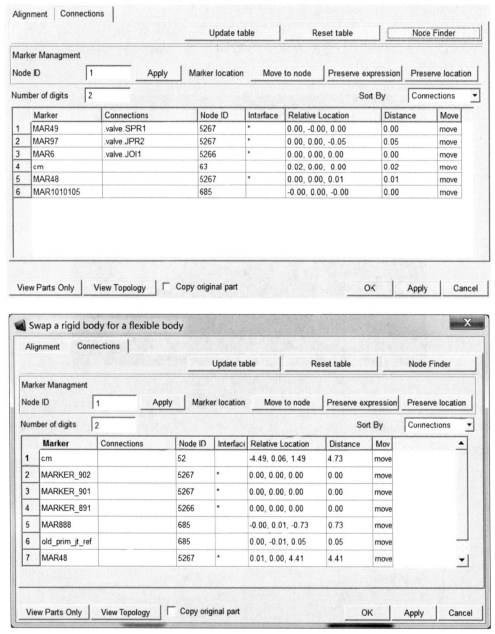

图 6-50　刚体上 Marker 点对应柔性体节点

单击 OK 按钮完成柔性体替换刚性体，如图 6-51 所示。

选择柔性体，如前面介绍的，右击 Modify 选项可对柔性体参数进行编辑设定，选择 Info，用此功能可观看弹性体参数编辑数据，可看到模态是否被激活等状态，如图 6-52 所示。

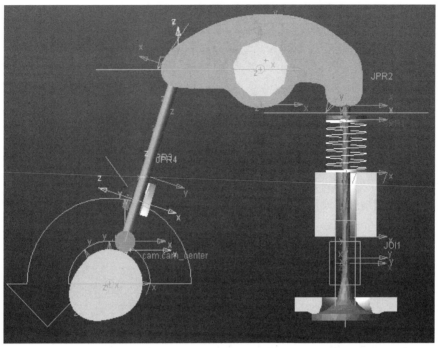

图 6-51　Valve 部件替换为柔性体模型

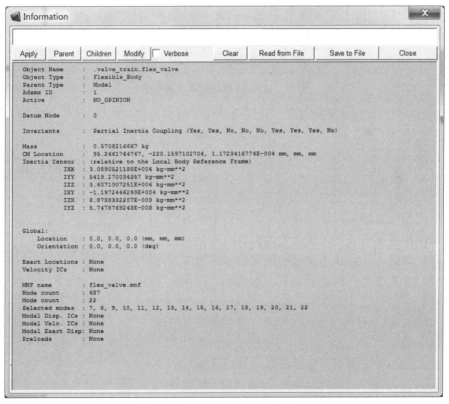

图 6-52　弹性体参数数据信息窗口

第 7 章　参数化与优化分析

机械系统的设计是一个不断反复的过程，为了达到最优的设计目标，需要对系统中的关键变量进行优化。手动完成这个过程将浪费极大的资源，若能自动完成这一过程，无疑将极大地提高设计效率。在 Adams 中，用户通过使用其参数化设计及优化功能，可以利用计算机自动进行参数敏感度分析，从众多设计变量中找到对优化目标影响巨大的关键变量，并在此基础上进行优化设计，可快速地确定设计变量的具体数值，这在实际工作中具有重大的价值。

7.1　参数化设计

CAE 模型与 CAD 模型的参数化在方法上是相同的，都是将模型中具体的数值用设计变量代替，通过修改设计变量的值，改变模型中对应的数量值。模型的参数化是进行优化设计的前提。

单击选项卡 Design Exploration>Design Variable 中的 🖊 按钮，如图 7-1 所示，弹出定义设计变量对话框，如图 7-2 所示，对话框中的各设置项功能如下。

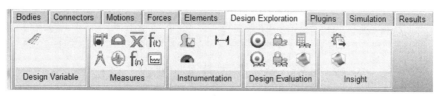

图 7-1　Design Exploration 选项卡

（1）Name：为将要定义的设计变量设置名称，最好使该名称与该变量的物理意义关联，以便选择和识别。

（2）Type：确定设计变量的类型，这里有 4 种：Integer（整型），Real（实数型），String（字符串型），Object（对象型），定义设计变量的对话框会根据变量类型的不同而有所变化。变量用得最多的是实数型，当变量类型为整数型时，即便设置成实数型，变量值也会自动取整，当变量为字符串型时，只能赋予变量一段字符串；当变量为对象型时，变量值为各种建模元素，如构件、构件上的元素、运动副、驱动、载荷等的名称。

（3）Units：当变量类型为实数型时，需要为变量的值确定量纲。

（4）Standard：设置变量的标准值，如设计圆柱的半径为 50mm，只需输入 100 后，在创建圆柱时，将圆柱的半径与该设计变量关联，那么圆柱的半径就自动变为 100mm。

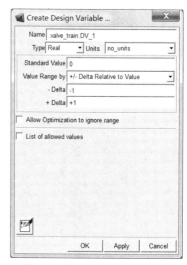

图 7-2　设计变量设置对话框

（5）Value Range by：在进行参数化分析时，为了观察设计目标随设计变量的变化情况，或者设计变量对目标函数的影响程度，需要让设计变量在一定的范围内变动，分别计算出设计变量取不同的值时设计目标的值，这样就可反映出设计变量对设计目标的影响状况。定义设计变量取值范围有 3 种方式：

- Absolute Min and Max Values：采用绝对值方式确定设计变量范围，如某设计变量标准值为 3，变化范围为[-6 9]，那么在对应的 Min.Value 中设置为-6，Max.Value 中设置为 9。

- +/- Delta Relative to Value：采用相对值方式确定设计变量范围，如某设计变量标准值为 3，变化范围为[-6 9]，那么在对应的-Delta 中设置为-9，+Delta 中设置为 6。

- +/- Percent Relative to Value：采用相对百分数的方式确定设计变量范围，如某设计变量标准值为 3，变化范围为[-6 9]，那么在对应的-Delta[%]中设置为-300，+Delta[%]中设置为 200。

（6）Allow Optimization to ignore range：选择该项，则进行优化时设计变量不受取值范围的限制。

（7）List of allowed values：设计变量的取值列表，需要输入一定范围内的数据。当进行参数化分析时，列出设计变量在变化范围内可以取的具体值。优化计算时，将设计变量的取值范围按一定间距离散为一系列的数值点，分别计算设计变量取不同的数值点时设计目标的数值。如某设计变量的变化范围为[4 8]，在该区间范围内选择 5 个点：4,5,5.5,6,7，那么当进行计算时，该设计变量将依次取这 5 个数值进行计算。还可以单击 Generate 按钮，然后输入区间范围内的离散点个数，就可以获得等间距的每个数据点。

（8）Allow Design Study to ignore list：选中该项，则在进行设计研究时，允许设计变量不受变量取值序列的限制。

当设计变量定义后，还可以对其进行编辑修改，单击菜单 Edit>Modify 命令，选择要修改的设计变量，弹出设计变量对话框进行设置即可。还可以通过单击 Tools>Table Editor 弹出设计变量表编辑对话框，如图 7-3 所示，选择 Variables Type 即可进行修改，并且可以利用过滤功能从众多变量中快速确定要修改的设计变量。单击表中的 Filter 按钮，弹出如图 7-4 所示的对话框，根据类型等进行过滤即可。

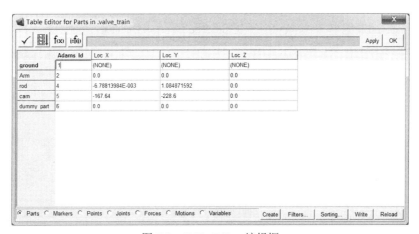

图 7-3　Table Editor 编辑框

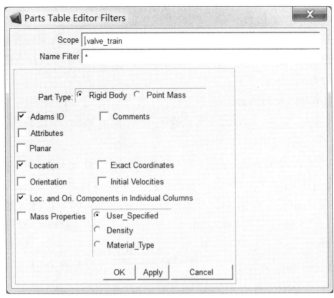

图 7-4　过滤对话框

7.2　模型参数化

设计好设计变量后，需要将其与对应的模型中的元素关联起来，才能完成模型的参数化工作。将模型中各相关元素的参数用具体的设计变量替代，设计变量的标准值就是模型元素参数的当前值，当设计变量的值在其设计区间内变动时，可以改变模型参数的具体值。下面具体说明这一过程。

7.2.1　Point 点的参数化

Point 点只能确定位置量，不能确定角度量。如图 7-5 所示，单击 Construction 栏中的 • 按钮创建一个 Point 点，再创建一个设计变量 point_x。如图 7-6（a）所示进行设计变量的设置，双击该点，弹出几何点的编辑对话框，如图 7-6（b）所示。单击该点的 Loc_X 单元，然后在顶行的输入框中右击，选择 Parameterize>Reference Design Variable 命令，在数据导航窗口中选择设计变量 point_x，单击 OK 按钮，如图 7-6（c）所示，完成点的参数化。然后在几何点编辑对话框中单击 OK 按钮，这时该点挪移到新的位置。当然，也可以选择 Parameterize> Create Design Variable 命令直接创建设计变量。还可以选择 Parameterize>Unparameterize 命令，取消已经参数化的对象。

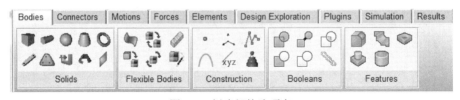

图 7-5　创建部件选项卡

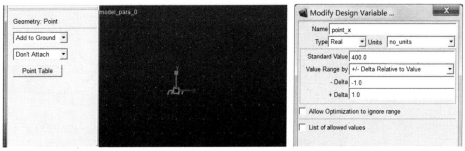

（a）设计变量设置对话框

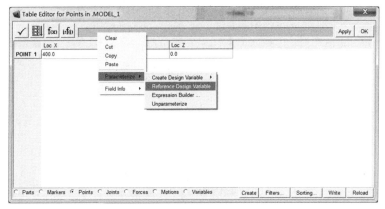

（b）Point 点参数化变量关联

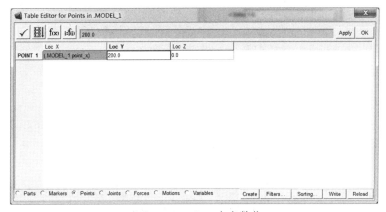

（c）Table Editor 中参数化

图 7-6　Point 点参数化过程

7.2.2　Marker 点的参数化

Marker 点不仅确定位置量，还确定角度量。如图 7-5 所示，单击 Construction 栏的 按钮创建一个 Marker 点，再创建一个设计变量 marker_x。如图 7-7（a）所示进行设计变量的设置，然后将该 Marker 点的 X 坐标进行参数化，与前面设置的设计变量关联起来，可以像 Point 点那样通过 Table Editor 进行设置，也可以通过 Marker 点修改对话框修改，如图 7-7（b）所示。

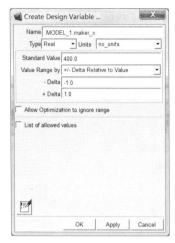

（a）设计变量设置对话框 　　　　（b）Marker 点 X 坐标参数化

图 7-7　参数化 Marker 点

7.2.3　几何体的参数化

以圆柱体为例，将其半径及长度进行参数化，如图 7-8（a）所示，这样就可以对圆柱几何体进行参数化了。通常使用几何点与圆柱上下端面中心点关联，如图 7-8（b）所示。通过几何点的参数化间接实现圆柱几何体位置的参数化，如图 7-9 和图 7-10 所示。

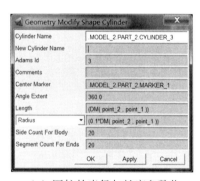

（a）圆柱的半径与长度参数化

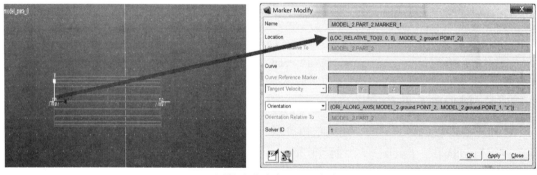

（b）圆柱定位点与 Point 点绑定

图 7-8　参数化圆柱体

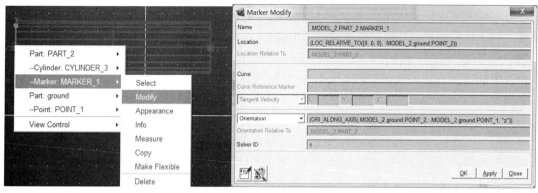

图 7-9　参数化圆柱定位点

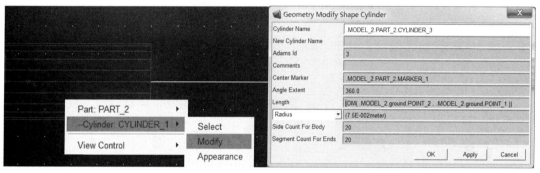

图 7-10　参数化圆柱长度

这种以 Point 点的方式驱动模型变化的功能，在 Adams 的参数化功能中有其特殊作用。因为目前 CAD 软件建立的模型与 Adams 之间是单向关联，Adams 优化不能驱动外部 CAD 模型（这一功能在 SimXpert 中已经实现双向关联），但可以驱动自身建立的 CAD 模型，因此，使用此方法可以对机构模型的形状、尺寸等进行参数化驱动。

7.2.4　函数的参数化

函数是 Adams 中经常使用的一种元素，可以实现对驱动、载荷等规律的模拟，并且函数表达式中通常含有运行时间、构建位置、速度和加速度等元素，因此其返回值不再是一个恒值，而是依赖于这些元素的可变动的值。Adams 具有大量的函数供用户选用，对这些函数的熟练使用程度可以反映出对 Adams 的熟练程度，并且灵活运用这些函数可以模拟更为复杂的机械系统。另外，一个机械系统中的设计变量一般可分为两类——独立变量和非独立变量。独立变量是进行优化设计时的那些变量，而非独立变量往往是通过一定的函数表达式将其与某些独立变量关联起来使用，通过不同层次的关联、嵌套，可以用较少的独立变量驱动整个系统的参数化。

函数的参数化就是在元素的参数输入框中用各种函数表达式实现用户的设计要求，比如某运动副按照 50*sin(2*PI*t) 的规律运动，只需将驱动的函数表达式表示为 50*sin(2*pi*time)；如果构件作用力依赖于其他构件在运动过程中的位置，可表示为 100*DX(Marker_1, Marker_2, Marker_3)，DX 是用来求两个 Marker 点在 X 方向上的距离函数。

Adams 提供的函数有设计过程函数、运动过程函数等，其中设计过程函数是在建模过程中使用的函数，例如参数化一个几何点的坐标值，包括数学函数、位置/方向函数、建模函数、矩阵/矢量函数等；运行过程函数是在仿真过程中起作用的函数，它的参数与时间或构件在仿真过程中的状态有关，例如参数化一个驱动构件的位移。

创建函数表达式一般在函数构造器中完成。如图 7-11 所示，在单方向作用力的编辑对话框中，单击 Function 输入框后的按钮即可进入函数构造器，此时函数构造器提供的都是运行过程函数。在没有 ⎯ 按钮的输入框中右击，选择 Parameterize>Expression Builder 命令，也可进入函数构造器，此时函数构造器提供的函数都是设计过程函数，函数构造器会因出现的位置不同而有所变化，如图 7-12 所示。

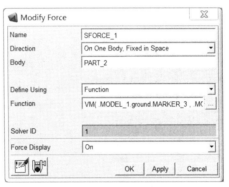

图 7-11　力元定义对话框

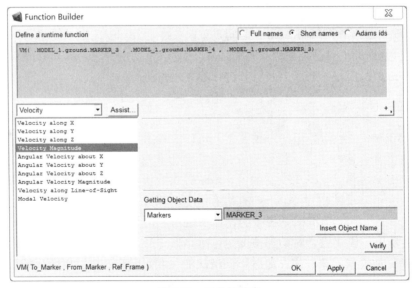

图 7-12　函数构建器

在函数构造对话框中，在函数类型下拉列表中选择相应的函数类型，然后在函数列表框中双击某函数，对应的函数就会出现在函数表达式编辑框中。如果需要在函数表达式框中加入运算符号，可以直接用键盘录入，也可以通过运算符号按钮键入，有些函数需要选择模型中的元素，如 Part、Joint、Marker 等。在数据类型下拉列表中选择相应的数据类型，然后在后面的输入框中通过右键快捷菜单拾取目标元素，单击 Insert Object Name 按钮，对应数据将出现在函数表达式中。还可以通过在函数列表中单击某函数，再单击 Assist 按钮，就会弹出一个新的对话框,在其中输入相应的元素即可,最后可通过单击 Verify 按钮来检查函数是否满足语法规则。

7.3　优化计算与参数化

7.3.1　设计研究

设计研究是指当设计变量集中只有一个变量在其变化区间内变动时目标函数的变化情况，此时目标函数只是一个设计变量的函数，其他设计变量不变。如图 7-5 所示，单击选项卡 Design Exploration>Design Evaluation 中的  按钮，默认选择即为 Design Study。如图 7-13 所示，在 Design Variable 框中选择一个设计变量，在 Default Levels 中输入一个整数，在进行设计研究时，如果选择的设计变量在定义时没有指定其值的变化规则，则设计变量在其变化区间内均匀地设定一系列值。如果在设计变量定义时指定了设计变量的取值顺序，则进行设计研究时，设计变量会使用定义时的取值顺序。单击 Start 按钮，就会开始设计研究，根据设计变量取值的次数而进行相应次数的计算，每次计算设计变量选择一个值，从而目标函数就会得到一组对应曲线，通过对比确定该设计变量对目标函数的影响状况，即敏感度分析。

图 7-13　设计评估对话框——设计研究

7.3.2　试验设计

设计研究只针对一个设计变量的变化进行分析,而试验设计可以同时针对多个设计变量的变化进行分析。具体分析时，将多个设计变量的取值划分成组，研究这些设计变量不同组合时目标函数的变化状况。单击选项卡 Design Exploration>Design Evaluation 中的  按钮，选择 Design of Experiments，进行试验设计，如图 7-14 所示。在 Design Variables 中可以用右键快捷

菜单拾取一个或多个设计变量，在 Default Levels 栏中输入一个整数，表明取值的个数。如果选择的设计变量在定义时没有指定其值的变化顺序，则设计变量在其变化区间内均匀地按照这一输入整数进行离散；若在设计变量定义时指定了设计变量的取值顺序，设计变量将按照定义的顺序取值。

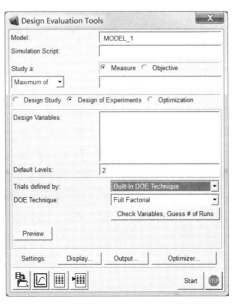

图 7-14　设计评估对话框——试验设计

Trials defined by　是设定如何进行试验设计，具有三个选项：

- Built-In DOE Technique：表明 DOE Technique 决定设计变量取值的组合方式和仿真次数。将 DOE Technique 设置为 Full Factorial 时，如果有 4 个设计变量，每个设计变量分别可以取 n、m、l、k 个不同的值，那么需要进行 n×m×l×k 次仿真，可以单击 Check Variables,Guess# of Runs 按钮查看需要进行的计算次数。
- Direct Input：表明需要输入进行仿真的次数和设计变量的数据组合。数据组合是通过数据的索引实现的，设计变量取值的索引中心为 0。比如，一个设计变量取 3、4 两个值时，对应的索引为-1、+1；当该设计变量取 3、4、5 三个值时，对应的索引为-1、0、+1，若还有更多取值个数，则以 0 为中心进行拓展。当另外一个设计变量取 6、7、8 三个值，如想两个设计变量分别取（3,6），（3,7），（4,7），（5,8）进行计算，需要将其设置为（-1,-1），（-1,0），（0,0），（1,1）。
- File Input：表明需要输入包含设计变量数据组合的文件，其中第一行要包含设计变量的个数、设计变量取值的个数和要进行的试验次数。

7.3.3　优化分析

模型参数化是进行优化分析的前提，而设计目标是优化分析的另一个重要前提。在参数化模型中选择敏感度较大的设计变量作为优化分析的变量，将设计目标定义成这些变量的函数，并且很多情况下，设计变量还需要满足一定的约束条件。因此，优化分析其实就是设计变量在满足约束方程及其取值范围时，对设计目标进行计算，从计算结果中寻找最优结果，如最大或最小值。其数学描述如下：

设计变量：$d_1, d_2, ..., d_n$

约束方程：$f_1(d_1, d_2, ..., d_n) \leqslant 0$

$f_2(d_1, d_2, ..., d_n) \leqslant 0$

...

$f_m(d_1, d_2, ..., d_n) \leqslant 0$

其中，$a_1 \leqslant d_1 \leqslant b_1$, $a_2 \leqslant d_2 \leqslant b_2, ..., a_n \leqslant d_n \leqslant b_n$

目标函数：$min(or\ max) = G(d_1, d_2, ..., d_n)$

1. 目标函数定义

单击选项卡 Design Exploration>Design Objective 中的 ⊙ 按钮，弹出目标函数创建对话框，如图 7-15 所示。

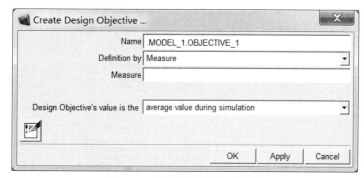

图 7-15　目标函数创建对话框

对话框中各选项的功能说明如下：

（1）Name：定义设计目标的名称。

（2）Definition by：在下拉列表中选择创建目标函数的方式，有以下 5 种：

● Measure：使用已经存在的测量作为目标函数，较为常用。

● Result Set Component：使用下次仿真计算时的状态变量的分量作为目标函数。

● Existing Result Set Component：使用已经存在的状态变量的分量作为目标函数。

● View Function：使用 View 中的函数作为目标函数。

● View Variable and Macro：使用 View 中的变量和宏作为目标函数。

（3）Design Objective's value is the：确定优化过程中目标函数使用的值，有以下 6 种：

● value at simulation end：取仿真结束时的值作为目标函数的优化值。

● average value during simulation：取平均值作为目标函数的优化值。

● minimum value during simulation：取最小值作为目标函数的优化值。

● maximum value during simulation：取最大值作为目标函数的优化值。

● minimum absolute value during simulation：取最小绝对值作为目标函数的值。

● maximum absolute value during simulation：取最大绝对值作为目标函数的值。

2. 约束方程定义

单击选项卡 Design Exploration>Design Constraint 中的 按钮，弹出定义约束函数的对话框，其定义方式与目标函数的定义相似。在优化过程中，求解器在保证约束函数小于或等于零的情况下，目标函数达到最优。不过有时要求约束函数等于 0，那么可以定义两个成相反数的约束函数，确保约束函数等于 0。

3. 优化分析设置

完成设计变量、目标函数及约束方程的设置后，就可以进行优化分析了。单击选项卡 Design Exploration>Design Evaluation 中的 按钮，弹出如图 7-16 所示的对话框，在对话框中选择 Optimization 单选项进行优化计算。

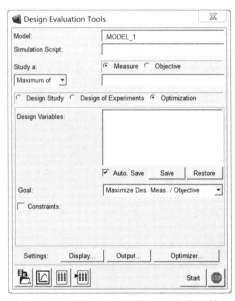

图 7-16　设计评估对话框——优化计算

优化计算对话框中各设置项说明如下：
- Model：选择将要进行优化计算的模型。
- Simulation Script：选择要根据哪次仿真计算的脚本控制命令进行仿真，可以使用右键快捷菜单选择合适的脚本控制命令。如果在每次计算后单击菜单 Edit>Rename，在弹出的数据库导航对话框中找到 Last_Sim 并单击 OK 按钮，可以给最后一次的仿真重命名，这样可以将仿真命令保存下来，用户也可以手动创建仿真控制脚本。
- Study a：选择优化目标的函数。如果选择 Objective，则选择已经定义的目标函数，可以使用右键快捷菜单选择目标函数；如果选择 Measure，则可以选择已经存在的测量作为目标函数，相当于创建一个目标函数。
- Design Variables：选择设计变量，可以在输入框中通过右键选择相应的设计变量。
- Goal：选择优化的目标，使目标函数最大或最小。
- Constraints：选择约束函数，可以选择多个约束函数。
- Auto.Save：选择该项，在进行优化计算前自动保存设计变量的原始值，单击 Save 按钮可以保存设计变量的原始值，单击 Restore 按钮可以恢复设计变量的原始值。
- Start：单击该按钮开始进行优化计算。
- Display：单击该按钮后，弹出显示设置对话框，也可以通过单击菜单 Settings>Solver>Display 命令进行设置。

7.4 实例

本例将通过小球滑落斜板的模型着重说明参数化和优化设计的过程,模型实现的意图是小球在一定倾角的斜板上在重力作用下滑落,研究该倾角为多少时可以顺利通过预先设置的圆环中心。本实例已计算完成的模型存在于随书光盘中,供用户参考。下面将进行详细步骤的说明。

第一步,启动 Adams/View。在欢迎对话框中选择新建文件,在新建窗口中录入模型名称,设定当前工作路径,最后单击 OK 按钮,如图 7-17 所示。

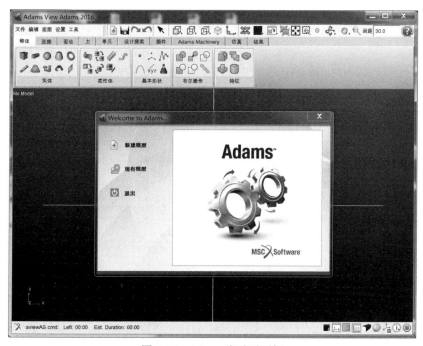

图 7-17　Adams 启动对话框

第二步,创建模型——部件。首先创建斜板,单击 Bodies 选项卡的 <img> 按钮,打开 Box 创建对话框,先后选择(0,0,0)和(-500,-50,0)网格点,然后在 Part 的右键快捷菜单中选择 Rename,修改部件名称为 xieban,完成 Box 类型模拟的斜板创建。然后创建小球,单击 Bodies 选项卡的 <img> 按钮,打开 Sphere 创建对话框,先选择点(-500,50,0)确定小球圆心,再选择点(-450,50,0)确定小球半径,然后在 Part 的右键快捷菜单中选择 Rename,修改部件名称为 xiaoqiu,完成 Sphere 类型模拟的小球创建。最后创建圆环,单击 Bodies 选项卡的 <img> 按钮,打开 Torus 创建对话框,先选择点(450,-1000,0)确定圆环中心,再选择点(500,-1000,0)确认圆环大径。这时网格覆盖区域不能满足当前需要,为了方便这里将修改网格设置,然后在 Part 的右键快捷菜单中选择 Rename 命令,修改部件名称为 yuanhuan,如图 7-18 所示。

第三步,修改模型。将小球半径修改为 25mm,在小球上右击,选择 Modify 选项,打开修改对话框,进行如图 7-19 所示的设置,单击 OK 按钮。

然后对小球的位置作修正,将 Y 坐标移到 25mm 处,右击选择小球定位 Marker 点,如图 7-20 所示。

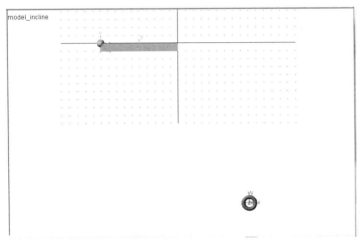
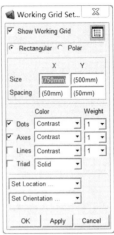

图 7-18　创建完成的部件及修改网格设置

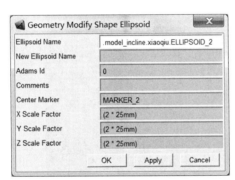

图 7-19　球体创建对话框

图 7-20　修改球体定位点位置

对圆环姿态作调整，绕 X 轴旋转 90°，注意 Adams 默认的 313 规则，选择圆环部件上的定位 Marker 点，按照图 7-21 进行设置。

对圆环尺寸作调整，圆环大径为 40mm，截面圆环半径为 12mm，如图 7-22 所示。

图 7-21　圆环定位点方位和位置修改

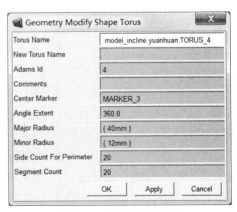

图 7-22　圆环尺寸定义

各模型的质量参数按照默认状态不作修改，修改后的模型如图 7-23 所示。

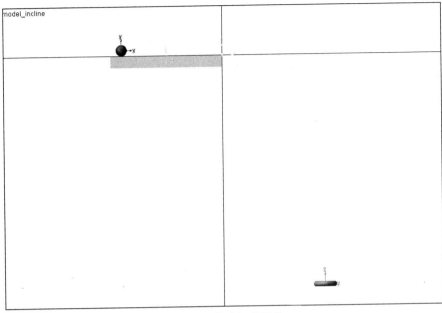

图 7-23　修改好的部件

第四步，创建模型连接关系。斜板和大地之间定义固定副，单击选项卡 Connectors 中的 🔒 按钮，打开固定副定义对话框，按照默认设置分别选择斜板和大地，并设置附着点为斜板中心；圆环和大地之间定义固定副，操作同上；小球与斜板之间定义接触，单击选项卡 Forces 中的 按钮，打开接触定义对话框，按照如图 7-24 所示进行设置，不考虑摩擦作用。

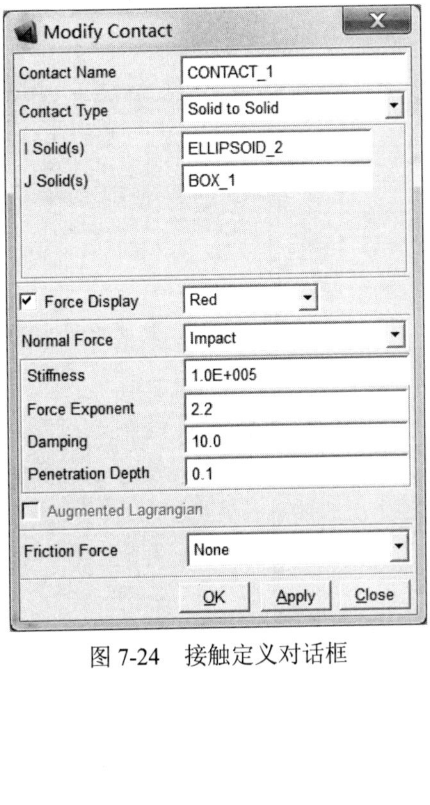

Modify Contact	
Contact Name	CONTACT_1
Contact Type	Solid to Solid
I Solid(s)	ELLIPSOID_2
J Solid(s)	BOX_1
☑ Force Display	Red
Normal Force	Impact
Stiffness	1.0E+005
Force Exponent	2.2
Damping	10.0
Penetration Depth	0.1
☐ Augmented Lagrangian	
Friction Force	None

OK　Apply　Close

图 7-24　接触定义对话框

定义完连接关系后的模型如图 7-25 所示。

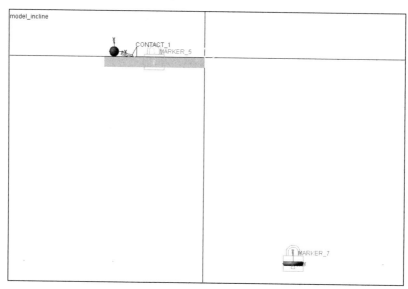

图 7-25 完成连接关系

　　第五步，优化分析——参数化模型。定义一个独立设计变量 angle，只考虑[0d,20d]的变化范围。这里需要注意旋转方向，当前需要让斜板绕 Z 轴顺时针转动，根据右手螺旋法则，真正录入到对话框中的应该为[-20,0]，如图 7-26 所示。

　　这里将变化范围的类型选择为绝对最大值与最小值方式，这一角度最终会赋给斜板，控制其绕 Z 轴旋转。为了保证将来斜板旋转时小球跟着一同变化，保证初始状态时小球与斜板保持接触，需要将小球的坐标值进行参数化关联。再定义两个变量，分别为 DV_X 和 DV_Y（作为非独立变量），如图 7-27 所示。

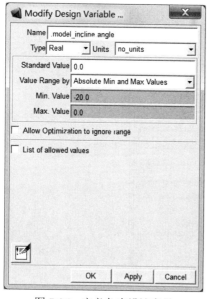

图 7-26 定义角度设计变量

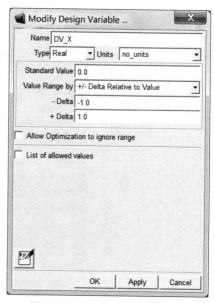

图 7-27 定义小球 X 设计变量

　　这时可以在 Table Editor 中查看所有设计变量（独立与非独立变量），这里将用 angle 分别表示 DV_X 和 DV_Y，建立非独立变量与独立变量之间的关系，这样当 angle 变化时会带动非独立变量一同变动，如图 7-28 所示。

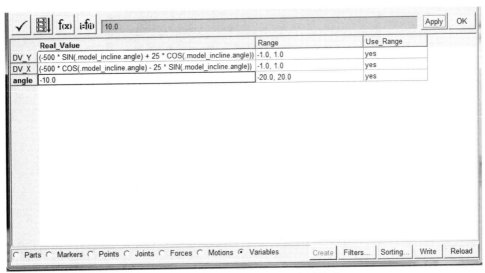

图 7-28　Table Editor 中完成变量关联

　　建立好设计变量，并建立各个设计变量之间的关系，最后一步就是将这些设计变量与模型中的对应物理量关联起来。首先将 angle 与斜板的定位 Marker 点中的方位参数关联好，如图 7-29 所示。

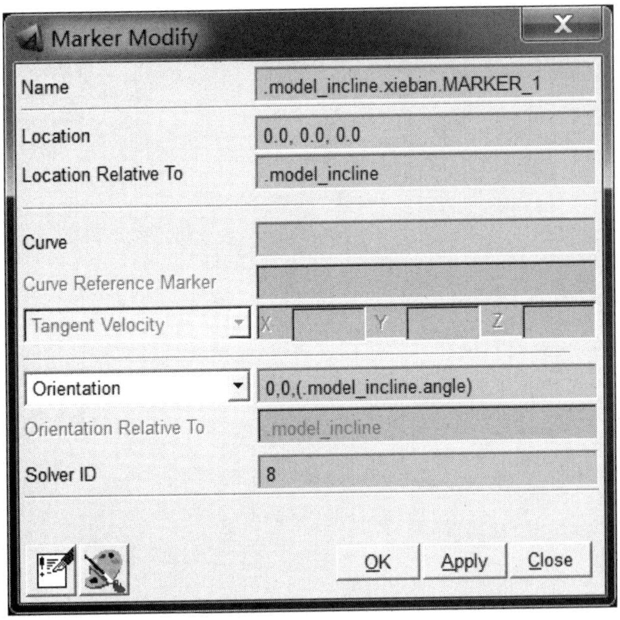

図 7-29　角度设计变量与对应 Marker 关联

　　然后，再将小球的位置信息与非独立变量进行关联，如图 7-30 所示。

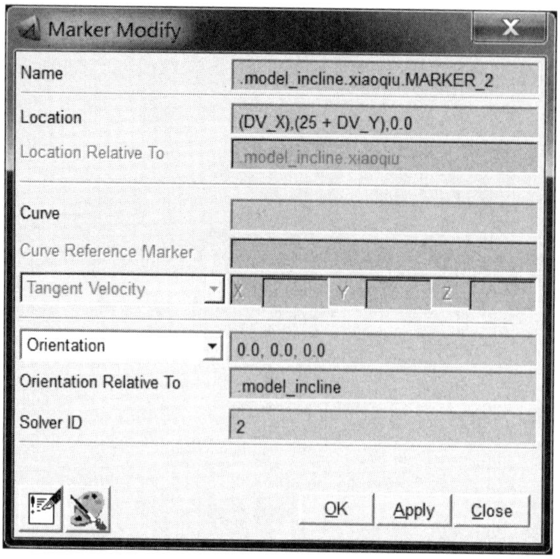

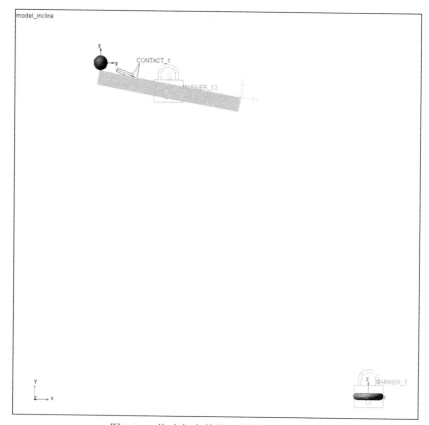

图 7-30　小球 XY 坐标与设计变来能够关联

　　这里注意选择时要符合 Adams 的语法规则，Location 的位置需要输入三个量，且设计变量需要用小括号括起来。

　　这时将 angle 修改为-10，可以看到小球和斜板一同变动，并保持接触状态，如图 7-31 所示。

图 7-31　修改角度数值后的模型整体变化

第六步，优化分析——优化目标。实例的目的是当 angle 变化时，小球可以在重力作用下穿过圆环中心，这是用文字描述的优化目标，我们需要用 Adams 可以理解的数学方式表示这一优化目标。这里可以用一个测量量表示，即建立小球和圆环的质心位移测量关系。需要注意的是建立综合量的位移关系，单击选项卡 Design Exploration 中的 ⍟ 图标，单击面板中的 Advanced 按钮，调出点到点测量对话框，按如图 7-32 所示进行设置。

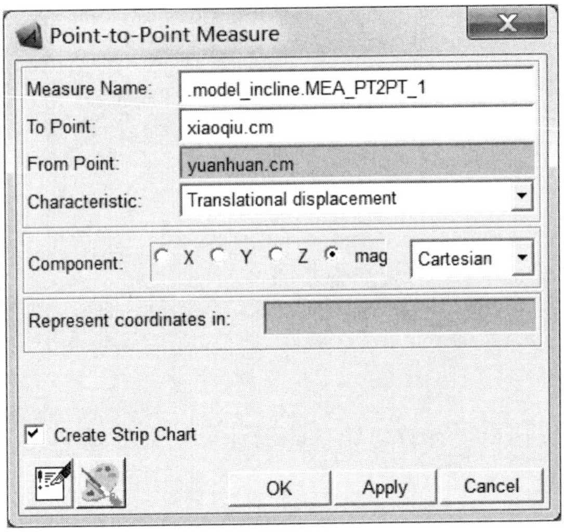

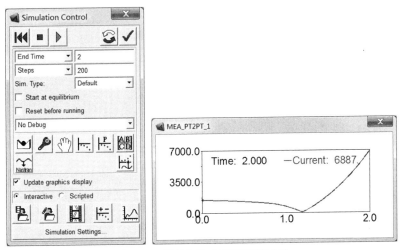

图 7-32　定义测量作为目标函数

第七步，仿真计算。在当前 angle=10 的状态下在 2 秒内进行 200 步的计算。单击选项卡 Simulation 中的 ⚙ 按钮，按如图 7-33 所示进行计算。

图 7-33　进行初次仿真及对应曲线

第八步，优化分析。单击选项卡的 Design Exploration 中的 ⍟ 按钮，弹出优化分析对话框，按如图 7-34 所示进行设置，在 Simulation Script 中选择 Last_Sim；将 Study a 类型确定为 Measure 及 Minimum of，然后选择前面定义的测量量 MEA_PT2PT_1；选择 angle 作为优化的设计变量；Goal 选择 Minimize Des. Meas./Objective。

图 7-34　设置优化分析参数

单击 Start 按钮进行优化分析计算。第一轮的计算结果如图 7-35 所示。

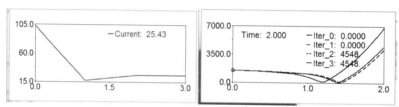

图 7-35　第一轮计算结果

如果要查看更为详尽的优化报告，可以单击▦按钮，再单击 OK 按钮，展现如下信息：

Optimization Summary
Model Name : model_incline
Date Run　　: 2015-01-04 12:46:11
Objectives
　　O1) Minimum of MEA_PT2PT_1
　　　Units　　　　: mm
　　　Initial Value:　　　103.452
　　　Final Value:　　　25.4339 (-75.4%)
Design Variables
　　V1) angle
　　　Units　　　: deg
　　　Initial Value:　　　-10
　　　Final Value　:　-6.4067 (-35.9%)
Iter.　　MEA_PT2PT_1　　　　angle
　0　　　　103.45　　　　　-10.000
　1　　　　17.369　　　　　-5.9228
　2　　　　25.434　　　　　-6.4067
　3　　　　25.434　　　　　-6.4067

从上述结果中可以看到当 angle=-5.9228 时，结果为 17.369。但根据小球及圆环尺寸可知，圆环内孔直径(40-12)×2=56mm，因此只有当最小测量值小于(56-50)/2=3mm 时，小球才能顺利通过。因此按照如上操作继续单击 Start 按钮进行运算，如图 7-36 所示是第三轮的计算结果。

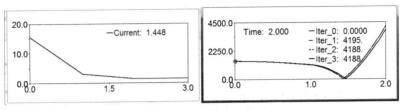

图 7-36　第三轮计算结果

```
Optimization Summary
Model Name : model_incline
Date Run    : 2012-01-04 12:58:40
Objectives
    O1) Minimum of MEA_PT2PT_1
        Units          : mm
        Initial Value  : 15.5705
        Final Value    : 1.44769 (-90.7%)
Design Variables
    V1) angle
        Units          : deg
        Initial Value  : -5.66277
        Final Value    : -5.97927 (+5.59%)
Iter.      MEA_PT2PT_1            angle
0          15.570                -5.6628
1          3.0867                -5.9911
2          1.4477                -5.9793
3          1.4477                -5.9793
```

此时，当 angle=-5.9793 时，测量值最小为 1.4477，符合设计要求。

第8章　宏与自定义界面

用户可以对 Adams/View 进行定制开发，根据自己的需要创建菜单、对话框，可以将自己常用的操作功能集成到自定义界面中。当进行某产品的系列化开发设计时，这种方式将体现出极大的高效性。

宏命令是由用户按照 Adams 命令的语法规则生成的自定义命令，可以将操作过程记录下来，当再次执行该宏时重现这一过程。使用宏命令可以自动完成某些重复性的操作，并可记录、编辑、存储及执行宏，完成 Adams/View 一系列的命令，如开发并扩展 Adams/View 的基本功能、自动生成整个模型、快速修改模型等。

8.1　宏命令

8.1.1　创建宏

有 4 种方式可以创建宏：交互式记录操作过程生成宏，读入命令生成宏，编辑命令生成宏，使用命令导航器或命令窗口直接输入要生成宏的命令。对于简单的宏可以使用交互式记录方式；对于复杂的宏可以读入一个包含宏要执行的 Adams/View 命令的文件，因为这样还可以指定与该宏相关的帮助文件或帮助说明；对于已有的宏，使用宏编辑器较为方便。

1. 记录宏

单击菜单 Tools>Macro>Record/Replay>Record Start，如图 8-1 所示，用户以后的操作将记录到宏里面；单击 Tools>Macro>Record/Replay>Record End 可以结束宏记录；单击 Tools>Macro>Record/Replay>Write Record Macro 可以将记录的宏保存到工作目录下的 record_macro.cmd 文件中；单击 Tools>Macro>Record/Replay>Executed Recorded Macro 可以执行已经记录的宏。

图 8-1　宏操作菜单

2. 读入命令生成宏

单击菜单 Tools>Macro>Read，弹出宏读取对话框，如图 8-2 所示。在 Macro Name 中输入将要创建宏的名称；在 File Name 输入框中输入命令文件，可以用右键快捷菜单来浏览文件；在 User Entered Command 输入框中输入执行宏的命令，若不输入则默认为宏的名称；Wrap In Undo 确定是否可以用 Undo 命令撤消宏操作；Help String 或 Helping File 用于输入帮助性文字或帮助文件名称；Create Panel 用于确定是否生成相应的对话框。创建宏之后，在命令窗口中输入执行宏的命令就可以运行宏了。单击菜单 Tools>Macro>Write，弹出保存宏对话框，输入要保存的宏文件名称，就可以将宏命令保存到该文件中。

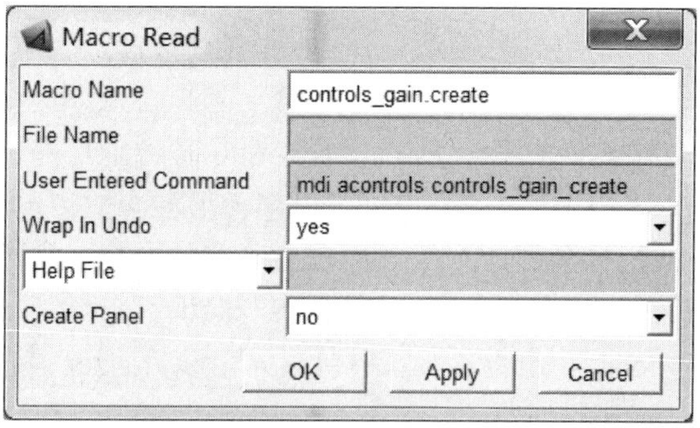

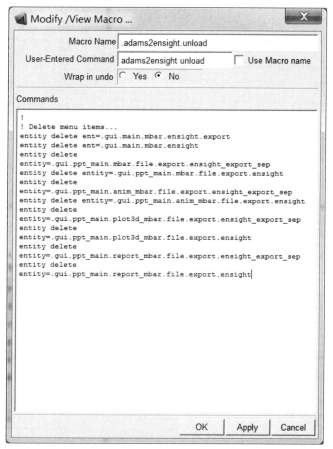

图 8-2　宏读取对话框

3．编辑命令生成宏

单击菜单 Tools>Macro>Edit>New，弹出宏编辑对话框，如图 8-3 所示。在 Macro Name 中输入宏的名称；在 User-Entered Command 中输入执行宏的命令，如果使用宏的名称作为执行宏的命令，只需勾选 Use Macro name 复选框即可；Wrap in undo 确定是否可以用 Undo 命令撤消宏操作；在 Commands 下的输入框中输入命令后就可以创建宏命令了。

图 8-3　宏编辑对话框

在创建宏后，还可以将其删除，单击菜单 Edit>Delete，弹出数据导航器对话框，然后选择相应的宏，单击 OK 按钮就可以将宏删除。通过菜单 Tools>Macro>Debug 可以调试宏。

8.1.2　宏中的参数

使用参数可以使得宏用起来非常方便，在执行宏命令时将用户提供的信息与宏的参数进行替换，从而使宏类似于一个子程序。一个宏中可以包含很多参数，也可以多次使用一个参数。当生成宏时，Adams/View 扫描全部命令行，标识出所有的参数；执行宏时，需要用户提供所有参数的值，否则将用默认值替换，宏的参数用"$"标识。

下例中生成一个名为 icon_size 的宏，宏中包含一个参数 size，其相应命令如下：

constraint attributes constraint_name =.*size_of_icons=$size

force attributes force_name=.*size_of_icons=$size

若输入如下命令：

icon_size size=3

Adams 将执行如下命令：

constraint attributes constraint_name =.*size_of_icons=3

force attributes force_name=.*size_of_icons=3

1．参数的格式

参数的一般格式为$'name:q1:q2:q3...'，其中$为参数标识，name 为参数名称，q1,q2,q3 为该参数特性，单引号和特性是可选的，因此参数的格式会有很多形式，如$name，$'name'，$name:q1:q2:q3...，$'name:q1:q2:q3...'。

2．参数命名规则

参数的名字必须以字母开头，其后可以是字母、数字或下划线，参数的名称不区分大小写。在参数的定义中，单引号的作用是将参数与 Adams/View 的命令行明确区分开。正常情况下，用空格、逗号、冒号或其他的字符表示参数结束，但有时可能想在参数的后面加字符串，如在参数$part 后面添加"_1"，那么应写为$'part'_1，而不是$part_1，因为$part_1 将定义其他新的参数。

3．参数值扩展

有些情况下，Adams/View 执行命令行进行参数替换时首先进行其格式的修改或扩展。注意：Adams/View 执行宏时不进行单位换算。它将用户输入的值直接传递给命令行，要进行单位转换，通常在命令行中进行。

Adams/View 在执行宏时，将数据库对象的名字扩展为全名，使用"."分隔开，还可以直接访问表达式中数据对象的值。比如下例是包含参数 name 的宏 Lpart。

List_linfo chunks part_name=$name

当输入命令 Lpart name =left_wheel 时，Adams/View 用 part 的全名.model_1.left_wheel，而不是 left_wheel 替换参数$name，并执行：

List_linfo chunks part_name=.model_1.left_wheel

4．参数特性及格式

在宏中参数第一次出现时定义其特性，特性是可选的，并且在参数首次出现时使用。参数有 4 种特性：Type（类型）、Range（范围）、Count（数量）、Default（默认值）。可以任意定义参数的特性，进行任意组合，特性不区分大小写。下面对其进行说明。

（1）Type 指定参数的类型，用户在调用宏时需要按相应的类型输入其数值。定义 Type 的格式如下：

T=type

T=type(additional data)

其中，type 可以是基本类型（basic type），也可以是数据库对象（database object type）或数据库对象类（database object class type）。additional data 是可选的，对某些类型而言则是必需的，如 list。基本类型包括 real、integer、location、orientation、string、function、list(str1、str2、str3...)、file(path wildcard)。其中 list 类型必须包括允许的列表，而 file 类型后面可以使用通配符（*），也可以添加路径，如果用户不指定的话，文件搜索将列出所有文件供选择。指定参数为某个数据库对象类型意味着用户必须输入已经存在的对象名称，但可以在对象类型前添加前缀 "new_"，表示用户必须输入一个该类型的新名称。与 file 参数类型相似，在数据库对象类型后面也可以使用通配符，如 marker(left_*)。数据库导航器会将此通配符作为该参数的搜索模式，如果不指定则列出所有适合的对象。用户可以使用 Adams/View 函数构建器观察其支持的数据库对象的类型。从函数类型下拉列表中选择 Misc.Functions，从函数列表中选择 SELECT_TYPE，单击 Assist 按钮，在帮助对话框中输入 all 并单击 OK 按钮，再单击 Evaluate 按钮，就会出现数据库对象的列表。数据库对象类型包括：

Adams_Output_Files	Body
Constraint	Data_Element
Equation	Expression_primitive
Feature	Force
Frame_Display	Function_Container
Geometry	Graphic_User_Interface
Higher_Pair_Contact	Measure
Measure_Vector	Modeling
Old_Graphic_User_Interface	Optimization_Function
Plotting	Point_to_Point_Force
Position	Reference_Frame
Runtime_Measure	Solid_Geometry
Triad	Variable_Class
Wire_Geometry	

（2）Range 指定参数允许的最大或最小值。Range 只适用于数值类型参数，其格式 GT=r 表示大于 r；GE=r 表示大于或等于 r；LT=r 表示小于 r；LE=r 表示小于或等于 r。

（3）Count 指定参数所需数据的个数，C=0 表示一个或多个值；C=N 表示 N 个值；C=N,0 表示大于或等于 N 个值；C=N,M 表示从 N 到 M 个值。

（4）Default 表明参数的默认值是可选的。如果参数没有指定默认值，用户在执行宏时则必须输入一个值。定义参数的默认值有三种方式：Constraint、Updated、Database Object。

● Constraint：参数是可选的，调用宏时，用户如不提供数据，则用其默认值。

- Updated：参数是可选的，调用宏时，用户如不提供参数，则使用最近一次用过的数据；若没有，则用其默认值。
- Database Object：对于数据库对象而言，其默认值是自动匹配的。如果其类型是已经存在的数据库对象，则其默认值为当前默认对象；如是新的数据库对象，则会自动生成该类型的数据库对象。其格式 D=Value 表示默认值恒定，U=Value 表示默认值更新，A 表示新的或已存在数据库对象。如下例所示：

  ！parameter $text is a string.

  !$number:t=integer:c=0:gt=0

  list_info part part_name =$part_1,$part_2

  list_info part part_name=$part_3:t=part,$part_4:t=part

注释行中明确参数类型为 String，且参数个数为大于 0 的一个或多个整数；除了$part_2 为 String 外，其余都为 Part 类型。

8.1.3 语法格式

Adams/View 中的命令分为以下 4 种。

- 建模命令：用于建立仿真模型，建模命令的语法格式如下所示：

  keyword keyword parameter_name =value parameter_name=value.value

  如下面的命令语句，将创建一个 Marker 点：

  marker create marker_name=mar1 location=2,0,0

  marker modify marker=mar1 orientation=0d,90d,0d

建立命令时，可以添加注释行，用“！”在开头标识即可。如果需要分行，只需在断行的末尾添加“&”符号即可。

- 界面命令：用于打开或关闭对话框等，例如：

  interface dialog box display &

  dialog_box_name=.gui.db_beam_size &

  "parameters-$f_bcam_name "

- 程序构建命令：可根据用户操作的状态来判断命令的执行顺序，可进行判断、循环和终止等操作，类似于高级编程语言中的判断、循环和终止语句的作用，如下所述：

  ➢ if/else/end——判断语句，语法结构为：

  if condition=expression

  ...

  else

  ...

  end

  ➢ for/end——循环语句，语法结构为：

  for variable_name=var start_value=real &

  increment_value=real end_value=real

  ...

  ends

> while/end——循环语句，语法结构为：

  while condition=expression

  ...

  end

> break——终止语句，可以终止循环语句，并返回到上一级程序。

> continue——继续语句，可终止循环语句的本次迭代计算，执行下一迭代计算。

> return——返回语句，可以终止多级循环结构的嵌套结构，而 break 命令只能终止其所在循环结构的计算。

● 文件读写命令：可以将模型信息、计算结果的信息存储到文本文件中，并可再次读取。

8.2　自定义界面

同模型对象一样，Adams/View 中大部分窗口、菜单或对话框等界面对象都存储在模型的数据文件库的子系统中。所有标准的或用户自定义的界面对象都存储在 GUI 库中，这可以通过数据库导航对话框看到。用户通过菜单、对话框和快捷键等界面来操作模型，实际上是通过界面来操作数据库，每操作一步相当于向数据库发出相应的操作命令。为了方便操作或根据实际需要，用户可以定制已有的界面，创建出适合自己需求的界面。对界面的编辑主要包括对菜单和对话框的编辑。

8.2.1　编辑菜单

单击菜单 Tools>Menu>Modify，弹出菜单构造器，如图 8-4 所示。用户需要先懂得菜单创建语法，才可以在菜单构造器中进行菜单的创建和编辑操作，编辑结束时单击 Menu Bar>Apply 命令，可以保存修改。

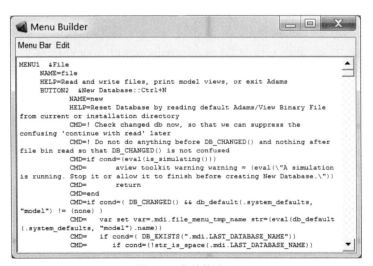

图 8-4　菜单构造器

改变界面后，需要将其存储起来，有如下几种方式：

● 存储为标准的模型数据文件***.bin，或是存储为自己的模型数据文件。存储为标准的模型数据文件，可以与他人共享，即只要启动 Adams/View 都可以使用；存储为自己的模型数据文件，只有当打开该数据文件时才能使用。

● 将新的或修改过的对话框或菜单存储为***.cmd 文件或菜单文本文件，这样就可在需要的时候直接调用。在菜单构造器中单击菜单 MenuBar>Export Text 就可以将编辑好的菜单保存到文件中，使用时再导入进来。

一个下拉式菜单通常由 Menu（菜单）、Button（命令菜单）、Toggle（切换菜单）、Separator（分隔线）构成。Menu 产生一个下拉式或右拉式菜单，其下由 Button、Toggle、Separator 构成；Button 用于定义菜单的命令，可以将 Button 放置在下拉式菜单或子菜单中；Toggle 用于在两种状态间切换，可以将 Toggle 放置在下拉式菜单或子菜单中；Separator 用于在菜单项间产生一条分隔线，可以将各个菜单项按功能分类。

Menu 语法格式：

MENUn   Title
      Name=name
      HELP=help

参数说明：

（1）n：是一个正整数，表示菜单所在层数和级别，当 n=1 时，菜单显示在菜单栏中；设置为其他数值时，则显示在下拉菜单中。

（2）title：为显示在菜单中的字符串，可以在某个字母前放置"&"，以便当按住 Alt 键和对应的字母时能找到对应的菜单。例如&File 会出现 File 的结果。

（3）name：为在模型数据库中保存时，该菜单保存的名字。

（4）help：为当鼠标在菜单上移动时，在状态栏或提示区域中显示的提示信息，通常是对该菜单功能的解释。

如下例所示：

MENU1   &Simulate
      NAME=simulate
      HELP=perform various types of simulations on your current
      model
MENU2   Design &Objective
      NAME=Design_Objective
      HELP=create or modify a design objective

Button 语法格式如下：

BUTTONn   lable:accelerator
      NAME=name
      HELP=help
      CMD=command

参数说明：

（1）n：表示按钮所在的位置。当 n=2 时，按钮显示在下拉式菜单中；当 n=3 时，按钮显示在子菜单中。

（2）label：BUTTON 的名字，可在打开一个对话框按钮的名字后面加上省略号...，也可以在某个字母前添加&，进行按钮名称定义。

（3）accelerator：指定执行命令的快捷键，可以使用 Shift、Ctrl、Alt 键等，其后接着"+"号和任何字母或功能键，每个键中间不能有空格。

（4）name：模型数据库中该菜单对象的名称。

（5）help：当鼠标在菜单上移动时，在状态栏或提示区域中显示的提示信息。

（6）conmmand：该 Button 所执行的命令或命令序列，多行命令需要在每一行前加上 CMD 标识。

如下实例所示：

```
BUTTON2        &Print...::Ctrl+P
               NAME =print
               HELP =send page to a printer or a postscript file.
               CMD =if condition =(getenv ("OS") =="Windows_NT ")
               CMD=hardcopy language=windows_native
               CMD=else
               CMD= interface dialog evince dialog=.gui.print_panel
               CMD= end
```

Toggle 语法格式如下：

```
TOGGLEn        label
               NAME=name
               HELP=help
               STATE=state
               CMD=command
```

参数说明：

（1）n：表示切换按钮所在的位置。当 n=2 时，切换按钮显示在下拉式菜单中；当 n=3 时，切换按钮显示在子菜单中。

（2）label：TOGGLE 的名称。

（3）names：标识该切换按钮对象的文字。

（4）help：当鼠标在菜单上移动时，在状态栏或提示区域中显示的提示信息。

（5）state：切换按钮的当前状态。

（6）commands：该切换按钮所执行的命令或命令序列。

Separator 语法格式：

SEPARATORn

参数 n 表示分隔线所在的位置。当 n=2 时，分隔线显示在下拉式菜单中；当 n=3 时，分隔线显示在子菜单中。

8.2.2　编辑对话框

单击菜单 Tools>Dialog Box>Create，弹出对话框构造器，如图 8-5 所示。在对话框构造器中单击菜单 Dialog Box>New，弹出新建对话框，在 Name 输入框中创建对话框的名称，再选择对话框中需要的几个按钮，单击 OK 按钮，回到对话框构造器窗口。单击 Create 菜单，然后选择相应的控件，在对话框设计窗口中拖动鼠标就可绘制出对应的控件对象。在对话框构造器中单击 Attribute 下拉列表，可以对正在创建的对话框的属性进行编辑，可以修改新对话框中控件的布局（layout）、外观（appearance）、命令（command）、帮助（help）。如果在对话框构造器中单击 Dialog Box>Open 中的项目，弹出数据库导航对话框，选择对应的对话框就可以打开并编辑已经存在的对话框了。

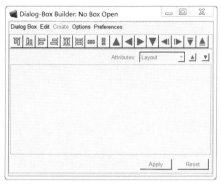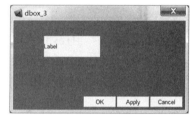

图 8-5　创建对话框

在对话框构造器中提供了表 8-1 中所列的各种控件，可以编辑出复杂的对话框，Adams中已有的所有对话框都是由这些控件构成的。

表 8-1　对话框元素说明

控件	功能
标签（Label）	在对话框中显示文字或图片，起标识作用
数据区（Field）	提供一块区域，可以输入文字或数字
按钮（Button）	执行某项功能，可以用图标、标签或文字以表明该按钮的功能
切换按钮（Toggle Button）	在两个状态间切换，将某个状态激活
分隔线（Separator）	画一水平分隔线
滑动条（Slider）	拖动滑动条，从而设置某对象的数值
下拉列表（Option menu）	从多项中选择一项
单选按钮（Radio box）	设置状态或模式
工具包（Button stack）	可以将多个按钮压缩进一个按钮中
容器（Container）	可以盛放其他控件
数据表（Data Table）	用于显示数据的电子表格
预定按钮（Predefined）	系统预先定义的几个常用按钮

8.3　实例

这里将基于 Adams/View 命令的方式编辑宏命令，调试并执行宏命令，然后实现从外部导入二维图片替代 Adams 背景的功能。

第一步，启动 Adams/View，然后按照默认设置创建新模型，名称为 model_background，设置到指定工作路径。然后在工作区随便创建一个部件，这里直接单击选项卡 Bodies 中的 ![] 按钮，随便单击两点创建一个 Box 模型，如图 8-6 所示。

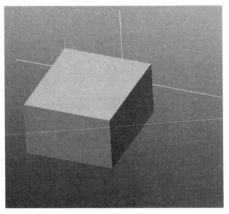

图 8-6 随意创建一个方块模型

第二步，编辑宏命令。单击菜单 Tools>Macro>Edit>New，进行宏命令的创建编辑工作，名称定义为 haibao，注意需要在当前路径下存储名称为 Co_sim.jpg 的二维图片，如图 8-7 所示。

```
Create /View Macro ...                                        X

              Macro Name  haibao
    User-Entered Command                                ☑ Use Macro name
         Wrap in undo  ⦿ Yes  ○ No

Commands
!------------------------------------------------------------
! add background image to polyline in global XY plane
!------------------------------------------------------------
!
var set var=bck_h      real= 468
var set var=bck_w      real= 361
var set var=bck_file   string="shou.JPG"
!
var set var=bck_z      real= -500.0
var set var=bck_scale real= 1.0
!
!!!!!!!!!!!!!!!!!!!!!!!!!!!!!!!!!!!!!!!!!!!!!!!!!!!!!!!!!!!!!!!!
undo begin
default coordinate_system default_coordinate_system=(eval(DB_DEFAULT(.system_defaults,"MODEL")))
defaults model part=(eval(DB_DEFAULT(.system_defaults,"MODEL").ground))
geometry create curve polyline &
    polyline_name=(UNIQUE_NAME("BCK_POLY")) &
    location= &
       (-bck_w/2.0*bck_scale), (+bck_h/2.0*bck_scale), (bck_z), &
       (+bck_w/2.0*bck_scale), (+bck_h/2.0*bck_scale), (bck_z), &
       (+bck_w/2.0*bck_scale), (-bck_h/2.0*bck_scale), (bck_z), &
       (-bck_w/2.0*bck_scale), (-bck_h/2.0*bck_scale), (bck_z) &
    image_file_name= (bck_file) &
    close=yes
undo end
!!!!!!!!!!!!!!!!!!!!!!!!!!!!!!!!!!!!!!!!!!!!!!!!!!!!!!!!!!!!!!!!
!
view zoom auto=on
view man mod render=sshaded
!

                                          OK  Apply  Cancel
```

图 8-7 创建相关命令

单击 OK 按钮关闭该对话框，这时可以查看数据导航器，会发现该宏命令已经存在，如图 8-8 所示。

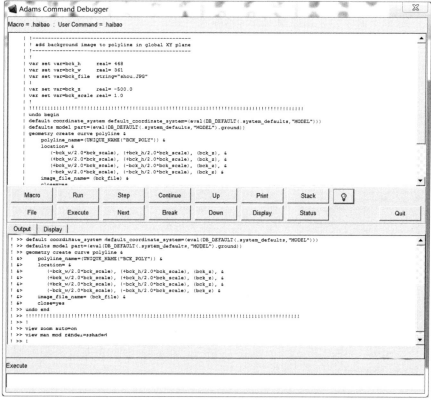

图 8-8　数据导航器中选择该命令

第三步，调试并执行该宏命令。单击菜单 Tools>Macro>Debug，弹出 Adams Command Debuger 对话框。然后单击 Macro 按钮，并选择宏命令文件 haibao，这时文件中的具体内容将在调试对话框中展示出来，然后单击 Run 按钮执行该宏命令，随后将发现指定的图片已经进入 Adams 工作空间中，如图 8-9 所示。

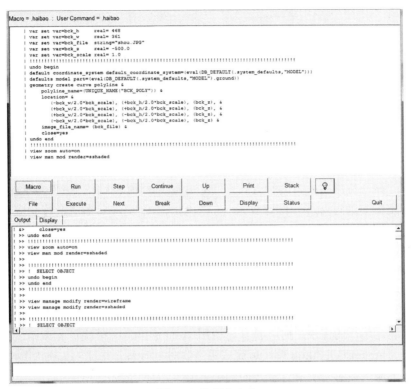

图 8-9 执行宏命令

单击 Quit 按钮退出调试对话框。加载的背景图片效果如图 8-10 所示。

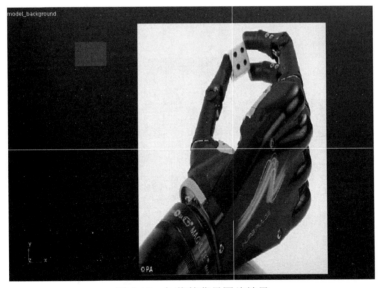

图 8-10 加载的背景图片效果

对于图片的缩放系数、尺寸大小以及放置位置都可以进行调整,可以根据自己的需要进行设置。

第9章 振动仿真分析

振动分析是机械系统设计过程中较为重要的一个环节,为了有针对性地设计出特性优良的产品,需要实现明确系统的振动特性,从而规避系统的共振频率,或者通过修改系统参数改变系统的共振频率。

获得系统的振动特性主要有两种方式,即在频域或时域中计算出系统的模态信息。在实际工作中最为常用的是通过频域方法计算系统的频响函数,通过对系统进行响应分析和模态分析,确定如何降低或抑制系统的振动响应。在实际工作中振动分析有着广阔的应用空间,如车辆中的乘坐舒适性,研究汽车在一定路面上以一定速度行驶时车辆的响应特性;航天器发射过程振动分析,研究火箭巨大推力作用下航天器的响应问题,是否影响精密仪器的特性等;机床行业中,研究机械振动对加工精度的影响等。

Adams 具有专业的振动仿真分析功能,不论是时域振动仿真还是频域振动仿真,都有相关的模块可以满足用户的需求。时域仿真时调用 Adams/Linear 模块可完成系统特性的计算;频域仿真时调用 Adams/Vibration 模块可完成系统特性的计算。并且 Adams/Vibration 模块可以像真实的模态试验一样对系统进行多方面的测试研究。

9.1 Adams/Linear 与 Adams/Vibration 比较

Adams/Linear 与 Adams/Vibration 的比较如图 9-1 所示。

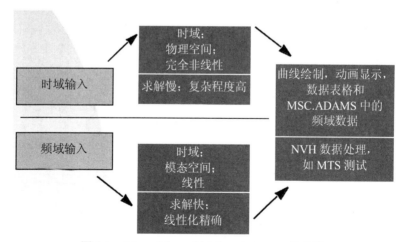

图 9-1 Adams/Linear 与 Adams/Vibration 的比较

9.1.1 计算方法

Adams/Linear 为时域算法,在物理空间对模型进行完全非线性计算,因此求解速度慢,复杂程度高;Adams/Vibration 为频域算法,首先在某一状态点(通常为静平衡位置)对非线性模型线性化，然后在模态空间中进行线性求解，因此求解速度非常快，通过精确的模型线性化同样可以获得精确解。

9.1.2　分析功能

Adams/Linear 可以完成特征值计算、线性系统状态空间矩阵计算、振型的动画显示、模态能量的分布等；Adams/Vibration 可以完成特征值计算，线性系统状态控件矩阵计算，振型的动画显示，模态能量的分布，强迫响应分析，绘制频响曲线（TRF、FRF、PSD、模态坐标、模态参与因子），强迫响应分析动画显示，与 Adams/Insight 集成使用等。

9.1.3　对比实例

模型描述：质量相等的两个质量块构成二自由度的弹簧振子模型，在无重力场的竖直轴方向运动。分别在时域和频域中计算模型的响应，然后对比结果及各自计算过程，用时域仿真结果验证频域仿真的精确性。

第一步，启动 Adams/View，然后导入光盘中的 valid_start.cmd 文件。该模型包括两个质量块和三套弹簧阻尼力，如图 9-2 所示。

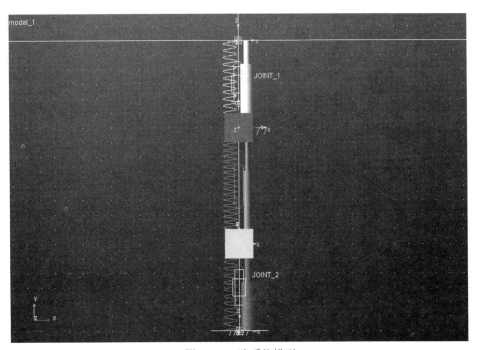

图 9-2　二阶系统模型

第二步，定义设计变量。要在时域中激振系统，需要用设计变量关联激振频率，然后设计变量在分析时具体的数值发生变化就可表示扫频分析中的不同频率值了。具体方式为在时域中采用单向力激振系统，再将前面设置的设计变量与单向力关联。

单击选项卡 Design Exploration 中的 ⬚ 按钮，弹出定义设计变量对话框，按如图 9-3 所示进行设置。

单击选项卡 Force 中的 →• 按钮，弹出定义单向力对话框，按如图 9-4 所示进行设置。

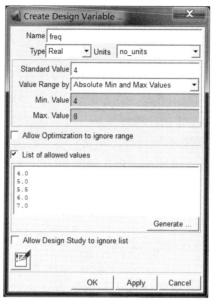

图 9-3　定义频率设计变量

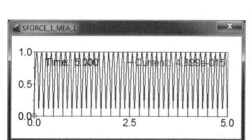

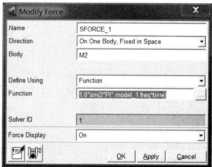

图 9-4　设置单位力载荷激励

通过函数 1.0*sin(2*PI*.model_1.freq*time)将设计变量和单向力关联在一起。

第三步，采用设计研究的方式进行时域扫频分析。这里将通过取最小和最大响应峰值的平均值方法确定每次试验的频响幅值，即稳态值。在打开的模型中已经建立好这一关系，在数据导航器中双击 FREQ_RESP，将看到函数 MAX_STEADY_STATE 的具体函数体为：

(MAX (FUNC_GET_STEADY_STATE)-MIN (FUNC_GET_STEADY_STATE))/2.0

其中 FREQ_RESP 即为评价目标。

第四步，设置仿真参数项。为避免仿真过程中动态更新与显示仿真动画，可做如下设置：单击菜单 Settings>Solver>Display，将 Show Messages 设置为 Yes，Update Graphics 设置为 Never；为了便于查看仿真过程，可采用外部求解器进行如下操作：将 Category 设置为 Executable，将 Executable 选为 External；为了在数据库中分别保存单独一次和多次仿真结果，进行如下设置：将 Category 选为 Output，选中 More，将 Output Category 设置为 Database Storage，在 Individual Simulations 下将 Save Analysis 设置为 Yes，并将 Prefix 设置为 Run，在 Multi-Run Simulations 下，将 Save Analysis 设置为 Yes，并将 Prefix 设置为 Multi-Run；为将单次仿真的

结果保存到硬盘上，将 Output Category 重新设置为 Files，将 Save Files 设置为 Yes，最后单击 Close 按钮关闭设置窗口，如图 9-5 所示。

图 9-5　设置显示状态

第五步，进行设计评价计算，按图 9-6 和图 9-7 所示设置。

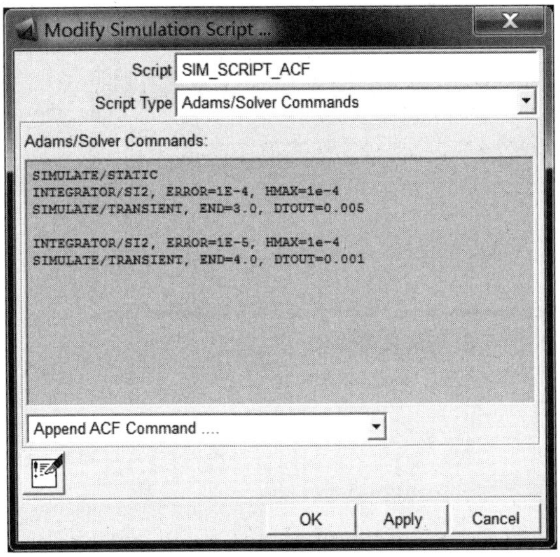

图 9-6　设置计算脚本

图 9-7　设置设计研究参数

单击 Start 按钮开始计算。5 次设计评价仿真将持续一段时间才能完成，如下是最后一次的信息记录：

Begin Simulation

****** Performing Dynamic Simulation using Gstiff SI2 Integrator ******

The system is modelled with SI2 DAEs.
The integrator is GSTIFF, CORRECTOR = original
Integration error = 1.000000E-05

Simulation Step Function Cumulative Integration CPU
Time Size Evaluations Steps Taken Order time

_____ _____ _____ _____ _____ _____

3.00000E+00 1.00000E-04 54124 30005 2 1.26
3.10000E+00 1.00000E-04 1989 1005 2 1.34
3.20000E+00 1.00000E-04 3972 2005 2 1.39
3.30000E+00 1.00000E-04 5946 3005 2 1.44
3.40000E+00 1.00000E-04 7929 4005 2 1.48
3.50000E+00 1.00000E-04 9911 5005 2 1.54
3.60000E+00 1.00000E-04 11893 6005 2 1.59
3.70000E+00 1.00000E-04 13876 7005 2 1.64
3.80000E+00 1.00000E-04 15850 8005 2 1.70
3.90000E+00 1.00000E-04 17833 9005 2 1.75
4.00000E+00 1.00000E-04 19815 10005 2 1.79

End Simulation

Finished -----
Elapsed time = 9.46s, CPU time = 9.09s, 96.09%

单击▣按钮，按图 9-8 所示进行设置。

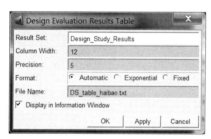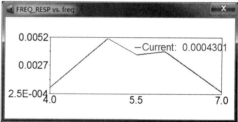

图 9-8　设置结果输出对话框及结果曲线

这时弹出信息窗口，将 5 次计算罗列出来：

Design Variables

V1) freq
Units : NO UNITS

Trial FREQ_RESP freq Sensitivity

1 0.00075618 4.0000 0.0043974
2 0.0051536 5.0000 0.00076153
3 0.0037164 5.5000 -0.0011490

4 0.0040046 6.0000 -0.0014991
5 0.00043007 7.0000 -0.0035745

关闭信息窗口，并以 BIN 格式保存整个模型。

第六步，时域计算后处理。进入 Adams/PostProcessor 中，将 Source 设置为 measures，从 Simulation 列表中按住 Ctrl 键选择 Run_001 和 Run_005，在 Measure 中选择 FUNC_MEA_DY，即质量块 M1 质心相对地面的垂直位移时间历程。单击 Add Curves 按钮绘制曲线，如图 9-9 所示。

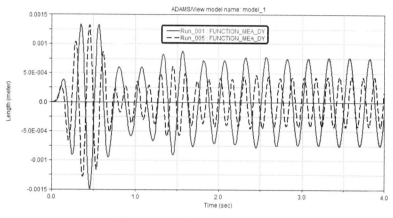

图 9-9　第一次和第五次结果曲线

可见，在初始阶段的瞬态之后，振动达到稳态值，此时的幅值即为系统的振动响应。然后返回 Adams/View 中。

第七步，Adams/Vibration 频响分析。单击选项卡 Plugins 中的 Vibration 按钮 ⚙，实现振动模块的加载。设置输入通道及振动激励。选择振动模块中的 Build>Input Channel>New 命令，弹出定义对话框，按图 9-10 所示完成设置。

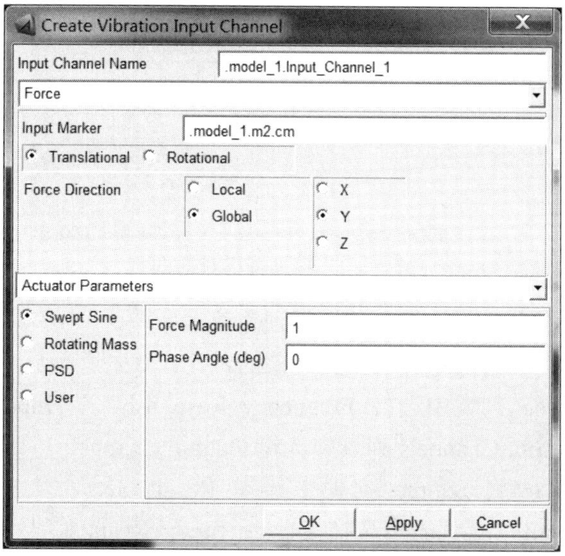

图 9-10　定义输入通道及振动激励

设置输出通道。选择振动模块中的 Build>Output Channel>New 命令，弹出定义对话框，按图 9-11 所示进行设置。

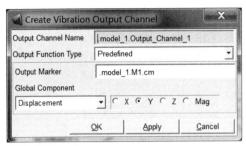

图 9-11 设置输出通道

设置分析参数。选择振动模块中的 Build>Test>Vibration Analysis 命令，弹出定义对话框，按图 9-12 所示进行设置。

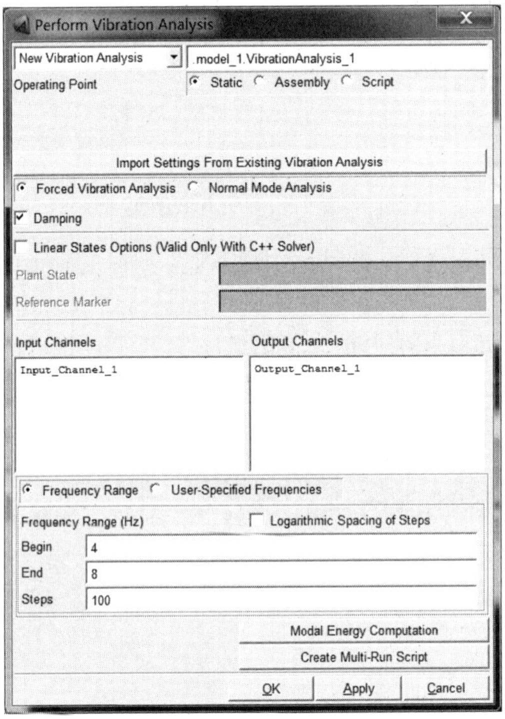

图 9-12 振动分析对话框

单击 OK 按钮完成振动分析计算，可以发现速度非常快。

第八步，振动分析后处理及与时域仿真结果的对比。首先进入后处理界面，单击□按钮添加新的绘图页，从 Source 列表中选择 Frequency Response，从 Input Channels 列表中选择 Input_Channel_1，从 Output Channels 列表中选择 Output_Channel_1，再选择 Magnitude，最后单击 Add Curves 按钮；从 Source 列表中选择 Result Sets，从 Simulation 列表中选择 Multi_Run_001，从 Result Set 列表中选择 Design_Study_Results，从 Component 列表中选择 FREQ_RESP，如图 9-13 所示。

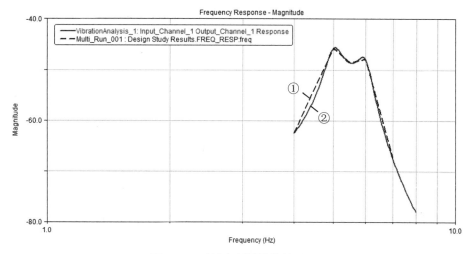

图 9-13　时域和频域计算结果对比

图中蓝色曲线①为时域结果；红色曲线②为频域结果，为了看起来更为直观，这里对后处理中的相关参数进行设置。选择蓝色曲线①，对其属性进行编辑：将 Symbol 设置为@，Line Style 设置为 none；将横轴 haxis 中的 Scale 设置为 linear，纵轴 vaxis 中的 Labels 设置为 Magnitude（dB）；将 Legend_object 中的 Placement 设置为 Bottom_left，如图 9-14 所示。

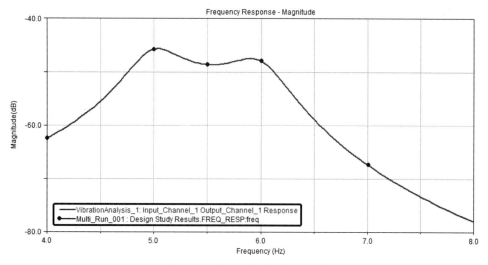

图 9-14　修改时域曲线显示方式

通过这一对比图可以得出结论：Adams/Vibration 的计算结果与时域结果极其相似，并且计算效率要远远高于时域计算方式。

最后，还将获取 Run_005 的结果瀑布图。单击▯按钮新添加一页绘图，从 Source 列表中选择 Measures，从 Simulation 列表中选择 Run_005，从 Measure 列表中选择 FUNCTION_MEA_DY，单击 Add Curves 按钮；然后选择菜单 Plot 中的 FFT3D，将 Points(Power of 2)修改为 512，单击 Apply 按钮，将横轴 Auto Scale 上限设置为 10，单击 Shading 按钮▣渲染出如图 9-15 所示的图片。

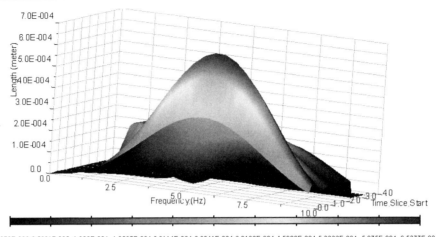

图 9-15　三维方式显示结果

9.2　Adams/Vibration 模块说明

振动分析模型主要是在其他模块建模的基础上，在输入位置定义激励，在输出位置计算输出响应，通过对输入和输出的分析，即系统响应特性的分析，确定系统振动特性。其中，输入激励的位置称为输入通道，拾取响应的位置称为输出通道，振动模型建立的过程就是定义输入/输出通道，及在输入通道上定义激励，在输出通道上定义输出响应类型的过程。

9.2.1　加载振动模块

Adams/Vibration 作为 Adams 的插件需在 Adams/View 中加载才能使用，并可与其他模块集成使用。单击 Tools>Plugin Manager 命令，弹出插件管理对话框，如图 9-16 所示，选择 Adams/Vibration 后的 Load 即可加载该模块，Load 只是本次使用时加载，Load at startup 则可在 Adams/View 下次启动时一并加载 Adams/Vibration。当然也可以直接单击选项卡 Plugins 中的 ⚙ 按钮，在菜单中选择相应选项实现加载功能，如图 9-17 所示。

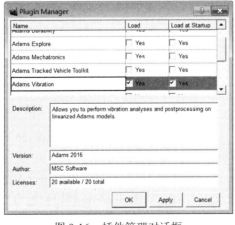

图 9-16　插件管理对话框

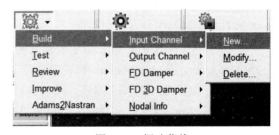

图 9-17　振动菜单

9.2.2　定义输入通道和振动激励

输入通道用来确定在系统的什么位置基于什么方式添加激励,振动激励必须通过输入通道添加,输入通道还可以用作绘制系统频响的端口。一个输入通道只能有一个激励,但一个激励可以通过不同的通道输入给系统。激励与输入通道关系如图 9-18 所示。

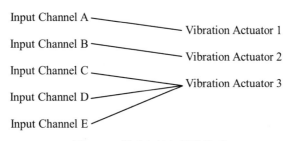

图 9-18　激励与输入通道关系

单击加载的振动模块中的 Build>Input Channel>New,弹出定义输入通道对话框,如图 9-19 所示。

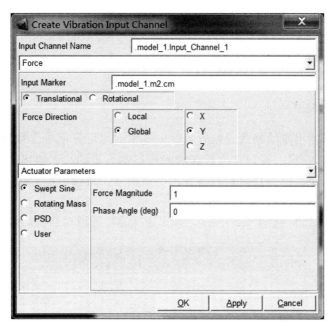

图 9-19　输入通道与激励定义对话框

- Input Channel Name：给输入通道输入一个名称。
- Force：定义激励的方式,有如下 3 种方式：
  - ➢ Force：使用力或力矩作为激励。需要确定力或力矩的参考坐标系和方向,参考坐标系可以选择 Local 和 Global,Local 为输入 Marker 点的坐标系,Global 为全局坐标系。
  - ➢ Kinematic：使用位移、速度和加速度作为激励,此时加入的激励为强迫运动,将影响系统的自由度个数。可选择平动激励或旋转激励，及位移、速度、加速度或角度、角速度、角加速度。

> User-Specified State Variable：通过状态变量间接地给系统施加激励，需要输入已经定义的状态变量。

● Input Marker：确定激励的作用点，也可以作为激励的局部参考坐标系，以便确定激励的方向。

● Actuator Parameters：确定激励的参数，激励函数可以使用已经存在的激励，也可以通过以下 4 种方式创建：

> Swept Sine：使用正弦谐波函数确定，此时需要输入谐波函数的幅值（Force Magnitude）和相位（Phase Angle）。

> Rotating Mass：使用旋转质量产生离心力或离心力矩，该项只用于激励方式是 Force 的情形，比较适合相对于旋转轴质量是对称的构件，即构件的质心不在旋转轴上的构件。旋转质量可以产生离心力（Force），也可以产生离心力矩（Moment）。如是离心力，需要输入质量（Mass）和质心到转轴的距离（Radial Offset），产生的离心力为 $f=mr^2w$；如是离心力矩，需要输入质量（mass）、质心到转轴的距离（Radial Offset）和质心偏离对称面的距离（Offset Normal To Plane），产生的离心力矩为 $t=mr^2wd$。

> PSD：指激励的功率谱密度，需要输入包含功率谱数据的样条曲线、数据间的差值算法和数据的相位角。

> User：用户自定义函数激励。

9.2.3　定义输出通道

输出通道将定义输出量的格式及位置。输入/输出通道可分别看作系统的输入/输出端口，类似于试验仪器的输入/输出接口。通过在输入端口输入激励，在输出端口获得测量数据，将系统视为一个黑匣子，只关注其输入及输出的数值量，进而可以分析出系统的传递函数、响应特性等。

单击菜单 Build >Output Channel>New，弹出定义输出通道对话框，如图 9-20 所示。

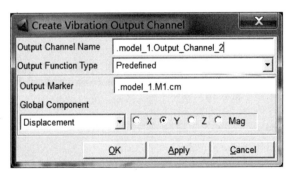

图 9-20　输出通道定义对话框

● Output Channel Name：创建输出通道名称。

● Output Function Type：确定输出函数的类型，可以选择 Predefined 和 User，其中

Predefined 指输出函数是一些常用的函数；User 指用户自定义函数。

- Output Marker：确定响应点的位置，需要用 Marker 点确定。
- Force：确定响应函数的类型，有位移、速度、加速度、力矩等可以选择。

9.2.4 振动阻尼元件

振动仿真的模型与一般模型稍有区别，比如进行一般动力学仿真时，一些螺栓连接往往用固定副约束，但进行振动分析尤其想考虑振动通过螺栓连接进行传递时，需要使用弹性连接描述部件间的运动关系。这时除了可以使用 Adams/View 的弹性连接外，Adams/Vibration 还提供了两种特殊的阻尼器连接方式，一种是 FD（Frequency Dependent）阻尼器，另一种是 FD 3D 阻尼器。其中 FD 阻尼器只阻碍两个构件间在一个自由度上的相对运动，而 FD 3D 阻尼器可以同时阻碍两个构件在多个自由度上的相对运动。使用这两种阻尼器，可以很方便地模拟汽车上的钢板弹簧。

FD 阻尼器或 FD 3D 阻尼器有 4 种类型：General、Pfeffer、Simple FD 和 Simple FD-Bushing。如图 9-21（a）所示为 General 类型的阻尼器，需要输入 3 个刚度系数 K1～K3 和 3 个阻尼系数 C1～C3；如图 9-21（b）所示为 Pfeffer 类型的阻尼器，其中 C1=0，K2=0；如图 9-21（c）所示为 Simple FD 类型的阻尼器，其中 C1=0，C2=0，K3=0；如图 9-21（d）所示为 Simple FD-Bushing 类型的阻尼器，其中 C1=0，C2=0，K1=0。

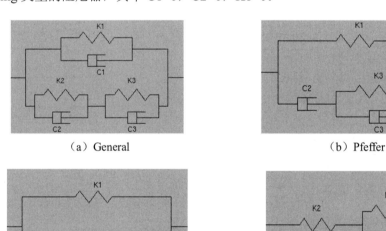

（a）General   （b）Pfeffer

（c）Simple FD   （d）Simple FD-Bushing

图 9-21 阻尼器形式

单击 Build >FD Damper>New 命令，弹出定义 FD 阻尼器的对话框。

- Name：定义 FD 阻尼器的名称。
- I/J Marker：输入阻尼器的两个作用点。
- Type：选择相应类型的阻尼器；
- Damping1/2/3：定义阻尼系数 C1/C2/C3。
- Stiffness1/2/3：定义刚度系数 K1/K2/K3。

● Preload：定义预载荷。

单击 Build>FD 3D Damper>New 命令，弹出定义 FD 3D 阻尼器的对话框，如图 9-22 所示。

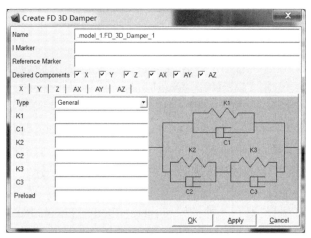

图 9-22　3D 阻尼器形式

● Name：定义 FD 3D 阻尼器的名称。
● I Marker：输入阻尼器的各作用点。
● Reference Marker：输入参考作用点。
● Desired Components：选择相应的需要定义阻尼器的自由度分量，这些分量相对于参考作用点坐标系。
● Type：选择相应类型的阻尼器。
● Damping1/2/3：定义阻尼系数 C1/C2/C3。
● Stiffness1/2/3：定义刚度系数 K1/K2/K3。
● Preload：定义相应方向的预载荷。

9.2.5　振动分析计算

定义完输入/输出通道后，即可进行振动仿真计算。单击 Build >Test>Vibration Analysis 命令，弹出振动分析对话框，如图 9-23 所示。

● New Vibration Analysis：创建一个振动分析，并在后面的输入框中输入振动分析的名称，也可以对一个已经存在的振动分析再次进行计算,这样就不必再修改计算设置了。
● Operating Point：确定振动分析的操作点，有静平衡、装配、脚本三种选择。
● Import Settings From Existing Vibration Analysis：导入一个已经存在的振动分析的设置，这样就可直接利用已经存在的振动分析设置，而不必重新设置。
● Forced Vibration Analysis：进行强迫振动分析，在激励的作用下，可获得系统的输出通道响应、振动模态、模态参与因子、传递函数等信息，而 Normal Mode Analysis 只进行模态计算。振动分析进行得很迅速，若没有错误信息，那么模型计算就是准确的，在计算过程中没有动画显示。
● Input Channels：对于强迫振动分析，需要选择已经定义好的输入通道，可通过右键快捷菜单选取。

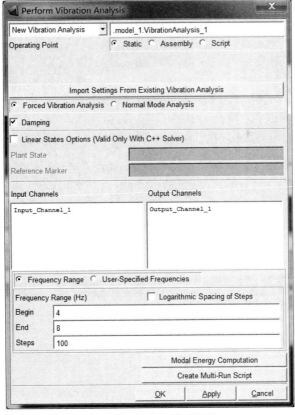

图 9-23　振动分析对话框

- Output Channels：对于强迫振动分析，选择已经定义好的输出通道。
- Frequency Range：指定要计算的频率范围和计算步数，还可以使用 User-Specified Frequencies，由用户指定需要计算的频率点。
- Logarithmic Spacing of Steps：如果选择该项，则计算频率之间成对数关系。
- Begin/End/Steps：输入计算频率的起始频率、终止频率和计算步数。
- Modal Energy Computation：用于确定是否计算与模态有关的能量，包括模态能量、应变能量、动态能量和消散能量等。
- Create Multi-Run Script：创建多步仿真脚本，主要用于参数化计算。

9.2.6　柔性体振动实例

振动分析往往针对具有柔性体的多体系统模型更有意义，因为这样得到的结果与实际情况更为接近。下面将以自动焊接机为例进行说明，研究其底座振动激励对工作端部运动的影响。在这一模型中焊接机的支架和焊接臂均为柔性体，并且考虑焊接机工作循环中的不同状态点上进行振动分析，计算应变能，绘制频响曲线，并动画显示分析结果等内容。

第一步，启动 Adams/View，打开光盘中的 bonder_start.cmd 模型文件，并加载 Adams/Vibration 模块，如图 9-24 所示。

第二步，创建振动元素——输入通道及振动激励。该激励将施加在基座部件（BASE）上，沿竖直方向的正弦扫频信号，按图 9-25 进行设置。

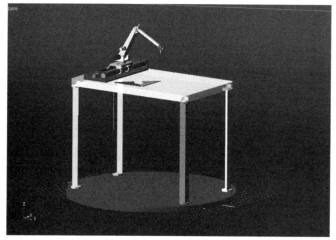

图 9-24　模型预览

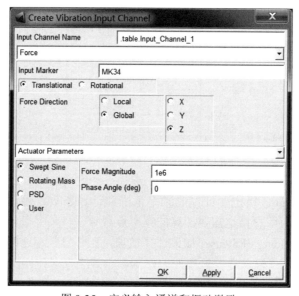

图 9-25　定义输入通道和振动激励

　　第三步，创建振动元素——三个输出通道。将工作端端点的三个方向的位移输出，如图9-26 所示。

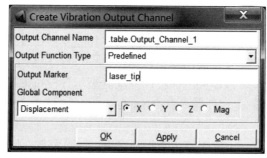

图 9-26　定义输出通道

第四步，由于柔性体的加入，造成系统自由度的增加，从而引起计算量的加大，因此为了提升效率有必要关闭实时显示的动画，单击菜单 Settings>Solver>Display，如图 9-27 所示。

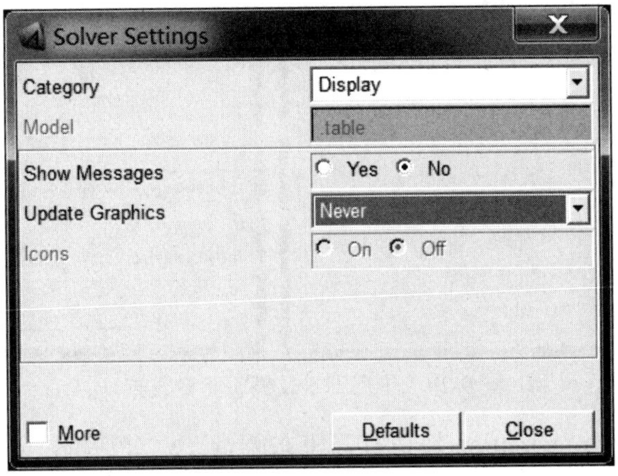

图 9-27　图像方式设置

第五步，不同状态点上的振动分析。首先利用仿真脚本进行时域计算，然后在不同时间点上对模型线性化，这里选择三个时间点：0.5 秒、1 秒和 3 秒。

打开 Perform Vibration Analysis 对话框，按图 9-28 和图 9-29 所示进行设置。

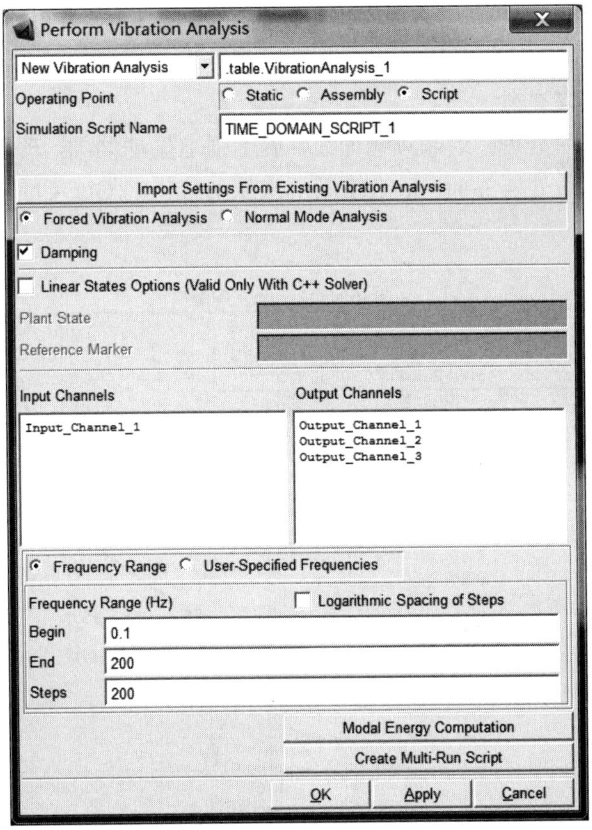

图 9-28　分析参数设置

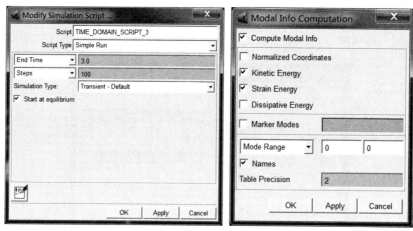

图 9-29　仿真脚本及模态能量设置

单击 Modal Energy Computation 按钮打开模态能量计算对话框，勾选 Compute Modal Info 复选框后，再勾选 Kinetic Energy 和 Strain Energy 复选框。然后单击 OK 按钮，再单击 Perform Vibration Analysis 对话框的 Apply 按钮完成第一次计算。

然后进行第二轮的振动分析，从 Vibration Analysis 列表中选择 New Vibration Analysis，在后面的文本框中输入.table.one_second，然后选择 Import Settings from Existing Vibration Analysis，在导航器中选择 half_second，这样将继承其所有的设置参数，然后修改脚本为 TIME_DOMAIN_SCRIPT_2 即可。对模态能量的设置同上，然后单击 OK 按钮，再单击 Apply 按钮完成第二次计算。

第三轮计算设置同第二轮。

第六步，振动分析后处理。绘制频响曲线，展示强迫振动动画，理解与各次谐振峰值对应的系统振动性能。进入后处理界面，依次绘制三次振动分析的 Out_Channel_x 输出通道的频响曲线，如图 9-30 所示。

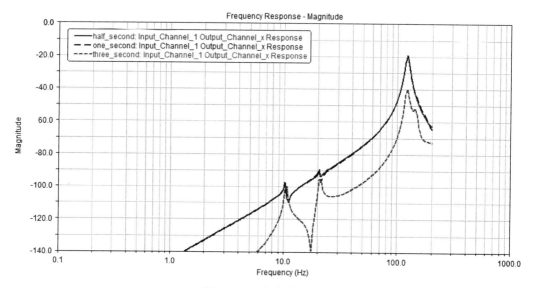

图 9-30　X 方向频响结果

通过对比可知，系统在工作循环的每个阶段的振动性能是不同的。重复前面的操作，绘制 Out_Channel_y 的频响曲线，如图 9-31 所示。

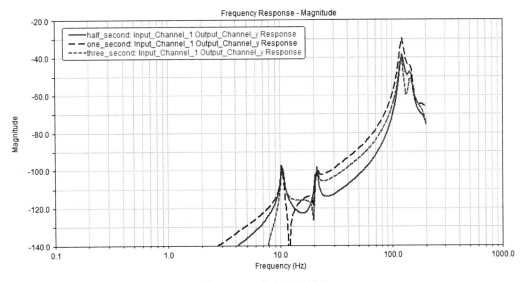

图 9-31　Y 方向频响结果

Out_Channel_y 的频响曲线如图 9-32 所示。

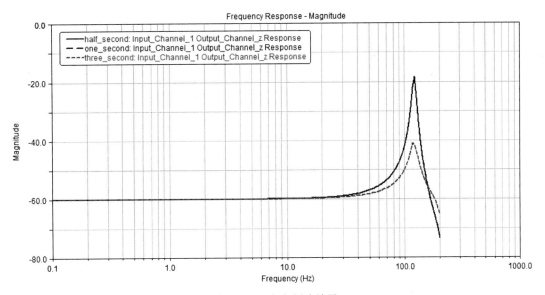

图 9-32　Z 方向频响结果

下面进行动画显示设置，建立新的页面，右击选择 Load Mode Shape Animation 命令，导入 half_second 的动画，将频率设置为 122.02Hz，调整缩放因子 Scale Factor 为 1。还可选择选项卡 Contour Plots，在其类型中选择 Kinectic Energy 或 Strain Energy 观看动画。查看变形效果，如图 9-33 所示。

EIGEN_2 Frequency=122.0390 (Hz)

图 9-33　柔性体变形效果

第10章 控制系统分析

随着计算机技术的发展，当今许多机械产品上集成了越来越多的控制元素，以实现某些动作的自动化。机械系统已经与控制系统的联系更为紧密，这就要求机械设计人员和控制系统设计人员在完成本专业工作的同时，还必须考虑控制或机械方面的影响因素，因此对软件设计工具也有了许多这方面的需求。

Adams 作为一款优秀的机械系统设计辅助工具，除了具有强大的机械设计分析功能外，其与控制软件的关联十分方便。Adams 与控制系统的关联有两种途径，一是利用 Adams/View 下的 Controls Toolkit 工具直接建立控制方案；二是利用 Adams/Control 插件模块建立与第三方控制软件的关联，比如 Matlab、Easy5。

10.1　Controls Toolkit

10.1.1　控制系统组成

控制系统的作用对象为某个系统，在没有人员直接参与的情况下，使系统的工作状态或系统的参数仍能按照预定的规律运行，或者系统在遭受外界干扰时，系统可自动恢复到原状态或恢复到预定的运动规律。

一般控制系统由许多功能环节构成，在 Adams/View 中利用 Controls Toolkit 建立的控制系统可分为两大环节，一个环节为 Adams/View 中建立几何模型的系统方程，通常为动力学微分方程；另一个环节是 Adams/View 中建立的控制系统，其中该控制系统又包含许多功能环节，如比例环节、微分环节、积分环节、超前/滞后环节等，从全局讲，还可以将系统方程看成一个环节。

10.1.2　定义控制环节

在 Adams/View 中单击选项卡 Elements>Controls Toolkit，如图 10-1 所示，弹出建立控制环节的对话框，如图 10-2 所示。

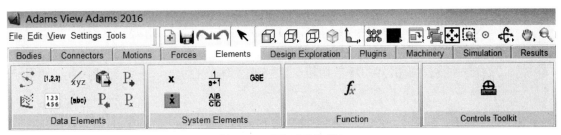

图 10-1　系统元素选项卡

图 10-2   Controls Toolkit 对话框

- 输入环节 f→，定义控制系统的输入信号，通常为模型中有关方向、位置或载荷等物理量的函数，输入环节通常作为其他环节的输入。在控制环节对话框中单击输入环节按钮，然后通过相关函数定义输入环节。

- 比较环节 Σ，通过加或减的方式比较两个信号，在控制环节对话框中单击比较环节按钮，然后输入要比较的两个信号，正负可通过按钮控制。

- 增益环节 K，也叫比例环节，是将输入的信号乘以一个比例因子，进行数值的放大或缩小。在控制环节对话框中单击增益环节按钮，然后输入比例因子和作用的信号。

- 积分环节 1/s，将输入的信号在时域内进行积分计算。单击控制环节对话框中的积分环节按钮，然后输入进行积分运算的信号。

- 低通滤波环节 1/(s+a)，可使低频信号通过并抑制高频信号。单击控制环节对话框中的低通滤波环节按钮，然后输入常数及信号。

- 超前/滞后环节 (s+b)/(s+a)，可将信号的相位超前或滞后。单击控制环节对话框中的超前/滞后环节按钮，然后输入超前和滞后系数，并输入信号。

- 用户定义传递函数 n(s)/d(s)，如果控制环节对话框中没有用户需要的传递函数，用户可以自己定义传递函数。单击自定义按钮，输入传递函数分子多项式中的系数和分母多项式系数，并输入信号。

- 二阶过滤环节 2nd-order filter，单击二阶过滤器按钮，输入自然频率和阻尼，并输入信号。

- PID 环节 PID，即比例积分微分环节，可以由前面几个环节组合得到，单击 PID 按钮，输入该环节的 3 个系数及输入信号，并输入对时间求导后的信号。

- 开关环节 ✓–，可以将某个环节的输入信号进行切换，可对比在不同输入情况下控制系统的效果。单击开关环节按钮，选择开关环节的状态——打开或关闭，并输入信号。

10.1.3   实例：利用 Controls Toolkit 建立控制系统

本例将以水平站台为例进行说明，模型中包含两个部件：Bucket（绿色的站台）和 Boom

（红色的托竿）。其中，Boom 和大地之间以旋转副连接，并在铰接上添加驱动；在 Bucket 和 Boom 之间以旋转副连接，并在两个部件之间添加单轴转矩。后面创建的控制系统模型将作用在定义的转矩上，根据运动状态的变化由控制系统计算出当前的扭矩值，以保证 Bucket 始终水平。

　　第一步，启动 Adams/View，在开始窗口中选择已有模型，将工作路径设置到已定义路径中，确保该路径下有从光盘上拷贝的初始模型文件 ctrls_toolkit_start.cmd，选择该文件后单击确定完成模型加载，如图 10-3 所示。

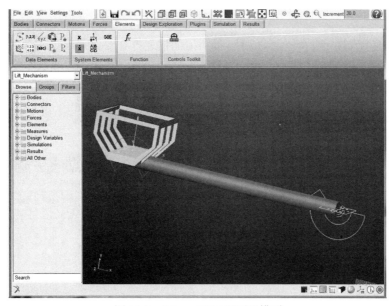

图 10-3　Adams 2016 界面及模型

　　第二步，计算。单击选项卡 Simulation>Simulate 中的 ⚙ 图标，弹出仿真控制面板，进行 1 秒 100 步的仿真，如图 10-4 所示。

图 10-4　仿真控制面板设置

可以看到，Boom 将按照施加在驱动中的运动规律运动，而 Bucket 将没有规律地翻转，并没有保持水平状态。为了保证其水平状态，下面将创建相关控制系统，如图 10-5 所示。

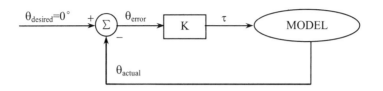

图 10-5　控制与机械系统模型信息交互

第三步，创建控制系统——输入信号。按照前面描述打开 Controls Toolkit 对话框，选择 ，修改名称为.Lift_Mechanism.theta_desired，输入函数设置为 0，单击 Apply 按钮；然后再次创建一个输入量，修改名称为.Lift_Mechanism.theta_actual，输入函数的设置借助函数构建器，单击旁边的 按钮，定义两个 Marker 点之间的角位移函数，如图 10-6 所示。定义好的输入信号函数如图 10-7 所示。

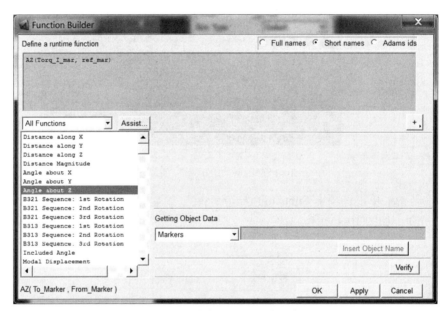

图 10-6　函数构建器定义输入信号

第四步，创建控制系统——比较环节。单击 **Σ** 按钮，修改名称为.Lift_Mechanism.theta_error，输入量一右击选择 controls_input 中的 theta_desired，输入量二右击选择 controls_input 中的 theta_actual，并将正号换为负号，因为要做差值比较，如图 10-8 所示，单击 Apply 按钮。

第五步，创建控制系统——比例环节。单击 **K** 按钮，修改名称为.Lift_Mechanism.torque_gain，输入量右击选择 controls_sum，然后选择 theta_error，并将增益设置为 1e9，如图 10-9 所示，单击 OK 按钮。

第六步，创建控制系统——测量扭矩对象。对 Bucket 和 Boom 间的扭矩进行测量，在该扭矩的图像上单击右键，然后选择 Measure 选项，弹出设置对话框，对名称、特性等设置，如图 10-10 所示。

图 10-7 填充好的输入信号函数

图 10-8 比较环节定义

图 10-9 增益设置

图 10-10 定义实时扭矩测量

第七步，创建控制系统——关联扭矩对象。对这一扭矩对象进行修改，当前值为 0，单击 按钮，打开函数构建器。在 Getting Object Data 部分，首先设置类型为 Measures，然后右击选择 Runtime Measure，从数据导航器中选择 torque_gain，单击 Insert Object Name 按钮，如图 10-11 所示。

单击 Verify 按钮，确保符合语法规则。单击 OK 按钮，返回到扭矩定义窗口，再单击 OK 按钮完成设置。

第八步，进行具有控制系统的计算。仍旧仿真 1 秒 100 步，可以发现站台将保持水平姿态运动，如图 10-12 所示。

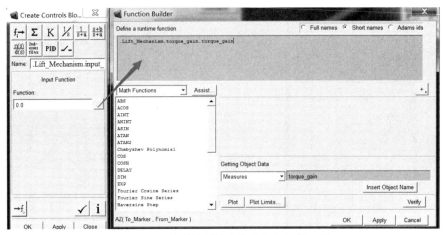

图 10-11   关联控制输出信号与扭矩物理量

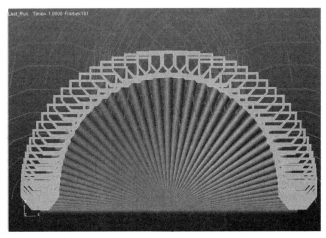

图 10-12   控制站台保持水平姿态的效果

对应的曲线结果如图 10-13 和图 10-14 所示。

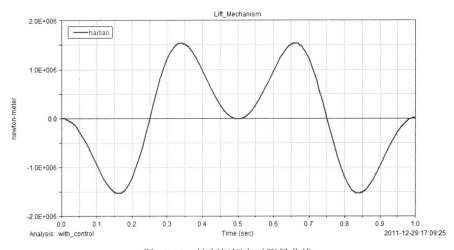

图 10-13   控制扭矩实时测量曲线

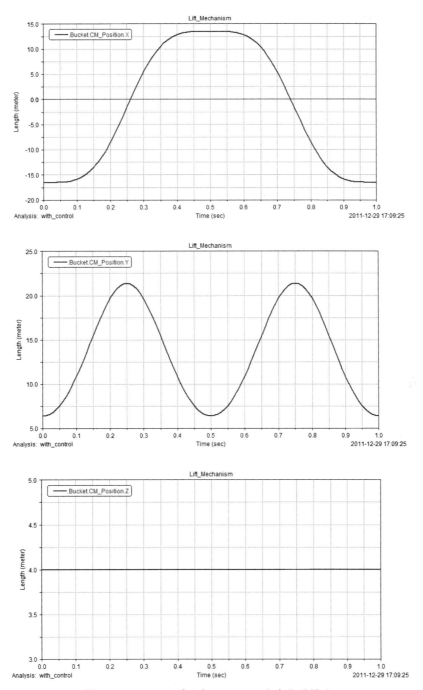

图 10-14　Bucket 质心点 X、Y、Z 方向位移输出

10.2　Adams/Control

通过 Adams/Control 与其他控制程序进行信息交互，由 Adams 提供机械系统模型系统方程的参数接口，控制程序提供控制系统模型，Adams 求解器求解机械系统方程，控制程序求解

控制方程，在求解过程中，在一定时间步长内进行数据的交互，完成联合仿真。

10.2.1　加载 Adams/Controls

Adams/Controls 模块可以同 Adams 的其他模块一同使用，如 Adams/View、Adams/Car 等。使用前需要加载，单击菜单 Tools>Plugin Manager，弹出插件管理器，如图 10-15 所示，勾选 Adams/Controls 后对应的复选框，单击 OK 按钮实现加载。或者单击选项卡 Plugins，再单击 Controls 中的 🖰 图标，变为 🖰· 时实现加载。在菜单栏上出现 Controls 菜单项。

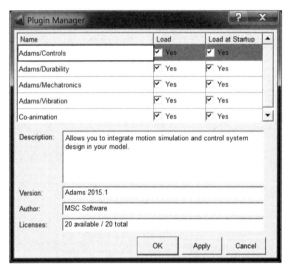

图 10-15　Adams/Controls 插件管理器

10.2.2　定义输入/输出

Adams 与其他控制程序之间的数据交换是通过状态变量实现的，而不是设计变量。状态变量在计算过程中是一个数组，它包含一系列的数值，而设计变量只是一个常值，不能保存变量值。在定义输入/输出之前需要先将相应的状态变量定义好，用于输入/输出的状态变量一般是系统模型元素的函数，如构件的位置、速度或载荷函数等。输入变量是系统被控制的量，而输出变量是系统输入到控制程序的变量，经过控制系统作用后返回输入变量。这里用于输入/输出的状态变量与一般的状态变量的定义方式一样，即通过单击选项卡 Elements 再单击 ✕ 按钮进行定义，如图 10-16 所示。

图 10-16　状态变量定义窗口

控制系统的输入/输出通过状态变量实现，但系统可能同时存在多个状态变量，因此有必要指定哪些用于输入，哪些用于输出。

指定输入状态变量，可单击选项卡 Elements>Data Elements 中的 ▣ 按钮，弹出创建控制输入对话框，如图 10-17 所示。在 Plant Input Name 输入框中输入自定义的控制输入名称，然后在 Variable Name 输入框中输入对应状态变量的名称，单击 OK 按钮完成定义。

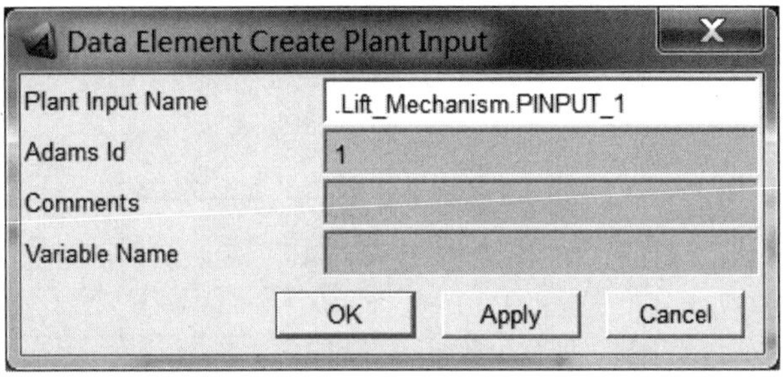

图 10-17　定义信号输入端口

指定输出状态变量，可单击选项卡 Elements>Data Elements 中的 ▣ 按钮，弹出创建控制输出对话框，如图 10-18 所示。在 Plant Output Name 输入框中输入自定义的控制输出名称，然后在 Variable Name 输入框中输入对应状态变量的名称，单击 OK 按钮完成定义。

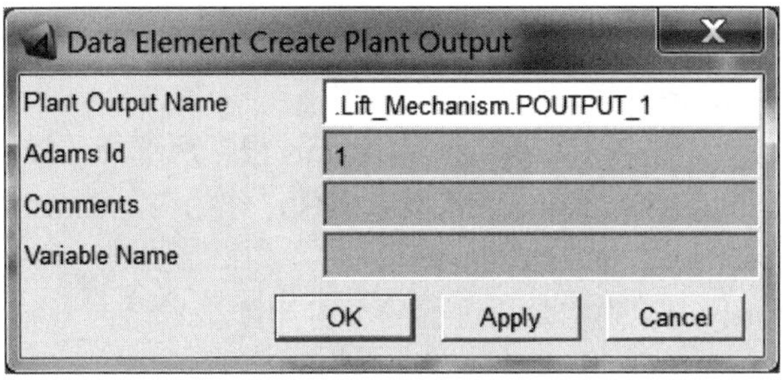

图 10-18　定义信号输出端口

10.2.3　导出控制参数

创建了输入/输出状态变量后，可将机械系统的控制参数导出到控制程序中。如图 10-19 所示，单击菜单 Controls>Plant Export，弹出导出控制参数对话框，如图 10-20 所示。

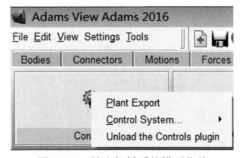

图 10-19　输出机械系统模型菜单

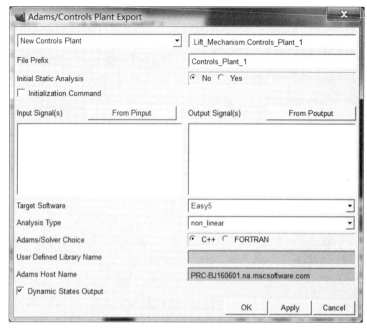

图 10-20　机械系统模型输出定义对话框

对话框中各个选项的功能描述如下：

● New Controls Plant：定义控制输出设置名称，如果想修改已经设定好的项目，可在下拉菜单中选择 Controls Plant 选项进行编辑。

● File Prefix：输入文件名（如 haibao），Adams 根据所选择的控制程序 Matlab 或 Easy5 将分别生成 haibao.m 或 haibao.inf 接口文件，作为与 Adams 沟通的桥梁，当然还会同时生成 haibao.cmd、haibao.adm 文件。

● Initial Static Analysis：确定是否进行静平衡计算。

● Initialization Command：初始命令项。

● Input Signal：选择作为输入的状态变量。

● Output Signal：选择作为输出的状态变量。

● Target Software：目标控制程序 Matlab 或 Easy5。

● Analysis Type：确定进行线性计算还是非线性计算。

● Adams/solver Choice：选择 Adams 求解器类型 Fortran 或 C++。

● User Defined Library Name：用户自定义库名，需要调用时设置。

● Adams Host Name：安装了 Adams 的计算机名，如果是在同一台计算机上进行联合仿真，就没有必要修改该项；如果进行 TCP/IP 方式的联合仿真，需要确认相应的计算机名称及域名。

● Dynamic States Output：动态状态量输出。

10.2.4　实例

1．Adams 与 Easy5 联合仿真

本例以挖掘机模型为例进行过程说明，挖掘机模型中具有 4 套液压缸，结合控制系统完成

对机械系统模型的控制，期间不断地获得机械系统模型反馈回来的物理量，如位移、速度等构成闭环控制系统。

第一步，启动 Adams/View，打开光盘中的 ex_easy5.cmd 模型，并加载 Adams/Controls 模块，如图 10-21 所示。

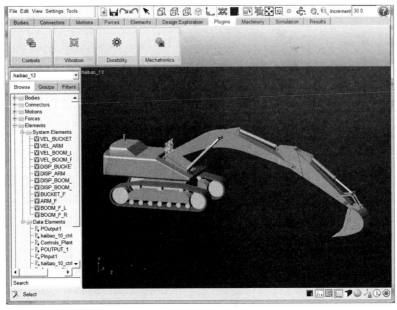

图 10-21　机械系统模型

通过左边的模型树可以方便地查看模型信息，这里特意将后面用到的输入/输出变量展开。通过图 10-21 可知挖掘机模型各个液压缸的分布情况，与挖斗相连的为 Bucket 液压缸；与前臂相连的为 Arm 液压缸；与大臂相连的为 Boom 液压缸，注意这里为两个并列的液压缸。

第二步，没有控制系统的计算。单击选项卡 Simulation 下的 ⚙ 按钮，进行如图 10-22 所示的设置。

图 10-22　设置仿真参数

这时模型将在重力的作用下运动，因为各个液压缸均没有提供作用力。

第三步，输入/输出说明。这时可检测一下液压缸上的力元设置，选择 Bucket 上的液压力元 SFORCE_4，打开修改对话框，如图 10-23 所示。

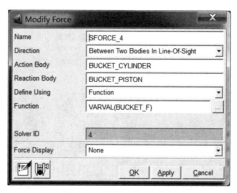

图 10-23　关联液压力

通过函数 Varval()获取力元信息，而这里使用的是一个中间状态变量 BUCKET_F，从状态树中选择变量，然后右击选择 Modify，打开编辑对话框，如图 10-24 所示。

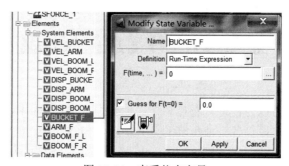

图 10-24　查看状态变量

而 BUCKET_F 承载的真正的数值来自于控制软件 MSC.Easy5 或 Matlab/Simulink，这时就可以理清这一数据传递的具体过程了。图 10-25 为控制软件与 Adams 间在进行联合仿真时具体的架构示意图。

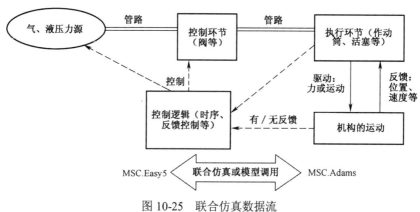

图 10-25　联合仿真数据流

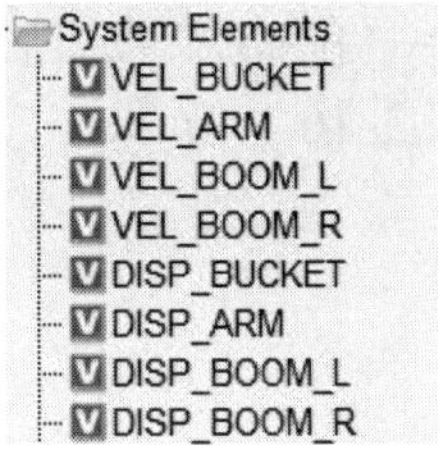

前面介绍的是从控制系统到机械系统的数据流程，下面将说明机械系统到控制系统的数据流程。控制系统是根据什么计算出液压力的呢？是根据 Adams 传递给控制系统的位移和速度信息。本实例中每套液压缸将输出一组位移和速度信息，如图 10-26 所示。

还是以 Bucket 上的物理量为例进行说明。右击 DISP_BUCKET，将打开编辑对话框，如图 10-27 所示。

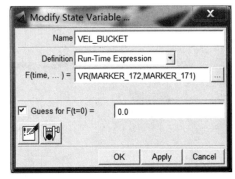

图 10-26　输出物理量

很明显，中间变量 DISP_BUCKET 实际承载的物理量是函数 DM(MARKER_172, MARKER_171)的返回值，即这两点的位移量，最终将该值传递到控制系统中。同理，右击 VEL_BUCKET，打开编辑对话框，这里承载的是速度函数 VR(MARKER_172,MARKER_171)的返回值，如图 10-28 所示。

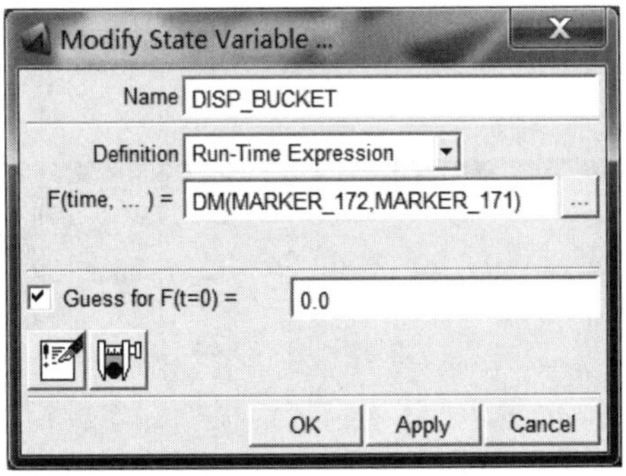

图 10-27　查看输出物理量——位移定义　　　　图 10-28　查看输出物理量——速度定义

第四步，创建关联文件。单击选项卡 Plugins 中的 按钮，然后选择 Plant Export，弹出 Adams/Controls Plant Export 对话框，按照图 10-29 所示进行设置。

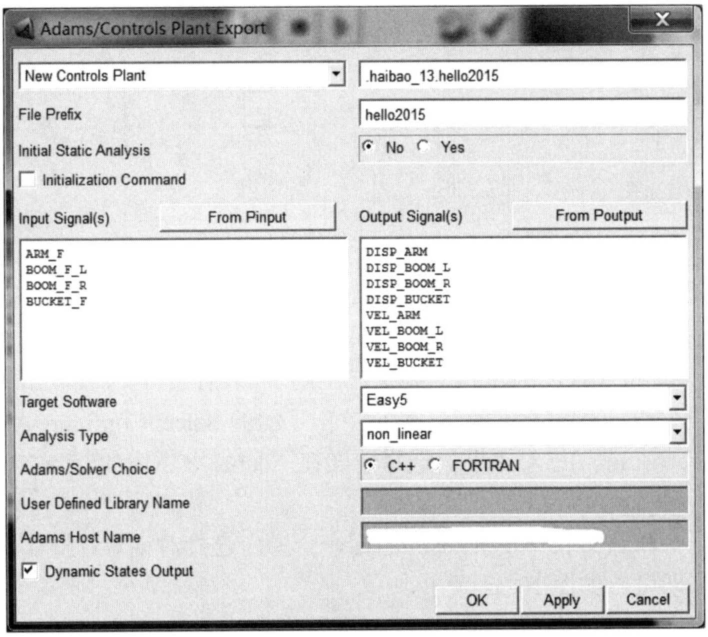

图 10-29　机械系统模型输出参数设置

单击 OK 按钮后，将在当前工作路径下生成一组新文件，包含模型文件以及关联文件.inf，如图 10-30 所示。

图 10-30　生成的文件列表

第五步，创建控制系统。在 Easy5 中搭建控制系统模型，根据已有的液压控制系统原理图，从模型元件库中拖拽元件到工作区，包括伺服阀、液压缸、激励信号、液压管道、油源、实时曲线查看窗口等，如图 10-31 所示。

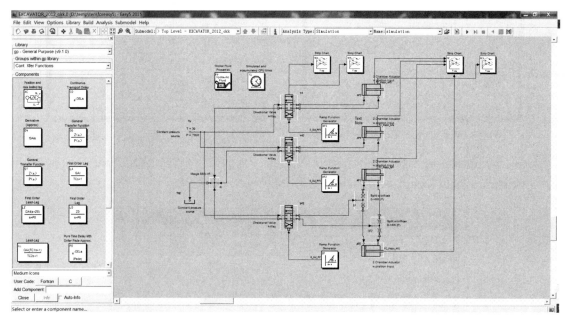

图 10-31　Easy5 中创建控制系统模型

然后将各个元件关联起来，并调整相关参数，完成控制系统的建模工作，如图 10-32 所示。

第六步，完成控制系统和机械系统的关联。在 Easy5 中，从 Extensions 库中选择 MSC.Software，将 Adams Mechanism 拖放到工作空间中，然后进行关联。双击 Adams Mechanism 图标，打开 Component Data Table 对话框，然后单击下面的 Select/Configure Adams Model 按钮，展开 Configure Adams .inf file 对话框，选择前面在 Adams 中生成的 hello2015.inf 文件，如图 10-33 所示。

然后单击液压缸和 Adams Mechanism 图标，会弹出连接对话对话框，这时按照对应的物理量将其关联起来即可，如图 10-34 所示。

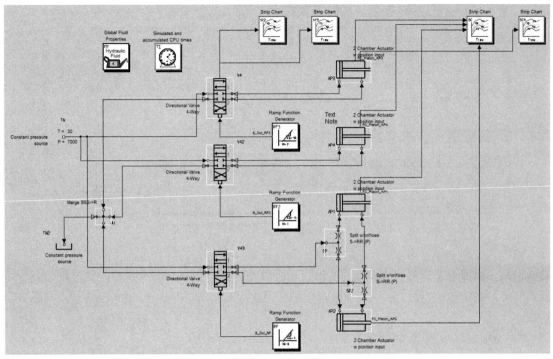

图 10-32　完成的液压控制系统模型

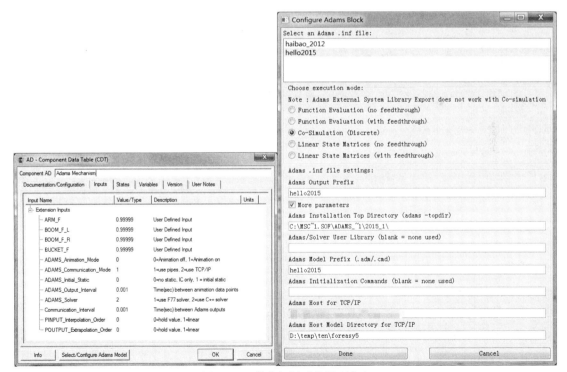

图 10-33　装载机械系统模型信息

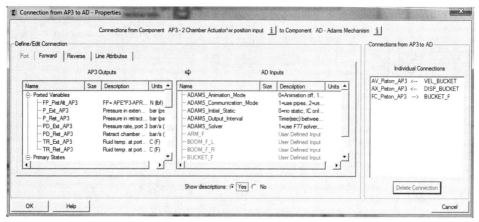

图 10-34　关联控制系统和机械系统物理量

第七步，在 Easy5 中单击▸按钮完成计算，计算完成首先会打开 Easy5 的后处理界面。由于这里选择的是后台运算，因此 Adams/View 窗口没有自动弹开，也没能在计算过程中查看动画。但可以将生成的后处理文件（如.gra、.res、.req 等）读入 Adams/PostProcessor 中完成查看工作。

2．Adams 与 Matlab 联合仿真

前面介绍的是将机械系统模型导入到控制系统中，并在控制软件中启动仿真。下面将以一个弹簧振子模型为例说明其逆过程，并且在这一过程中还将对控制系统参数进行优化操作。

第一步，启动 Adams/View，并打开光盘中的 spring_start.cmd 文件，然后确认加载控制模块 Adams/Controls，如图 10-35 所示。

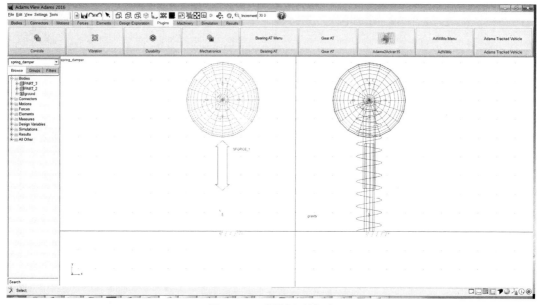

图 10-35　弹簧振子模型

图 10-35 中右边红色模型为一小球通过弹簧阻尼力连接在大地上；左边为一绿色小球通过单向力连接在大地上。两个小球质量完全相同，本例实现的意图是，利用 Matlab/Simulink 创

建的控制系统生成的力元信息添加到该单向力上，模拟右边弹簧阻尼力的力学特性，并对刚度和阻尼参数进行参数化修改。

这时可先对模型进行解算，会发现红色球在振动，而绿色球在做自由落体运动，这是由于当前还没有给绿色球同大地连接的单向力赋值，因此会有如此动作。

第二步，从 Adams/Controls 输出针对 Matlab 的 M 文件，设置如图 10-36 所示。

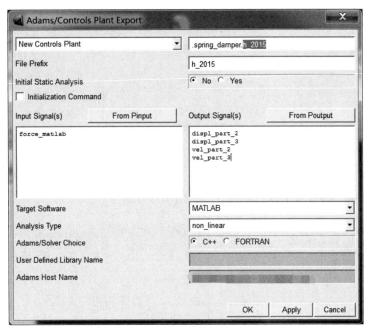

图 10-36　输出机械系统模型

第三步，启动 Matlab，并将工作路径设置到 Adams 的工作路径中。确认编译器关联好，使用命令 Mex -setup 选择 C++求解器，然后执行该 M 文件，并执行命令 setup_rtw_for_Adams。

第四步，处理 matlab_spring.mdl 模型。首先打开该模型，然后移除所有的交互式元件，如 Scope 等，如图 10-37 所示。

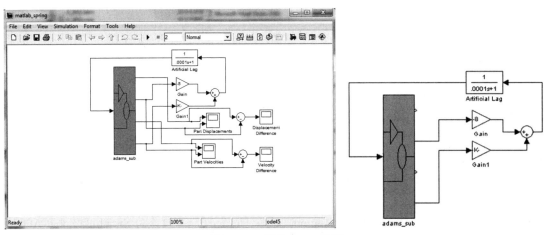

图 10-37　简化 MDL 模型

并且这里的 Adams_sub 元件也不适合 RTW 生成动态连接库文件，输入/输出需要专门的元件描述。在 Matlab 的命令窗口中录入 setio，弹出图 10-38 所示的模型。

图 10-38　设置输入/输出端口

结合这两组模型，并且将没有使用的输入量利用 Terminator 元件接地处理。然后修改名称（rtw_controller.mdl）进行存储，最终模型如图 10-39 所示。

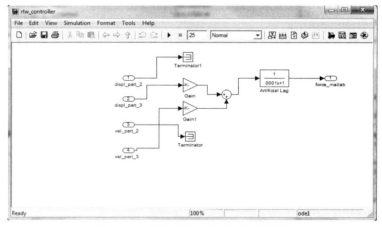

图 10-39　最终要输出的控制系统模型

第五步，创建控制系统参数变量。在 Matlab 主命令窗口分别录入以下命令，实现变量参数化，如图 10-40 所示。

k_stiffness= -8.0

c_damping = -0.033

第六步，RTW 操作。单击菜单 Simulation>Model Configuration Parameters，弹出 RTW 对话框，做如下修改设置：Code Generation 项中 System target file=rsim.tlc，Make command= make_rtw，Template makefile=rsim_default_tmf；Solver 项中 Stop time =0.25，Type=Fixed-step，Solver=ode1，如图 10-41 所示；Optimization 项中 Signals and Parameters 中 Simulation and code generation 下 Inline parameters=ture，单击 Configure 按钮，在 Global(tunable) parameters 列表中选择前面设置的变量 k_stiffness 和 c_damping，确保 Storage Class 设置为 SimulinkGlobal(Auto)，如图 10-42 所示。

```
>> setio
>> k_stiffness=-8

k_stiffness =

    -8

>> c_damping=-0.033

c_damping =

    -0.0330
```

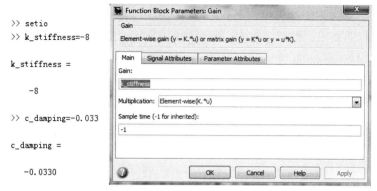

图 10-40　定义参数化变量

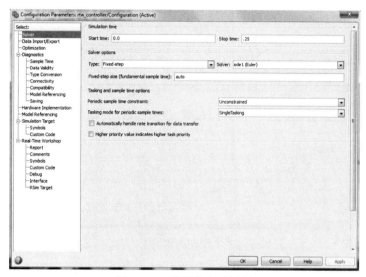

图 10-41　配置信息对话框

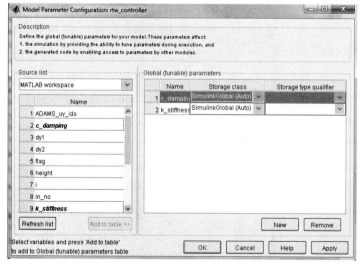

图 10-42　选择将要输出的设计变量

最后单击 Apply 按钮，然后单击 Build 按钮完成动态连接库的生成，在 Matlab 主命令窗口中有其动态过程的显示，最后会有提示明确说明成功生成：

Successful completion of Real-Time Workshop build procedure for model: rtw_controller

第七步，加载生成的动态连接库。返回到 Adams 中，选择控制模块中的 Control system>Import，弹出如图 10-43 所示的对话框，并作相关设置。

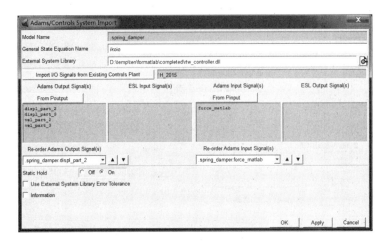

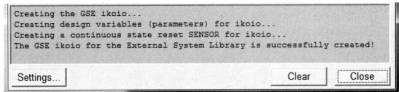

图 10-43 导入控制系统模型及提示信息

这时进行计算，可以发现两个小球的运动状态完全一样。这是因为添加在小球上的力学规律是完全一样的，即 F=k×X+C×V。这时可以打开弹簧阻尼力的编辑窗口，发现刚度和阻尼的值分别为前面设置的参数，如图 10-44 所示。

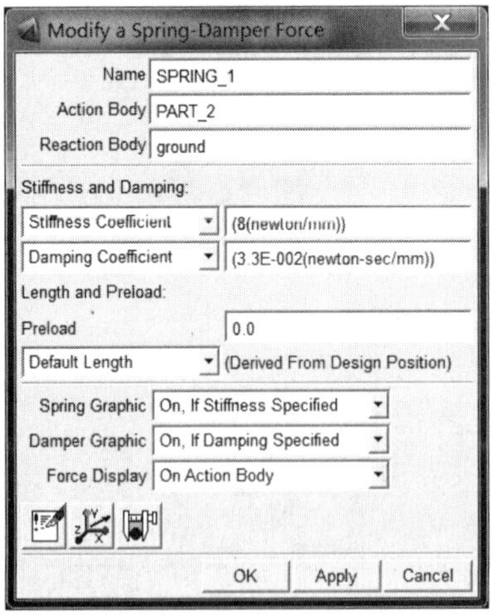

图 10-44 查看弹簧属性参数值

　　并且在表格编辑器中可以发现控制系统中建立的设计变量，这时可以利用 Adams 的优化功能对控制系统的关键参数进行优化设计，如图 10-45 所示。

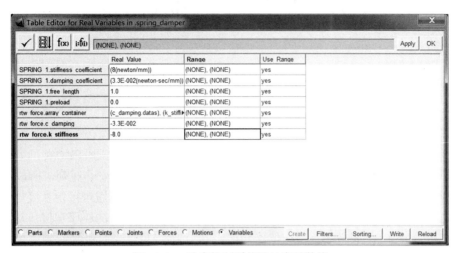

图 10-45　改变控制系统设计变量数值

第 11 章　履带车辆仿真分析

11.1　Adams/ATV 简介

相比轮式车辆而言，履带式车辆采用履带行走，就像铺了一道可以无限延长的轨道一样，使它能够平稳、迅速、安全地通过各种复杂路况。由于接地面积大，所以增大了坦克在松软、泥泞路面上的通过能力，降低了下陷量，而且履带板上有花纹并能安装履刺，所以在雨、雪、冰或陡坡路面上能牢牢地抓住地面，不会出现打滑现象。同时由于履带接地长度达 4～6m，诱导轮中心位置较高，所以可以通过壕沟、垂壁等路障，一般坦克的越壕宽度可达 2～3m，可通过 1m 高的垂直墙。履带还有一个特殊功能，在过河时，可以采取潜渡的方式在河底行走；若是浮渡履带，还可以像螺旋桨一样产生推进力，驱使车辆前进。正是因为这些卓越的越野机动性能，使得履带式车辆在兵器行业和工程机械行业得到广泛使用。

ATV Toolkit 是 Adams 用于履带式车辆动力学性能分析的专用工具，是分析军用或商用履带式车辆各种动力学性能的理想工具。

通过 ATV Toolkit，利用其提供的模板化的履带、车轮及地面模型，可快速建立履带式车辆系统整机模型。工具箱中提供了多种悬挂模式和履带模式，方便用户建立各种复杂的车辆模型。通过改进的高效积分算法，可快速给出计算结果，研究车辆在各种路面、不同车速和使用条件下的动力学性能，并进行方案优化设计。同时，模型中还可加入控制系统、弹性零件、用户自定义子系统等复杂元素，以使模型更为精确。

在 MSC Adams/ATV Toolkit 中，既可以建立完整的履带车辆模型，也可以建立简化的履带车辆模型，即 STRING TRACK MODEL，如图 11-1 所示。

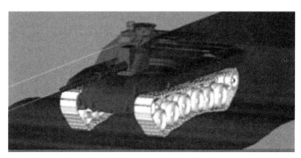

图 11-1　Adams/ATV 模型

11.2　ATV 建模元素

Adams/ATV 和 Adams/Car 一样都是基于模板子结构方式来创建整车模型的，但其有独立的安装程序，因此需要对应的 license 管理使用权限。Adams/ATV 的安装很简单，只需要将安装文件拷贝到 Adams 安装程序之下即可，然后配以有效的口令即可正常使用。安装目录范例：

C:\MSC.Software\Adams\2008r1

        \atv

        \common

        \help

        \win32　or　\win64

如图 11-2 所示为安装好的状态，蓝色的文件夹为拷贝过来的文件夹。

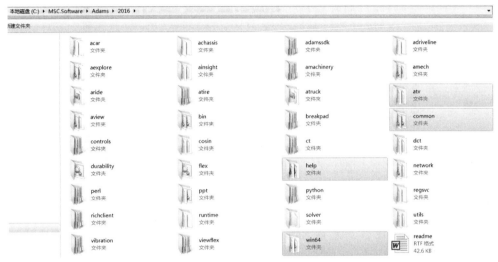

图 11-2　安装后 ATV 文件路径

对应的模板数据库如图 11-3 所示。

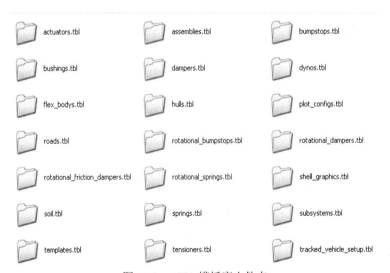

图 11-3　ATV 模板库文件夹

启动 Adams/ATV 时，既可以在 Adams/View 下也可以在 Adams/Car 下进行，单击 Tools>Plugin Manager，如图 11-4 所示加载 ATV（Adams Tracked Vehicle）Toolkit 即可。

图 11-4　ATV 加载

11.2.1　Track Wheel 创建

Track Wheel 创建对话框如图 11-5 所示。

图 11-5　Track Wheel 创建对话框

相关参数说明如下：

● Track Wheel Name：履带轮名称。

● Reference Frame：参考坐标系。

● Geometry Setting：几何体设置。

- Mass Properties：质量属性选项卡。
  - ➤ Mass：质量定义。
  - ➤ Ixx Iyy Izz：转动惯量定义。
  - ➤ CM Location Relative to Part：质心位置定义。
- Geometry：几何选项卡。
  - ➤ Wheel Radius：车轮半径。
  - ➤ Wheel Width：车轮宽度。
  - ➤ Number of Discs：车轮分盘数目，可以设置盘间距离（Disc Distance）。
  - ➤ Number of Teeth：轮齿数目。
  - ➤ Tooth Width：齿宽。
  - ➤ Tooth Height：齿高。
  - ➤ Tooth Length：齿长。
  - ➤ Flank Angle：牙侧角。
- Contact：接触选项卡。
  - ➤ Stiffness：刚度。
  - ➤ Damping：阻尼。
  - ➤ Force Exponent：指数。
  - ➤ Penetration：切入深度。
  - ➤ Validated length Unit for Stiffness Coefficient：单位。
  - ➤ Static Coefficient：静摩擦系数。
  - ➤ Dynamic Coefficient：动摩擦系数。
  - ➤ Stiction Transition Velocity：粘滞变化速度。
  - ➤ Friction Transition Velocity：摩擦变化速度。
- Radial Contract：径向接触。
- Ground Contact：地面接触。

11.2.2　Hull 创建

Hull 创建对话框如图 11-6 所示。

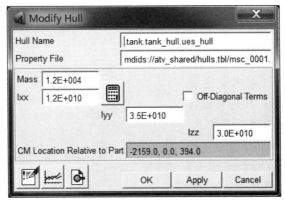

图 11-6　Hull 创建对话框

相关参数说明如下：

- Hull Name：车身名称。
- Reference Frame：车身部件参考坐标系。
- Geometry Setting：车身几何外形，使用标准文件或者用户自定义。
- Property File：车身属性文件。
- Mass：车身质量。
- IP：车身转动惯量。
- CM Location Relative to Part：车身质心位置。

11.2.3　Track Segment 创建

Track Segment 创建对话框如图 11-7 所示。

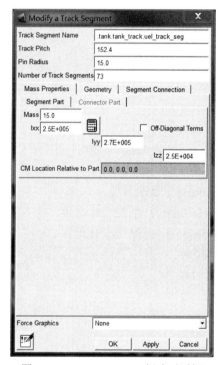

图 11-7　Track Segment 创建对话框

相关参数说明如下：

- Track Segment Name：履带板名称。
- Reference Frame：参考坐标系。
- Geometry Setting：几何体设置。
- Track Type：履带类型选择。
- Track Pitch：履带板间距。
- Pin Radius：履带销半径。
- Mass Properties 选项卡。
  - ➢　Mass：履带板质量。

> Ixx，Iyy，Izz：转动惯量。
> CM Location Relative to Part：质心位置。

● Geometry 选项卡，模型尺寸说明如图 11-8 所示。

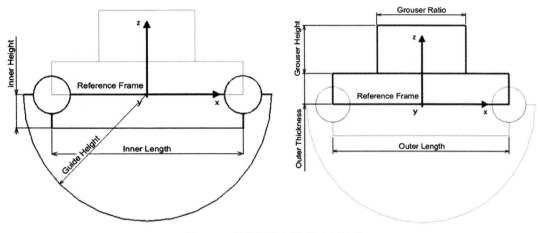

图 11-8　履带板几何模型尺寸说明

> Plates：
  Thickness，Inner：板内厚。
  Thickness，Outer：板外厚。
  Length，Inner：板内长。
  Length，Outer：板外长。
  Width，Inner：板内宽。
  Width，Outer：板外宽。
> Guide：
  Number of Guides：导向个数。
  Guide Width：导向宽度。
  Guide Height：导向高度。
> Grouser：
  Grouser Position：抓地齿位置。
  Grouser Ratio：抓地齿比率。
  Grouser Height：抓地齿高度。
> Tooth Hole：
  Number of Discs：分盘个数。
  Tooth Width：齿宽。
  Tooth Height：齿高。

● Segment Connection 选项卡。

> Unload Angle：无载角度。
> Translation Stiffness：滑移刚度。
> Translation Damping：滑移阻尼。

➢ Rotational Stiffness：转动刚度。

➢ Rotational Damping：转动阻尼。

➢ Crossterm Stiffness：橡胶履带界面刚度。

➢ Crossterm Damping：橡胶履带界面阻尼。

➢ Stiffness：接触力刚度。

➢ Damping：接触力阻尼。

➢ Force Exponent：接触力指数。

➢ Penetration：穿透量。

➢ Bend Angle：前弯角。

➢ Backbend Angle：后弯角。

➢ Static Coefficient：静扭转摩擦系数。

➢ Dynamic Coefficient：动扭转摩擦系数。

➢ Peak Velocity：峰值速度。

➢ Force Graphics：力元图标。

11.2.4　Force 创建

这里主要说明 Tensioner，如图 11-9 所示。

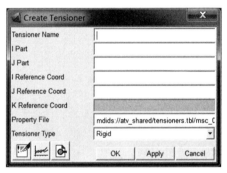

图 11-9　创建 Tensioner 对话框

相关参数说明如下：

● Tensioner Name：张紧器名称。

● I Part：部件 1。

● J Part：部件 2。

● I Reference Coord：参考坐标系 1。

● J Reference Coord：参考坐标系 2。

● K Reference Coord：可选参考坐标系。

● Property File：属性文件。

● Tensioner Type：张紧器类型。

11.2.5　Actuator 创建

这里主要说明 Dyno，如图 11-10 所示。

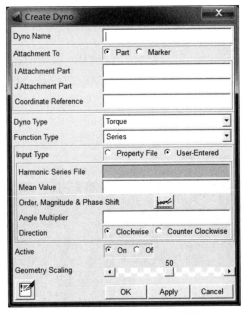

图 11-10 创建 Dyno 对话框

相关参数说明如下：

- Dyno Name：驱动名称。
- Attachment To：附着方式。
- I Attachment Part：附着部件 1。
- J Attachment Part：附着部件 2。
- Coordinate Reference：参考坐标系。
- I Marker Name：附着点 1。
- J Marker Name：附着点 2。
- Dyno Type：驱动类型。
- Function Type：函数类型。
- Input Type：文件输入类型。
- Harmonic Series File：简谐文件。
- Mean Value：平均值。
- Order，Magnitude & Phase Shift Angle Multiplier：角度乘子。
- Direction：方向设置。
- Active：激活状态。
- Geometry Scaling：几何体比例。

11.3　实例

11.3.1　定义模板

通过本例帮助用户理解 Adams/ATV 中创建模板的流程，这里创建的模型为负重轮悬架装置，其间涉及到 Adams/Car 及 Adams/ATV 的建模元素的应用，最后将建立好的模板保存到数据库中以备调用。

第一步，启动 Adams/Car，然后加载 Adams/ATV，按照前述方式进行加载即可。也可以启动 Adams/View，然后加载 Adams/ATV，只不过这时需要修改配置文件 atv_aview.bat。然后设置为模板方式，通过单击菜单 Tools>ATV Template Builder，当然也可以在启动 Adams/Car 时直接进入模板方式，如图 11-11 所示。

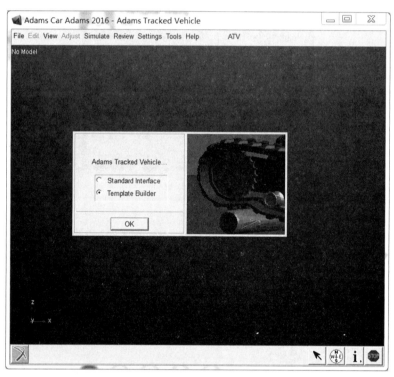

图 11-11　Adams/Car 启动界面

第二步，创建模板——悬架部件。首先就是创建模板文件，基于此文件创建悬架系统。这里需要说明的是，Adams/ATV 的模板建模特点同 Adams/Car 是完全一样的，基于不同的角色完成模板建立工作。这里对悬架系统赋予的角色为 track_holder，这样就给 ATV 传递了如下信息：在进行履带系统缠绕时，这个轮子是其中之一。

首先单击菜单 File>New，名称设置为 haibao_wheel，角色为 track_holder，按图 11-12 所示进行设置。

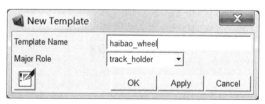

图 11-12　创建新模板

单击 OK 按钮后将在工作空间出现一些标记点，如图 11-13 所示。

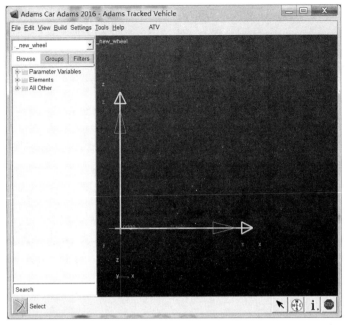

图 11-13　定义模板初始状态

在 ATV 中一般通过三个步骤完成部件系统的创建，即创建硬点、创建部件及几何体、创建约束关系及力元。

第三步，创建模板——硬点。硬点（Hardpoint）用来标示关键位置，本例中需要定义三个硬点：悬架与车体相连点、悬架臂弯折点及车轮中心点。单击菜单 Build>Hardpoint>New，按图 11-14 所示的信息完成三个硬点的定义。

第四步，创建模板——悬架臂。单击菜单 Build>Parts>General Part>Wizard...，按图 11-15 所示的信息进行录入。

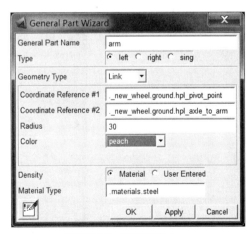

Hardpoint Name	Type	Location
pivot_point	left	0.0, -700.0, 0.0
axle_to_arm	left	350.0, -700.0, -200.0
road_wheel_center	left	350.0, -1000.0, -200.0

图 11-14　创建硬点定位

图 11-15　创建旋臂 Arm

添加车轴几何体，单击菜单 Build>Geometry>Link>New...，按图 11-16 所示进行设置。

第五步，创建模板——车轮。在创建车轮之前需要一个局部坐标系，在车轮中心点的位置上创建该坐标系，单击菜单 Build>Construction Frame>New...，按图 11-17 所示进行设置。

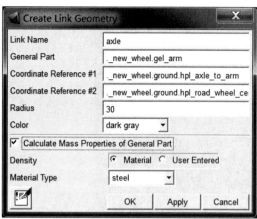

图 11-16　创建车轴 Axle

图 11-17　创建车轮参考坐标系

这时进行车轮创建，单击菜单 ATV>Track Wheel>New...，弹出车轮定义对话框，按图 11-18 所示进行设置。

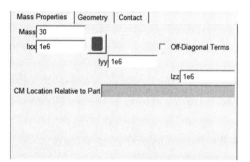

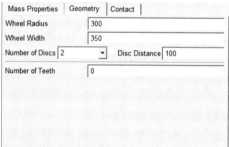

图 11-18　创建车轮模型

第六步，创建模板——Mount 部件。这里创建的悬架系统模板将来装配时需要与车体相连，因此当前需要定义一个用于替换车体的部件，以便在当前模板中将悬架与车体相连的约束关系定义好。Mount 部件的作用就在于此，将来完成替换任务时，它也将被抑制掉。为了方便找寻，需要定义一个可以匹配的名称，用来与车体模板中的 Mount 部件进行通信。

单击菜单 Build>Parts>Mount>New...，弹出 Mount 定义对话框，按图 11-19 所示设置完成。

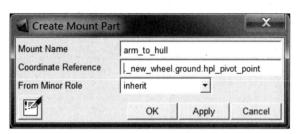

图 11-19　创建 Mount 部件

第七步，创建模板——约束关系。部件已经建立好，下面就是根据实际机械原理完成部件之间的拓扑关系的定义，在定义这些关系之前首先需要创建一个参考坐标系。单击菜单 Build>Construction Frame>New...，弹出定义对话框，按图 11-20 进行设置。

然后定义悬架系统同车体之间的旋转副，当然，此时代表车体的部件就是前面定义的 Mount 部件，单击菜单 Build>Attachments>Joint>New...，弹出定义对话框，按图 11-21 进行设置。

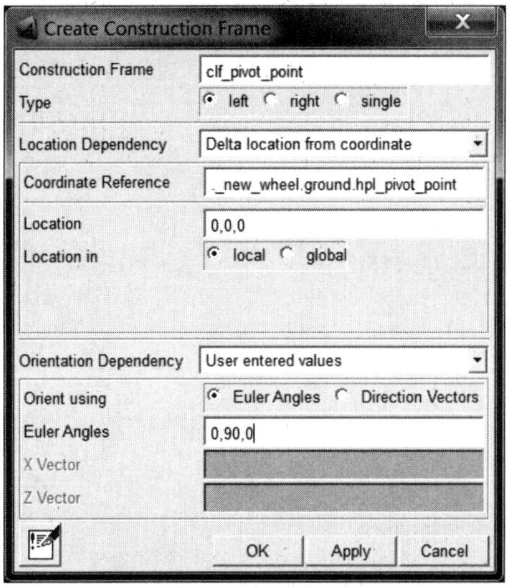

图 11-20　创建参考坐标系 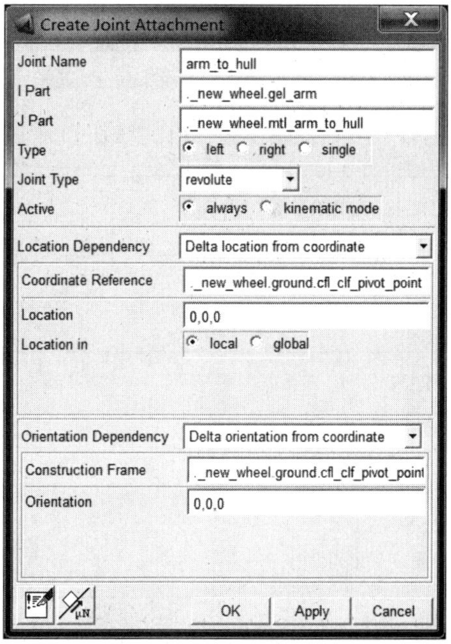　　　　　图 11-21　创建连接关系

同样地，在悬架臂和车轮之间也定义一个旋转副，如图 11-22 所示。

这时虽然完成了约束关系的创建，但用户肯定会有些疑问，为何必须设置那个参考坐标系呢？这是因为用这种基于模板的方式创建模型时，约束关系的滑移方向或者转轴方向都是提前规定好的，比如这里的旋转副的转轴方向必须为 Z 轴方向，所以这里先创建一个局部坐标系，然后将其旋转到需要的指向，定义旋转副时再选择这个局部坐标系即可。

第八步，创建模板——力元。在悬架臂同车体相连的地方定义一个扭簧力元、回转阻尼力元和回转止挡力元。首先创建扭簧力元，单击菜单 ATV>Forces>Rotational Spring>New...，弹出定义对话框，按图 11-23 所示进行设置。

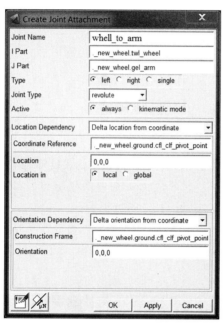

图 11-22　创建悬臂与车轮的连接关系

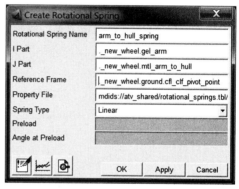

图 11-23　创建扭簧力元对话框

其中，还可以单击左下角的按钮查看属性文件的信息，显示如下非线性刚度曲线数据点：

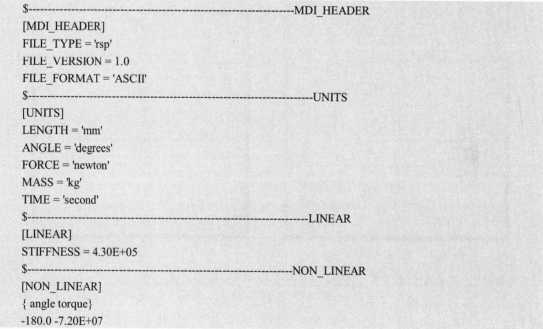

```
$-----------------------------------------------------------MDI_HEADER
[MDI_HEADER]
FILE_TYPE = 'rsp'
FILE_VERSION = 1.0
FILE_FORMAT = 'ASCII'
$-----------------------------------------------------------UNITS
[UNITS]
LENGTH = 'mm'
ANGLE = 'degrees'
FORCE = 'newton'
MASS = 'kg'
TIME = 'second'
$-----------------------------------------------------------LINEAR
[LINEAR]
STIFFNESS = 4.30E+05
$-----------------------------------------------------------NON_LINEAR
[NON_LINEAR]
{ angle torque}
-180.0 -7.20E+07
```

```
-130.0 -5.20E+07
-100.0 -4.00E+07
-60.0 -2.40E+07
-40.0 -1.60E+07
-10.0 -4.00E+06
-4.0 -1.60E+06
-1.0 -4.00E+05
0.0 0.0
1.0 4.00E+05
4.0 1.60E+06
10.0 4.00E+06
40.0 1.60E+07
60.0 2.40E+07
100.0 4.00E+07
130.0 5.20E+07
180.0 7.20E+07
```

第九步，创建模板——回转阻尼力元。单击菜单 ATV>Forces>Rotational Damper>New...，弹出定义对话框，按图 11-24 所示进行设置。

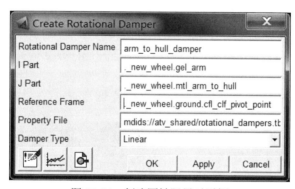

图 11-24　创建回转阻尼对话框

第十步，创建模板——回转止挡力元。单击菜单 ATV>Forces>Rotational Bumptop>New...，弹出定义对话框，按图 11-25 所示进行设置。

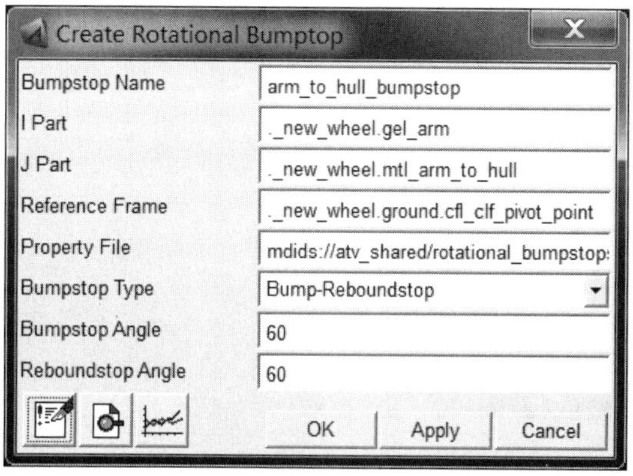

图 11-25　创建回转止挡对话框

第十一步，存储创建的模板文件。单击菜单 File>Save As...，弹出如图 11-26 所示的对话框，完成设置。

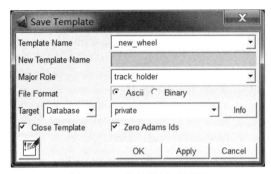

图 11-26　存储模板对话框

相应地，在 private 数据库中可以发现刚刚建立的模板文件 new_wheel.tpl。

11.3.2　建立整车

建完车辆总成的各个模板后，就可以将其组装成整车，这里的操作同 Adams/Car 是完全一样的，但是对于履带车，其履带系统的创建在 Adams/ATV 中有专门的功能方便用户实现。本例将重点描述履带的缠绕、驱动力及提交计算的设置。

第一步，加载模型。启动 Adams/Car，选择 Standard Interface 模式，加载 Adams/ATV，单击菜单 File>Open>Assembly，弹出打开装配体对话框。然后在右键快捷菜单中选择 Search 命令，查找<atv_shared>/assemblies.tbl，最后选择装配文件 tank.asy，如图 11-27 所示。

图 11-27　加载坦克模型

这时在 MessageWindow 中会出现一系列的信息提示，说明各个总成的加载过程。

```
Opening the assembly: 'tank'...
Opening the hull subsystem: 'tank_hull'...
Converting template from version 2013.2 to 2014.0 ...
--------------------------------------------------
- Converting Hull: ues_hull...
--------------------------------------------------
Template has been converted to version 2014.0.

Converting template from version 2014.0 to 2015.0 ...
--------------------------------------------
--------------------------------------------------
Template has been converted to version 2015.0.

Converting template from version 2015.0 to 2015.1 ...
```

```
-----------------------------------------------
-----------------------------------------------
Template has been converted to version 2015.1.

Converting template from version 2015.1 to 2016.0 ...
-----------------------------------------------
-----------------------------------------------
Template has been converted to version 2016.0.
......
......
Assignment of communicators completed.
Assembly of subsystems completed.
Tracked vehicle assembly ready.
```

单击 Close 按钮将信息窗口关闭，这时不包含履带系统的车辆模型将出现在 Adams 工作空间中，如图 11-28 所示。

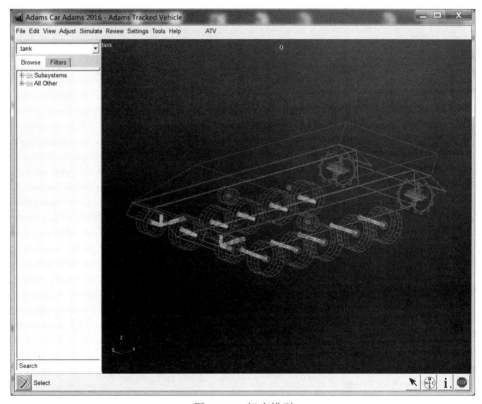

图 11-28　坦克模型

第二步，履带缠绕。单击菜单 ATV>Tracked Vehicle Dynamic Track>Dynamic Track Wrapping，弹出 Dynamic Track Wrapping 对话框，这里可以指定履带模型类型——3D Dynamic Track 或者 3D Dynamic Track - Analytical；然后在 Track Systems 选项卡中，选择对称类型为半车或者整车，因为履带包含许多履带板，因此计算时需要较大的计算资源，为了快速计算可以选择 Half Vehicle 单选项。如图 11-29 所示，选用 Full Vehicle 单选项进行履带缠绕。

图 11-29　履带缠绕

单击 Wrap 按钮，开始缠绕工作，在信息窗口中展现如下信息：

Starting Tracked Vehicle Setup for　.tank
Reading soil property file...
Done reading soil property file.
Start wrapping the track system defined by 'uer_track_seg'
Track Holder wrapping order:
1 : .tank.tank_sprocket.twr_wheel　　　　　　(07)
2 : .tank.tank_road_wheel5.twr_wheel　　　　　(06)
3 : .tank.tank_road_wheel4.twr_wheel　　　　　(05)
4 : .tank.tank_road_wheel3.twr_wheel　　　　　(04)
5 : .tank.tank_road_wheel2.twr_wheel　　　　　(03)
6 : .tank.tank_road_wheel1.twr_wheel　　　　　(02)
7 : .tank.tank_idler.twr_idler_wheel　　　　(01)
8 : .tank.tank_support_roll.twr_support_roll　(08)
Creating segment tsr_track_seg__1
Creating segment tsr_track_seg__2
Creating segment tsr_track_seg__3
Creating segment tsr_track_seg__4
Creating segment tsr_track_seg__5
……
Creating segment tsl_track_seg__71
Creating segment tsl_track_seg__72
Creating segment tsl_track_seg__73
Updating track locations
Updating track segment connections
Creating forces between segments and track holders
Done removing soft soil forces
Creating forces between segments and ground
Removing shelf contacts (if any) ...
Done wrapping the track system defined by 'uel_track_seg'
Wrapping time: 102 seconds

单击 Close 按钮完成缠绕，工作空间中的履带车已经具有履带系统和路面了，如图 11-30 所示。

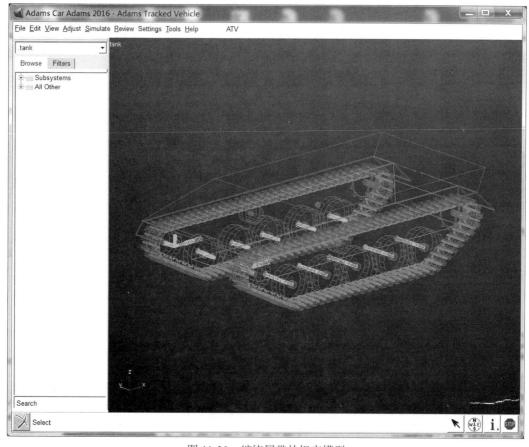

图 11-30　缠绕履带的坦克模型

第三步，设置路面参数。通过定义履带车辆与地面之间的接触来设置路面信息，从而在后续的设置中可以设置驱动来运行行驶工况的仿真，并得到对应的力等参数。在 Road Setup 选项卡中确定地面属性及路面几何文件，这里可以选择硬路面或软土路面，还可以设置车身与地面接触撞击时的属性文件，路面几何文件可以使用路面数据文件或者路面几何体描述，并可对其在工作空间中的位置及方位进行设置。

单击 ATV 菜单，选择 Trace System Dynamic Track>Hard Road Setup，在 Track Segment 下选择 Road Data Files，设置 Nomber Of Road Data Files 为 1，右击 Road Data File，选择 Search -<atv_shared>/roads.tbl，选择 flat.rdf，右击 Soli Property File，选择 Search -<atv_shared>/ soil.tbl，选择 msc_.spf，如图 11-31 所示，完成路面参数设置。

第四步，定义车辆驱动。为了使车辆行驶，需要对其进行驱动，本例模型中包含简单的动力系统，并与链轮关联，在驱动轴上施加一个 Motion 就可驱动车辆了。这个 Motion 使用一个 Step 函数定义，从 0 到 1 秒钟将转速从 0 提升到用户指定的数值，而这个数值可通过调整参数化变量进行设置，单击菜单 Adjust>Parameter Variable>Table，弹出参数变量编辑对话框，将 pvl_sprocket_angular_velocity 设置为 90，并单击 OK 按钮完成修改，如图 11-32 所示。

图 11-31　设置硬路面设置

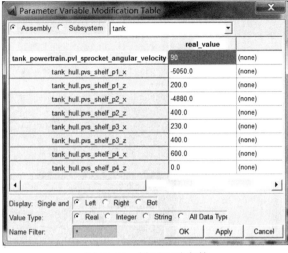

图 11-32　设置驱动参数

第五步，定义输出请求。为了查看履带板及其连接处的速度、受力及位移变化，还有与地面和车轮间的接触力等情况，需要设置输出请求。这里定义第一节履带板的输出请求，单击菜单 ATV>Request>Track Segment Request>Create，弹出定义对话框，然后选择 1 号履带板，其他保持默认设置，如图 11-33 所示。

第六步，求解器设置及任务提交。在开始整车计算之前，需要调整一下静态及动力学求解器，单击菜单 Settings>Solver>Dynamics...，弹出求解器定义对话框，如图 11-34 所示，勾选左下角的 More 复选框，确认 Hmax=0.001；Interpolate=Yes，单击 Close 按钮关闭该对话框。

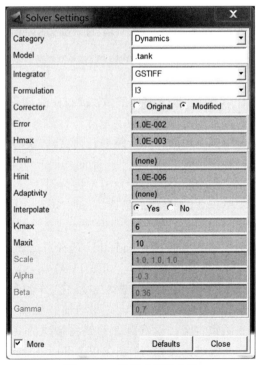

图 11-33　设置输出请求　　　　　　　　图 11-34　设置求解器参数

然后单击菜单 Simulate>Tracked Vehicle Analysis>Submit，弹出履带车分析对话框，按图 11-35 所示进行设置。还可以对履带的张紧方式进行设置，单击图 11-35 中的 Setup 按钮，按图 11-36 所示进行设置。

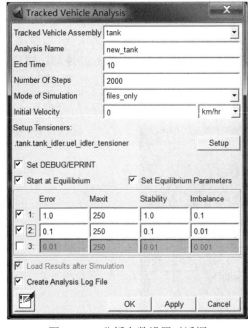

图 11-35　分析参数设置对话框　　　　　图 11-36　设置 Tensioner 类型

单击图 11-35 中的 OK 按钮后，信息窗口中将展现如下信息，完成计算文件的生成。

Setting initial velocities...
Setting initial velocities completed.
Reading in property files...
Reading of property files completed.
Writing tensioner array...
Writing of tensioner array completed.
Writing ACF-file...
ACF-file written successfully.
Writing assembly information to Adams/Solver dataset...
Adams/Solver files written successfully.

第七步，利用 Adams/Solver 进行求解。从命令窗口中启动 Adams，注意工作路径设置到前面文件生成的地方，使用命令 mdadams2011_x64 ru-s new_tank_10.acf 开始仿真计算，并形成后处理结果。这样可以在 Adams 中完成动画及曲线的绘制。之所以用这种方式进行计算，是因为一般履带车的计算量都很大,使用外部求解的方式可以在其处理过程中不中断对计算机的其他使用需求，当然也可以使用交互方式处理。

第 12 章　齿轮仿真分析

齿轮是机械系统中常用的传动部件，且已形成标准化和系列化。齿轮传动就是利用齿轮间的轮齿相互啮合传递动力和运动的机械传动，具有结构紧凑、效率高、寿命长、传动比精确的特点，工作可靠，使用的功率、速度和尺寸范围大，因此在现代工业中得到了普遍使用。典型传动系如图 12-1 所示。

图 12-1　典型齿轮传动系

由于其使用的广泛性，因此必须提高齿轮传动的设计水平，才能解决实际生产中面临的各种问题，也只有对齿轮传动系统的各个细节进行了全面分析与处理，才能将齿轮传动的优势发挥出来。

拿齿轮传动系统的关键部件——齿轮来说，就有很多参数来描述它，模数、齿数、分度圆直径、齿顶、齿根、压力角、变位系数等。这些参数之间相互关联、相互影响，它们不仅影响传动效果，而且影响自身结构受力。

齿轮的失效形式有很多，但主要体现在轮齿失效上，如轮齿折断、齿面点蚀、齿面磨齿面胶合以及塑性变形等。这反映到 CAE 领域中属于结构分析软件的工作，但是不管上述哪种失效形式都是因为某一时刻轮齿的受力超过了某个允许值而造成的，而对这个力的求解一般是机构分析软件的任务。

齿轮传动是靠齿和齿之间的啮合来实现的，由于实际使用中轮齿啮合之间存在间隙，这样就必然使得啮合传动会产生噪声。并且从数学角度来说，这是个非线性的问题，从形式上来说，这个啮合力是动态变化的。啮合力的动态性对轮齿的疲劳、失效有着巨大的影响。

从齿轮的几何方面来看，有摆线齿廓、渐开线齿廓以及圆弧齿廓等众多类型，在齿与齿啮合时效果各异，其中渐开线式的目前应用最为广泛。齿轮的变位系数在优化齿轮传动以及方便装配等方面都有好处。轮齿修形也是对传动稳定性有巨大影响的一个重要因素。

12.1　Adams 齿轮模块简介

针对齿轮传动，MSC Adams 提供不同详细程度的分析方式和仿真工具。

12.1.1　Adams 齿轮副

只考虑传动比等运动关系时，使用 Adams 的齿轮副可以创建各种类型的齿轮传动形式，如直齿、螺旋齿、蜗轮蜗杆、行星齿轮等类型，如图 12-2 所示。

图 12-2　简单齿轮传动模型

12.1.2　Adams/Gear Generator

考虑齿轮之间的啮合力、变位系数时，使用 Adams 的插件工具 Gear Generator 可以实现各种齿轮传动形式的建模，如图 12-3 和图 12-4 所示。

图 12-3　建立的相关模型

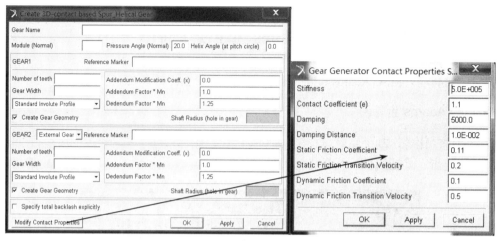

图 12-4　齿轮建模参数及啮合力设置参数

12.1.3　Adams/GearAT

考虑齿轮间的啮合力、变位系数以及轮齿修形时，使用 Adams 的插件工具 Gear AT 可以实现各种齿轮传动形式的建模及啮合力的相关参数设置，如图 12-5 至图 12-8 所示。

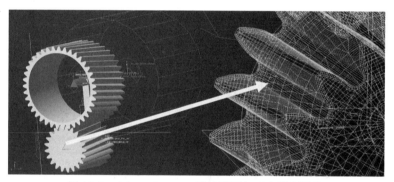

图 12-5　Adams Gear AT 齿轮模型与对应模型网格

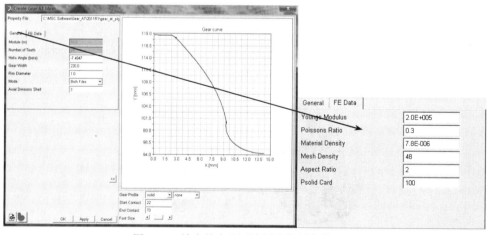

图 12-6　轮齿轮廓及网格划分控制参数设置

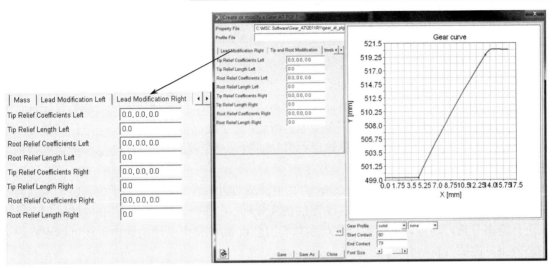

图 12-7　轮齿轮廓参数及修形参数

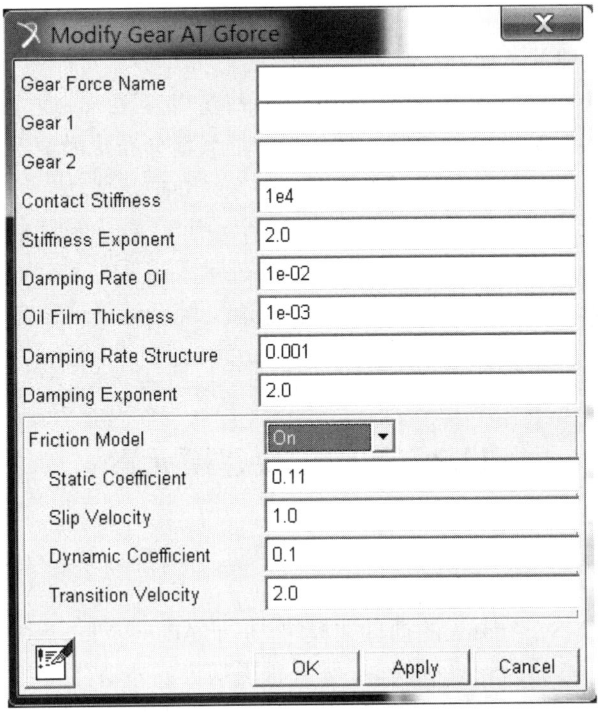

图 12-8　齿轮啮合力的参数设置

　　Adams Gear AT 是 MSC Software 公司推出的高级齿轮仿真分析模块，作为 Adams 软件的一个插件与其集成为一体。用户使用高级齿轮仿真分析模块，可以在 Adams 的动力学仿真环境中完成完整的传动系设计及高保真的系统仿真，包括详细的齿轮和轴承的建模及优化。

　　在现代工业的几乎所有环节都可见到高性能的传动系，如机械装备、汽车、航空航天、医疗器械、风力发电装置和其他产品中。传动系需要达到如下要求：轻量化、噪音小、振动小，可在苛刻条件下操作运行，开发设计要在短期内完成。

传统的传动系设计仅仅考虑静态情况，但这时不能满足现代设计的要求。对传动系统进行解耦分析存在较大的设计风险，并且会造成开发费用的增加和开发周期的延长。因此，从系统工程和可靠性的分析要求上来说，必须对系统动力学进行准确预估。

如果使用传统的动力学计算方法，虽然计算速度可以保证，但计算精度总是差强人意；如果利用单纯的有限元计算方法，虽然计算精度可以达到要求，但是计算速度又成为设计过程的短板，不能满足现代快周期的设计任务要求。因此，为了既保证计算速度又考虑计算精度的苛刻要求，在动力学计算和有限元计算这两种方法间找到一个较好的平衡点，综合运用这两种方法成为解决工程问题的一种较好的方法。

Adams Gear AT 是基于 MSC Adams 的完全瞬态动力学解决方案。基于这套仿真工具可以结合静态和动态的分析方法，完成传动系的仿真分析。在整个设计过程中，相同的模型可以用来进行静态分析，还可以进行某一传动系总成的分析和/或整个系统的建模。还可以观察相关动态效果，比如齿轮啮合等。

设计人员可以设计出性能最优的传动系统，可以同步接收并考虑齿轮和轴承上的位移、变形和应力的信息，因为许多模型包含柔性体和相互作用的部件总成。用户还可以任意简化总成来加速计算和评估控制系统的优劣。

利用 Gear AT 可完成的工作有：
- 直齿、螺旋齿等各种内外啮合齿轮的建模与仿真。
- 高级的齿轮接触算法可以计算不同齿形上的载荷分布接触情况，使用微小修正法，结合柔性体可以考虑轮距和不对齐情况，与系统总成集成。
- 可以生成基于已建标准的大量数据和动画，帮助工程人员评估传动系设计的好坏。

使用 Adams Gear AT 时，除了 Adams 的支持外，还需要对应有限元软件的支持，Patran 负责网格的划分，Nastran 负责相关有限元问题的求解，综合运用这三方面的软件实现 Gear AT 总体功能的优势。

12.2 齿轮模块建模元素

12.2.1 Adams/Gear Generator

Gear Generator 是 MSC Adams 的插件式模块，基于 Adams/View 运行。使用 Gear Generator 可以方便快速地建立逼真的齿轮系统模型，如各种内啮合或外啮合的直齿轮、锥齿轮和螺旋齿轮等。Gear Generator 在创建齿轮几何形体的同时还会定义齿轮啮合力，同时将齿轮力和齿轮几何形体作用并添加到已存在的部件上。用户可以创建以下三类齿轮模型：
- 简化的直齿轮、螺旋齿轮和锥齿轮：使用用户指定的间隙。
- 详细的直齿轮：使用渐开线函数计算啮合力。
- 详细的直齿轮、螺旋齿轮和锥齿轮：使用 Adams/View 的接触算法计算齿轮啮合力，可使用快速的壳单元对壳单元的接触算法。

单击菜单 Tools>Plugin Manager，加载 Gear Generator，如图 12-9 所示。

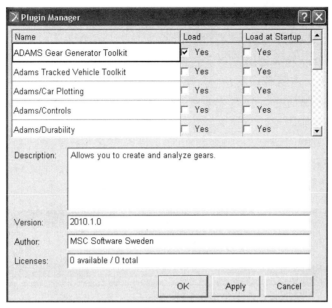

图 12-9 加载 Gear generator

简化的直齿轮定义如图 12-10 所示。

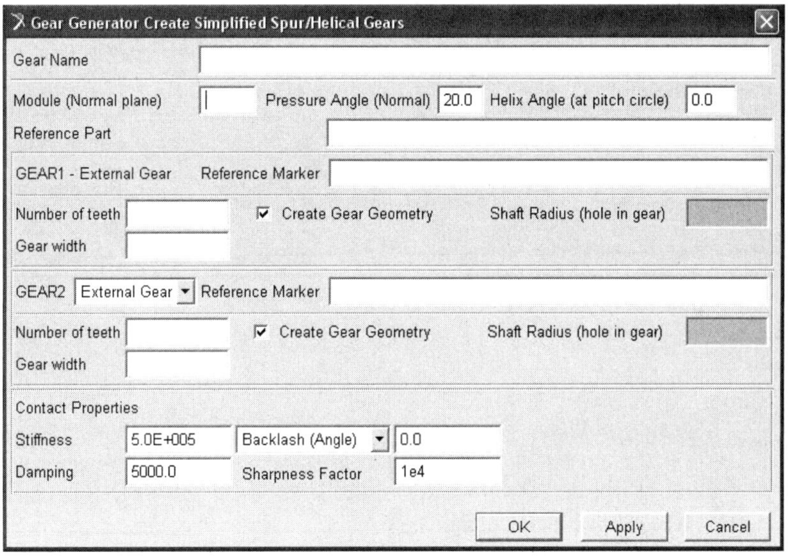

图 12-10 简化的直齿轮定义对话框

参数说明如下：

- Gear Name：定义齿轮组的名称。

- Module(Normal plane)：齿轮模数。

- Pressure Angle(Normal)：压力角，默认为 20°。

- Helix Angle (at pitch circle)：分度圆上的螺旋角。

- Reference Marker：齿轮一的参考 Marker 点。

- Number of teeth：齿数。

- Gear width：齿宽。

- Shaft Radius (hole in gear)：齿轮轴孔半径。

- External Gear：外啮合齿轮。

- Internal Gear：内啮合齿轮。

- Stiffness：接触刚度。

- Damping：接触阻尼。

- Backlash：齿侧间隙。

- Sharpness Factor：锐度因子。

详细的直齿轮定义如图 12-11 所示。

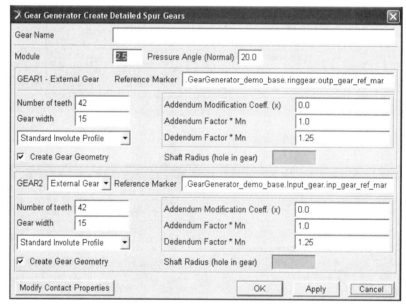

图 12-11 详细的直齿轮定义对话框

参数说明如下：

- Gear Name：定义齿轮组的名称。

- Module：齿轮模数。

- Pressure Angle(Normal)：压力角，默认为 20°。

- Reference Marker：齿轮一的参考 Marker 点。

- Number of teeth：齿数。

- Gear width：齿宽。

- Standard Involute Profile：标准渐开线轮廓，对应参数为：

  - Addendum Modification Coeff.(x)：变位系数。

  - Addendum Factor * Mn：齿顶高系数。

  - Dedendum Factor * Mn：齿根系数。

- Modified Involute Profile：可修改渐开线轮廓，对应参数为：

  - Tooth Thickness：分度圆上的齿厚。

> ➢ Tip Radius：齿顶修形半径。

> ➢ Foot Radius：齿根修形半径。

● Shaft Radius (hole in gear)：齿轮轴孔半径。

● External Gear：外啮合齿轮。

● Internal Gear：内啮合齿轮。

3D 接触式定义如图 12-12 所示。

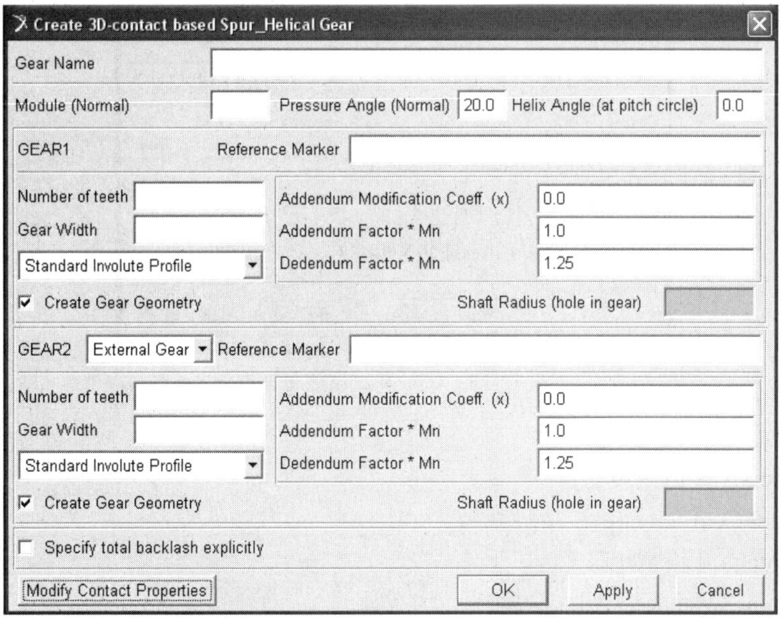

图 12-12　3D 接解式定义对话框

参数说明如下：

● Gear Name：定义齿轮组的名称。

● Module：齿轮模数。

● Pressure Angle(Normal)：压力角，默认为 20°。

● Reference Marker：齿轮一的参考 Marker 点。

● Number of teeth：齿数。

● Gear width：齿宽。

● Standard Involute Profile：标准渐开线轮廓，对应参数为：

> ➢ Addendum Modification Coeff.(x)：变位系数。

> ➢ Addendum Factor * Mn：齿顶高系数。

> ➢ Dedendum Factor * Mn：齿根系数。

● Modified Involute Profile：可修改渐开线轮廓，对应参数为：

> ➢ Tooth Thickness：分度圆上的齿厚。

> ➢ Tip Radius：齿顶修形半径。

> ➢ Foot Radius：齿根修形半径。

● Shaft Radius (hole in gear)：齿轮轴孔半径。

- External Gear：外啮合齿轮。
- Internal Gear：内啮合齿轮。

接触定义如图 12-13 所示。

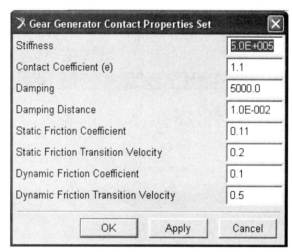

图 12-13　接触参数设置对话框

参数说明如下：
- Stiffness：接触刚度。
- Contact Coefficient(e)：接触系数。
- Damping：接触刚度。
- Damping Distance：切入深度。
- Static Friction Coefficient：静摩擦系数。
- Static Friction Transition Velocity：静摩擦转变速度。
- Dynamic Friction Coefficient：动摩擦系数。
- Dynamic Friction Transition Velocity：动摩擦转变速度。

12.2.2　Adams/Gear AT

Gear AT 是 Adams 的另一个齿轮模块。根据前面的介绍，其基于多体理论和有限元理论，完成齿轮的几何建模和啮合力的创建。如图 12-14 所示为使用 Adams/Gear AT 的数据流程图。

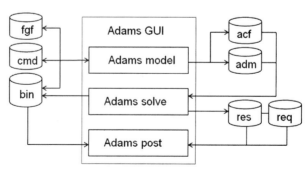

图 12-14　数据流程

齿轮的属性参数存储在 fgf 文件中，而 Adams 的模型输入文件为 cmd 或 bin 文件。在图形界面交互模式下，用户可以直接调用 Solve 和 Post 模块，当然用户也可以以后台方式提交任务，这时要使用 acf 和 adm 文件。仿真结束后，结果数据存储到 bin、req 和 res 文件中，在 Post 界面下可查看各种数据曲线。

单击菜单 Tools>Plugin Manager，加载 Gear AT，如图 12-15 所示。

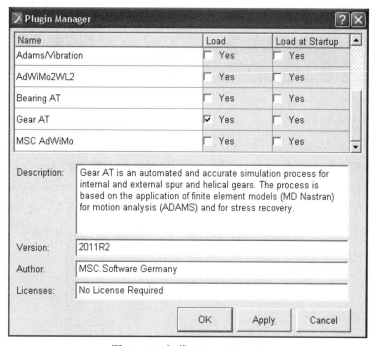

图 12-15　加载 Adams/GearAT

当然，在 Adams/Gear AT 安装时需要选择对应的 Patran 和 Adams 版本，并且安装完毕后会在桌面上生成一个启动图标，如图 12-16 所示。因此用户也可以直接单击这一启动图标，将 Adams 和 Adams/Gear AT 一同启动。

图 12-16　启动 Adams/Gear AT 图标

这里将对 Adams/Gear AT 的建模元素进行说明。使用 Adams/Gear AT 主要进行 4 个方面的设置：

- 齿轮属性前处理，完成几何尺寸设置，生成 fgf 数据文件。
- 齿轮单元添加，将创建的齿轮几何体添加到系统模型的指定位置。
- 接触力添加，设置接触力的各个参数值。
- 计算结果输出，通过设置输出不同详细程度的结果数据。

加载后的菜单列表如图 12-17 所示。

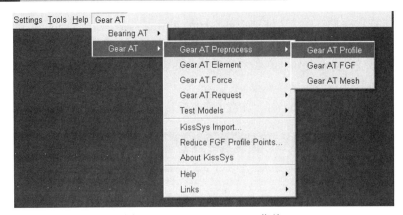

图 12-17 Adams/Gear AT 菜单

1. 定义齿轮几何模型

这是 Adams/Gear AT 的最基本操作，可以完成齿轮形状的定义，并存储到 fgf 文件中。轮齿按照齿轮坐标系的 Y 轴对称分布，Z 轴为齿轮的转动轴，X 轴可由右手定则确定。针对外啮合齿轮的轮廓线起始点在齿根部，而内啮合齿轮轮廓线的起始点在齿顶部，按照这一顺序，描述齿轮轮廓线的数据点依次排列。创建齿轮属性文件对话框如图 12-18 所示。

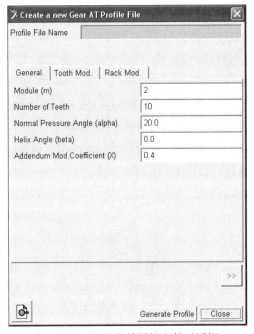

图 12-18 创建齿轮属性文件对话框

参数说明如下：

● 选项卡 General

> Module(m)：模数。

> Number of Teeth：齿数。

> Normal Pressure Angle：压力角。

- ➢ Helix Angle：螺旋角。
- ➢ Addendum Mod.Coefficient：变位系数。

● 选项卡 Tooth Mod.

- ➢ Backlash(mm)：侧向间隙，单位为 mm。
- ➢ Tip Chamfer Angle：齿顶倒角角度。
- ➢ Tip Chamfer Length：齿顶倒角长度。
- ➢ Tip Fillet Radius：齿顶圆角半径。
- ➢ Clearance Mod. Factor：间隙修正因子。
- ➢ Addendum Mod. Factor：齿顶高系数。
- ➢ Dedendum Mod. Factor：齿根系数。

● 选项卡 Rack Mod.

- ➢ Tip Clearance：齿顶间隙。
- ➢ Tip Fillet Radius：齿顶圆角半径。
- ➢ Root Fillet Radius：齿根圆角半径。
- ➢ Protuberance Length：齿条刀具齿顶触角宽度长度。
- ➢ Protuberance Angle：齿条刀具齿顶触角宽度角度。
- ➢ Protuberance Thickness：齿条刀具齿顶触角宽度厚度。
- ➢ Generate Profile：生成 pro 齿轮轮廓文件。

2. 生成齿轮属性文件

基于完成的 pro 文件，可生成 fgf 文件，如图 12-19 所示。

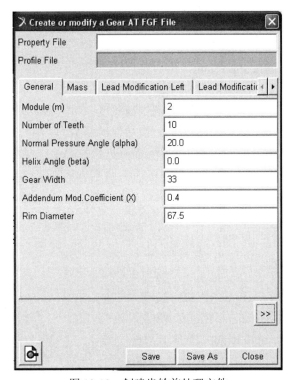

图 12-19　创建齿轮前处理文件

参数说明如下：

- Property File：属性文件，fgf 文件。
- Profile File：齿轮几何轮廓文件，pro 文件。
- 选项卡 General
  - Module(m)：模数。
  - Number of Teeth：齿数。
  - Normal Pressure Angle：压力角。
  - Helix Angle：螺旋角。
  - Gear Width：齿宽。
  - Addendum Mod.Coefficient：变位系数。
  - Rim Diameter：孔径。
- 选项卡 Mass
  - Mass：质量。
  - Ixx～Izx：转动惯量。
  - CM Location Relative to Part：质心位置。
  - Import Mass Properties：输入质量属性文件，mas 文件。
- 选项卡 Lead Modification Left：齿向修形——左。
  - Crowning Coefficients：鼓形修整系数。
  - End Relief Positive Length：齿端修薄长度。
  - End Relief Positive Coefficients：齿端修薄系数。
  - End Relief Negative Length：齿端修薄负长度。
  - End Relief Negative Coefficients：齿端修薄负系数。
  - Lead Slope：导引线斜率。
- 选项卡 Lead Modification right：齿向修形——右。
  - Crowning Coefficients：鼓形修整系数。
  - End Relief Positive Length：齿端修薄长度。
  - End Relief Positive Coefficients：齿端修薄系数。
  - End Relief Negative Length：齿端修薄负长度。
  - End Relief Negative Coefficients：齿端修薄负系数。
  - Lead Slope：导引线斜率。
- 选项卡 Tip and Root Modification：齿廓修形。
  - Tip Relief Coefficients Left：修缘系数——左。
  - Tip Relief Length Left：修缘长度——左。
  - Root Relief Coefficients Left：修根系数——左。
  - Root Relief Length Left：修根长度——左。
  - Tip Relief Coefficients Right：修缘系数——右。
  - Tip Relief Length Right：修缘长度——右。
  - Root Relief Coefficients Right：修根系数——右。
  - Root Relief Length Right：修根长度——右。

- 选项卡 Involute Modification：渐开线修整。
  - ➢ Barreling Coefficients：开通系数。
  - ➢ Involute Slope：渐开线斜率。
- 选项卡 Web Body：网格体。
  - ➢ Cad File：几何文件。
  - ➢ MNF File：模态中性文件。
- 选项卡 FE Data：有限元数据。
  - ➢ youngs Modulus：杨氏模量。
  - ➢ Poissons Ratio：泊松比。
  - ➢ Material Density：材料密度。
  - ➢ Mesh Density：网格密度。
  - ➢ Aspect Ratio：长宽比。

3. 对齿轮进行有限元求解

完成齿轮尺寸定义和材料属性定义后，将直接调用关联的 Patran 完成有限元模型的处理，如图 12-20 所示。

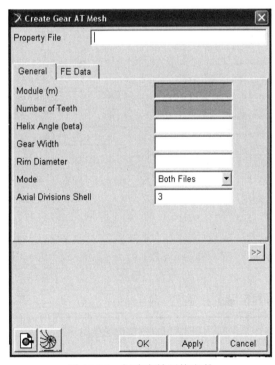

图 12-20　创建齿轮网格文件

参数说明如下：

- Property File：前面定义的属性文件，fgf 文件。
- 选项卡 General
  - ➢ Module(m)：模数。
  - ➢ Number of Teeth：齿数。

> ➢ Helix Angle：螺旋角。

> ➢ Gear Width：齿宽。

> ➢ Rim Diameter：孔径。

> ➢ Mode：模型文件模式。

> ➢ Axial Divisions Shell：轴向插分单元数目。

● 选项卡 FE Data

> ➢ Youngs Modulus：杨氏模量。

> ➢ Poissons Ratio：泊松比。

> ➢ Material Density：材料密度。

> ➢ Mesh Density：网格划分密度。

> ➢ Aspect Ratio：长宽比。

4. 添加齿轮元素

经过前面三步完成了齿轮模型的生成，这里需要将其指定到正确的位置，如图 12-21 所示。

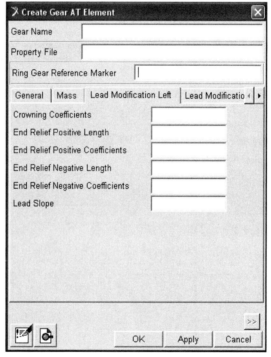

图 12-21　创建齿轮模型

参数说明如下：

● Gear Name．定义齿轮的名称。

● Property File：选择前面定义的属性文件，fgf 文件。

● Ring Gear Reference Marker：指定参考点。

下面的各选项卡参数与前面齿轮属性文件定义窗口中的相同。

5. 添加齿轮啮合力元

完成各个齿轮的定位，需要在齿轮间添加啮合力计算参数，如图 12-22 所示。

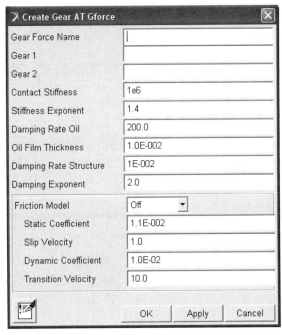

图 12-22　创建齿轮啮合力元

参数说明如下：

- Gear Force Name：轮齿啮合力名称。
- Gear1：指定啮合对中的第一个齿轮。
- Gear2：指定啮合对中的第二个齿轮。
- Contact Stiffness：接触刚度。
- Stiffness Exponent：刚度指数。
- Damping Rate Oil：油膜阻尼系数。
- Oil Film Thickness：油膜厚度。
- Damping Rate Structure：结构阻尼系数。
- Damping Exponent：阻尼指数。
- Friction Model：on/off。
- Static Coefficient：静摩擦系数。
- Slip Velocity：滑动速度。
- Dynamic Coefficient：动摩擦系数。
- Transition Velocity：转变速度。

12.3　实例

12.3.1　Adams 齿轮副

因为齿轮副只传递传动比关系，并不进行齿轮啮合力的传递，这里使用两个圆柱分别代表一个齿轮，在两个圆柱体间定义一个齿轮副。具体操作过程如下。

第一步，启动 Adams/View。在开始对话框中定义模型名称 MODEL_gearConstraint，使用默认的单位制和重力加速度方向，如图 12-23 所示。

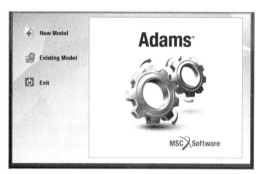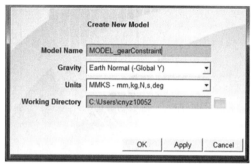

图 12-23　Adams 启动界面及默认项设置

第二步，定义模型尺寸。创建两个尺寸一样的圆柱体，分别表示主动轮和被动轮，圆柱体半径为 100mm，高度为 100mm，定位于工作空间的任意位置，但保证两者圆柱面外接触，如图 12-24 所示。

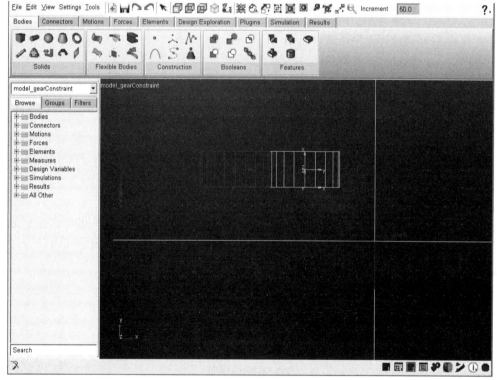

图 12-24　定义圆柱模拟齿轮

第三步，定义约束关系。分别将两个圆柱体与大地建立旋转副运动关系，注意使用自选方向模式，如图 12-25 所示。

第四步，定义主动轮驱动，这里用红色圆柱体表示主动轮，在其旋转副上添加约束型驱动，使用默认的驱动规律即可，如图 12-26 所示。

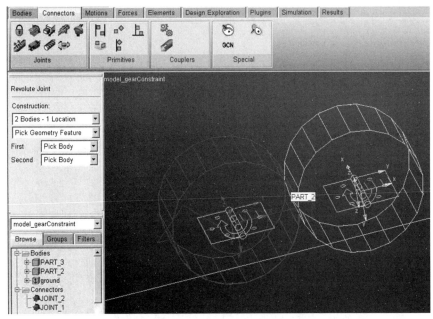

图 12-25　添加约束关系

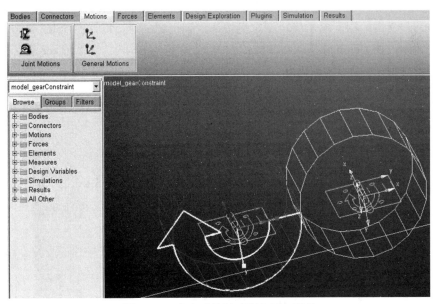

图 12-26　在主动轮转动副上添加驱动

前面已经完成了基本模型的创建，下面将进入齿轮副的定义阶段。Adams 的齿轮副从本质上说类似于耦合副，其他常用运动副的作用对象是部件，而齿轮副的作用对象为旋转副、滑移副和圆柱副，三者可以任意两两组合，从而模拟一般直齿轮、锥齿轮、涡轮蜗杆、行星齿轮等齿轮传动系统。除了约束关系外，还需要一个 Marker 点完成齿轮副的定义，并且 Marker 点必须隶属于某一构件，前面定义的齿轮分别与构件定义运动关系，此时 Marker 点的方向必须满足一个条件，即 Z 轴方向为齿轮啮合点上的运动切向。

第五步，定义 Marker 点。这里已经将两个圆柱体分别关联到大地上，也就是说，此时大地这个部件即为构件，因此需要将 Marker 点定义在大地上，并按照要求调整其方位，如图 12-27 所示。

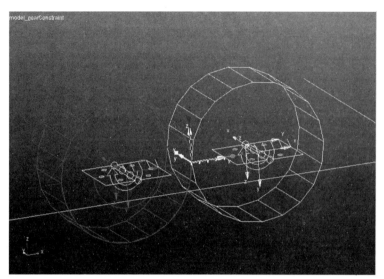

图 12-27　定义关联 Marker 点

第六步，定义齿轮副。单击齿轮副定义按钮，弹出定义对话框，在 Joint Name 中分别选择这两个旋转副，在 Common Velocity Marker 中选择定义在构件上的 Marker 点，单击 OK 按钮，完成齿轮副定义，如图 12-28 所示。

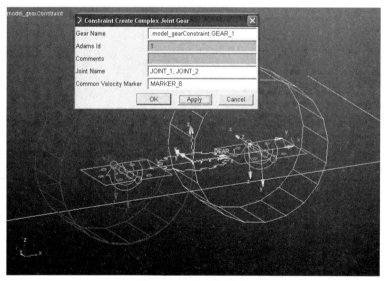

图 12-28　定义齿轮副

第七步，求解计算。进行 12 秒 500 步的仿真。

第八步，分析后处理结果。因为两个圆柱体的半径一样，且齿轮副定义用的 Marker 点在两个转轴中间，因此其传动比应该是 1:1。因为使用齿轮副时，传动比的定义就是该 Marker 点与另外转轴处 Marker 点的距离之比。仿真计算结束，按 F8 键进入后处理界面，获取两个圆柱体质心处的转动角速度，如图 12-29 所示。

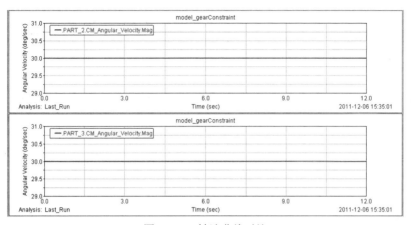

图 12-29　转速曲线对比

12.3.2　Adams/Gear Generator

本节使用 Gear Generator 创建齿轮。前面已经介绍 Gear Generator 有很多种定义方式，这里以使用详细设置直齿轮方式进行说明，具体为单击 Gear_Generator>Detailed Spur Gears>Create Detailed Spur Gears 命令，弹出 Gear Generator Create Detailed Spur Gears 对话框进行设置。

当然，在进行齿轮的创建工作之前需要先做一些基础工作，因为使用 Gear Generator 创建的齿轮模型需要添加到 Adams/View 中已经存在的部件上，具体操作如下（假设当前 Adams/View 已经打开）：

第一步，定义参考体。这里使用 Link 类型进行定义，两端的位置分别为（-200,150,0）和（105,150,0）。

第二步，定义附着体。分别在参考体 Link 的两个端点上定义两个小圆柱，表示转轴，将来创建的齿轮将附着其上。尺寸为长度 50mm，半径 6.25mm。

第三步，定义约束关系。参考体与大地之间为固定副，附着体与参考体之间为旋转副，如图 12-30 所示。

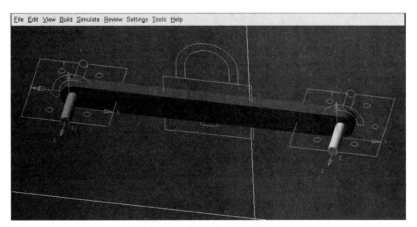

图 12-30　添加完约束的模型

第四步，下面进行齿轮的具体定义，按照前面所述打开 Gear Generator Create Detailed Spur Gears 对话框，如图 12-31 所示。

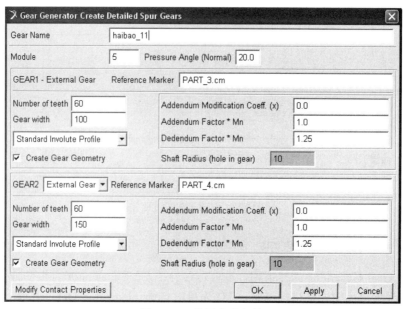

图 12-31　设置齿轮参数

按照相关参数完成齿轮模型的定义，这里的参考 Marker 点分别为前面定义的附着体的质心点。定义的时候需要注意，齿轮的转动轴应当与参考 Marker 点的 Z 轴方向平行。单击 OK 按钮后，完成齿轮的定义，如图 12-32 所示。

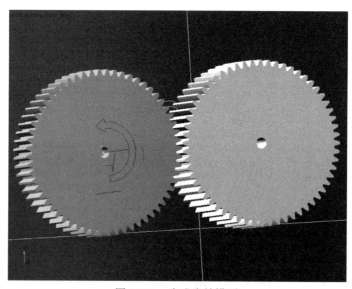

图 12-32　生成齿轮模型

第五步，定义驱动和阻力矩。在绿色齿轮对应的旋转副上按默认设置定义回转驱动，在黄色齿轮上定义一个扭簧表示阻力矩，参数设置如图 12-33 所示。

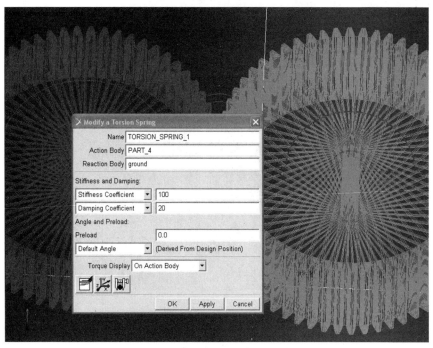

图 12-33　设置驱动与阻力矩

第六步，求解计算。进行 1 秒 500 步的仿真。

第七步，分析后处理。计算获得的 Total_Force 如图 12-34 所示。

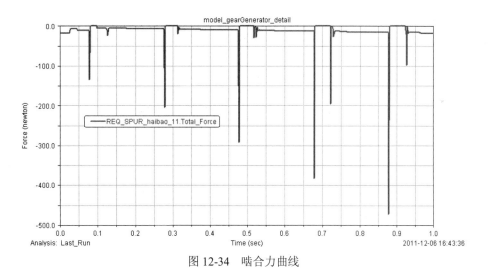

图 12-34　啮合力曲线

12.3.3　Adams/Gear AT

第一步，定义基本框架模型。就像 Gear Generator 一样，Gear AT 也只是创建齿轮模型，因此需要先将构件和参考部件设置好。这里为了方便，可以直接单击 Gear AT>Gear AT>Test Models>Start Model 命令，这是一个已经创建好的框架系统，包含构件和齿轮参考部件，以及相对应的约束和驱动，模型名称为 start_gear_AT_model，如图 12-35 所示。

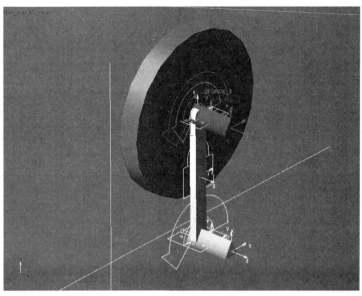

图 12-35　打开框架模型

　　下面的操作将实现在绿色的 shaft_1 和红色的 shaft_2 部件上添加创建的齿轮模型，并且齿轮的转动方向为参考 Marker 点的 Z 轴方向。

　　第二步，定义齿轮轮廓。这一步将完成两个外啮合齿轮的轮廓定义。按照前面所述操作已将 Gear AT 菜单调出，单击 Gear AT>Gear AT>Gear AT Preprocess>Gear AT Profile 命令，弹出 Create a new Gear AT Profile File 对话框进行设置，如图 12-36 所示。在 Adams/Gear AT 的安装路径（如 C:\MSC.Software\Gear_AT\2011R2_Adams2011\gear_at_plg\example\fgf_file）之下有已经存在的属性文件，这里为了更彻底地展示 Gear AT 的使用流程，将不直接使用已有的属性文件，而仅仅参考其中的齿轮定义参数。这里参考的属性文件是 planet.fgf 和 Sun.fgf。

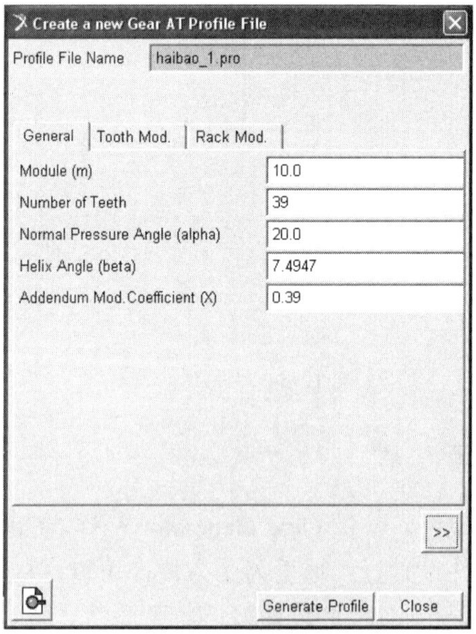

图 12-36　齿轮参数设置

根据 Planet.fgf 文件中的对应项目参数进行图 12-36 中的设置，首先输入齿轮轮廓文件名称 haibao_1，然后将齿轮的模数、齿数、压力角、螺旋角和变位系数设置好，这里只对 General 选项卡进行设置，其他保持默认值。然后单击 Generate Profile 按钮，此时对话框将变为如图 12-37 所示的状态。

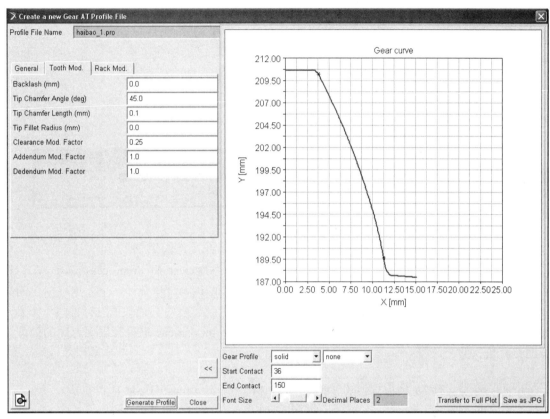

图 12-37　查看轮面渐开线

最大的变化是将输入数据对应的齿轮轮廓线展示了出来，并且名称处显示出后缀名称 haibao_1.pro，同时在当前工作路径中存储了这个文件。

同样，根据 Sun.fgf 文件的齿轮尺寸信息完成 haibao_2.pro 文件的生成。

第三步，定义属性文件。单击 Gear AT>Gear AT>Gear AT Preprocess>Gear AT FGF 命令，打开 Create or modify a Gear AT FGF File 对话框。在 Property File 输入框中输入用户自定义的属性文件名称 Lgear，这时会跳出警告对话框，如图 12-38 所示。

单击 OK 按钮忽略这个问题。然后在 Profile File 中选择上一步中生成的 haibao_1.pro，此时下面的选项卡中将按照 haibao_1.pro 中的参数进行定义，这时可以修改 Rim Diameter 的具体数值以及有关轮齿修缘的各个参数，如图 12-39 所示。单击 Save As 按钮，按照设定的名称存储，单击 OK 按钮即可。

图 12-38　警告对话框

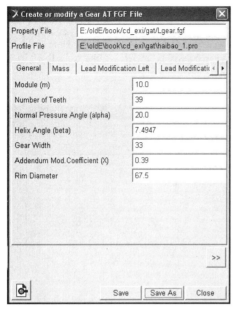

图 12-39　设置齿轮参数

同样，根据 Sun.fgf 文件的齿轮尺寸信息完成 Xgear.fgf 文件的生成。

第四步，定义齿轮有限元模型。单击 Gear AT>Gear AT>Gear AT Preprocess>Gear AT FGF
命令，打开 Create Gear AT Mesh 对话框，选择前面生成的 Lgear.fgf 文件，下面选项卡中的数
据跟着变动，这一阶段除了模数和齿数不可修改外，用户还可以对其他数值进行修改。如果一
切不再变动，这时单击 Apply 按钮，程序将调用 gear_at_mesher.exe 进行有限元方面的处理。
下面是其执行的全过程：

```
E:\oldE\book\cd_exi\gat>call "C:\MSC.Software\Gear_AT\2011R2_Adams2011\gear_at_p
lg/win32/mesher/gear_at_mesher.exe" 0<E:/oldE/book/cd_exi/gat/Lgear_tmp_in_shell.txt
name of fgf-file (with ext.) -->
Export type (0 -> FE-mesh, 1 > MNF-Shell) -->
Number of axial divisions in shell file ( min. 1 ) -->
... START PROCESSING PROPERTY FILE
NUMBER OF RECORDS PROCESSED =                   108
... END      PROCESSING PROPERTY FILE
finished assemble
Successful creation of 2D model
Successful equivalencing of 2D model
Successful termination, enjoy all the mesh...!
E:\oldE\book\cd_exi\gat>del E:\oldE\book\cd_exi\gat\Lgear_tmp_in_shell.txt
E:\oldE\book\cd_exi\gat>call "C:\MSC.Software\Gear_AT\2011R2_Adams2011\gear_at_p
lg/win32/mesher/gear_at_mesher.exe" 0<E:/oldE/book/cd_exi/gat/Lgear_tmp_in_fe.txt
name of fgf-file (with ext.) -->
Export type (0 -> FE-mesh, 1 -> MNF-Shell) -->
```

Number of axial divisions in display mesh file (min. 1) -->

Number of ASET nodes across width -->

Number of teeth to mesh (odd number) -->

... START PROCESSING PROPERTY FILE

NUMBER OF RECORDS PROCESSED = 108

... END   PROCESSING PROPERTY FILE

finished assemble

Successful creation of 2D model

Successful equivalencing of 2D model

Successful creation of 3D model

Successful export of surface curvature nodes

Successful export of FE-mesh

Successful creation of RBE3 elements

Successful termination, enjoy all the mesh...!

E:\oldE\book\cd_exi\gat>del E:\oldE\book\cd_exi\gat\Lgear_tmp_in_fe.txt

E:\oldE\book\cd_exi\gat>

这时还可以单击 Start Patran to review Nastran input(*.dat)按钮，直接启动 Patran，并查看局部（利用有限元对称法则只对其中一部分求解）齿轮的有限元模型，如图 12-40 所示。

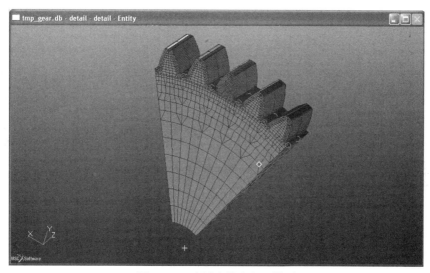

图 12-40　查看齿轮有限元模型

完成有限元模型的创建，单击 Cancel 按钮关闭对话框。

同样，选择 Xgear.fgf 文件完成这个齿轮的有限元模型化。

第五步，添加齿轮到指定位置。单击 Gear AT>Gear AT>Gear AT Element>New 命令，打开 Modify Gear AT Element 对话框，如图 12-41 所示。定义齿轮的名称 gear_1，然后选择属性文件 Lgear.fgf，再选择参考 Marker 点 shaft2.cm，选择部件 Shaft2 的质心点。由于前面没有定义 CAD 模型文件，因此这时需在 Web Body 选项卡的 Cad File 中选择 Lgear.shl 模型文件，最后单击 OK 按钮完成齿轮添加，如图 12-42 所示。

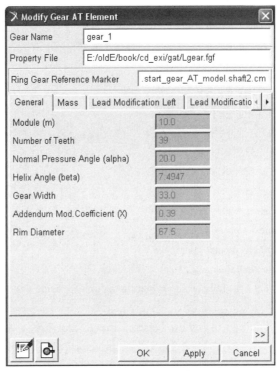

图 12-41　定义齿轮 1 位置

图 12-42　完成齿轮 1 模型添加

同样，将 Xgear.fgf 文件生成 gear_2 齿轮部件，如图 12-43 和图 12-44 所示。

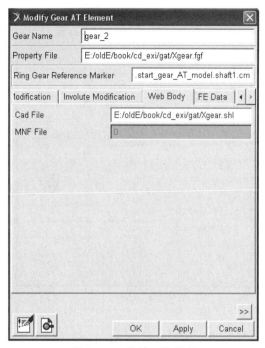

图 12-43　齿轮 2 的信息

图 12-44　完成齿轮 2 模型添加

第六步，添加啮合力。单击 Gear AT>Gear AT>Gear AT Force>New 命令，打开 Greate Gear AT Gforce 对话框，进行如图 12-45 所示的设置。

Create Gear AT Gforce	
Gear Force Name	nihao
Gear 1	gear_1
Gear 2	gear_2
Contact Stiffness	1e6
Stiffness Exponent	1.4
Damping Rate Oil	200.0
Oil Film Thickness	1.0E-002
Damping Rate Structure	1E-002
Damping Exponent	2.0
Friction Model	Off
Static Coefficient	1.1E-002
Slip Velocity	1.0
Dynamic Coefficient	1.0E-02
Transition Velocity	10.0

OK   Apply   Cancel

图 12-45　设置啮合力

第七步，求解计算。进行如下脚本命令的仿真：

```
PREFERENCES/SOLVER=CXX
INTEGRATOR/HHT,HMAX=1e-04,err=1e-6
SIMULATE/INITIAL_CONDITIONS ,VELOCITY
SIM/STA
DEACTIVATE/JPRIM, ID=1
SIMULATE/DYNAMIC, END=1.2, STEPS=1200
```

第八步，分析后处理。进入后处理，将 Source 设置为 Requests，选择 Filter 中的 User defined，Request 中的 gear_lower_force，Component 中的 Joint_force，然后单击 Add Curves 按钮，绘制如图 12-46 所示的曲线。

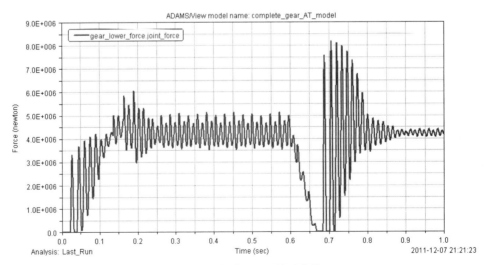

图 12-46　查看后处理结果曲线

第 13 章 独立的钢板弹簧工具

13.1 钢板弹簧工具箱简介

钢板弹簧广泛应用在车辆上。在设计过程中，客户利用板簧工具箱能够建立由离散梁单元构成的高质量板簧虚拟模型，方便、精准地研究设计方案是否合理。板簧虚拟模型既可以作为独立的子系统，也可以通过与 Adams/View 和 Adams/Car 等建立整车模型进行装配。板簧工具箱也可以将板簧模型自动转变成包含车轴、连接件和信息通信器等信息的 Adams/Car 悬架模板。

通过单击菜单 Tools>Plugin Manager 弹出插件管理器，选择 Leafspring Toolkit 后对应的复选框，单击 OK 按钮实现加载。在菜单栏上出现 LeafTool 菜单项。如图 13-1 所示为 Adams/View 和 Adams/Car 环境下的钢板弹簧菜单列表。

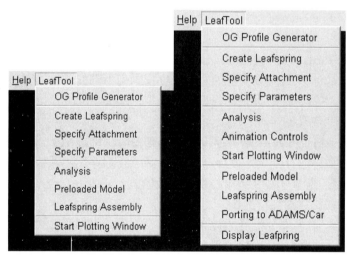

图 13-1 左为 Adams/View 中，右为 Adams/Car 中

13.2 建模流程

通过如下步骤，可以进行板簧建模和设计方案研究。

13.2.1 通过 OG profile 创建板簧初始几何轮廓

单击菜单 LeafTool>OG Profile Generator，弹出初始几何轮廓对话框，如图 13-2 所示。

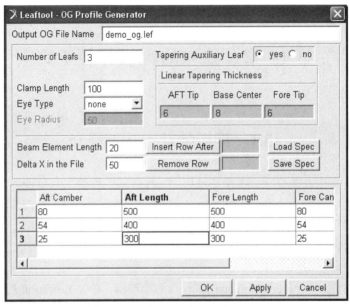

图 13-2　钢板弹簧轮廓编辑对话框

对话框中设置项说明如下：

- Output OG File Name：输出文件名。在当前工作目录下，经计算后得到 teim orbit 格式的新文件。
- Number Of Leafs：模型中板簧的片数。
- Clamp Length：板簧安装夹持的有效长度或固定不动的长度，长度值可以设置成零。
- Eye Type：主簧卷耳的类型，包括如下类型：none，berlin，up，down。
- Eye Radius：卷耳的半径。
- Tapering Auxiliary Leaf：副簧厚度是否逐渐变薄，可选 Yes 或者 No。
- AFT Tip：如果选择副簧厚度逐渐变薄，需要定义副簧前端部位的板厚。
- Base Center：副簧安装夹持中心位置的板厚。
- Fore Tip：副簧后端部位的板厚。
- Aft Camber：前半部分板簧的弧高。
- Aft Length：前半部分板簧的展开长度。
- Fore Camber：后半部分板簧的弧高。
- Thickness：板簧的厚度。①等厚度板簧的厚度；②如果是渐变厚度副簧，厚度将会线性逐渐变薄，梁单元的参数将基于变细的厚度进行调整。
- Beam Element Length：在板簧展开状态下的梁单元长度。
- Delta X in the File：初始几何轮廓输出文件中，X 向间距列表。
- Insert Row After：在规格表中插入一行。
- Remove Row：在规格表中删除一行。
- Load Spec：按文件的指定参数定义作用在原始几何轮廓的负载。
- Save Spec：将作用于原始几何轮廓的负载保存为文件。

相关参数设置完毕，将生成 **.lef 文件，即 OG 文件。其有如下格式：

```
$----------------------------------------------------------------MDI_HEADER
[MDI_HEADER]
FILE_TYPE      =   'lef'
FILE_VERSION   =   1.0
FILE_FORMAT    =   'ASCII'
$----------------------------------------------------------------UNITS
[UNITS]
LENGTH  =   'mm'
ANGLE   =   'degrees'
FORCE   =   'newton'
MASS    =   'kg'
TIME    =   'second'
$----------------------------------------------------------------LEAFSPRING_HEADER
[LEAFSPRING_HEADER]
NAME         =   'cnzc8469'
TIMESTAMP    =   '2011/11/16,21:52:13'
#_OF_LEAF    =   3
DIMENSION    =   2
HEADER_SIZE  =   10
(COMMENTS)
{comment_string}
'Adams/Car sample leafspring data'
$----------------------------------------------------------------LEAF_1
[LEAF_1]
{    x              z            thick}
-490.02441      80.00000       10.00000
...
$----------------------------------------------------------------LEAF_2
[LEAF_2]
{    x              z            thick}
-393.79698      54.00000       10.00000
...
$----------------------------------------------------------------LEAF_3
[LEAF_3]
{    x              z            thick}
-297.88429      25.00000        6.00000
-250.00000      17.41155        6.32340
...
```

13.2.2　创建板簧模型

图 13-3 是根据板簧工具箱约定的规则，创建的前端为固定吊耳，后端为压缩状态的活动吊耳的板簧模型。一些主要的定义如下：

- 坐标系原点位于主片簧的上表面中心。
- Fore：相对于地面坐标系 X 轴正方向。
- Aft：相对于地面坐标系 X 轴负方向。
- Units：长度 mm，力 N，角度 degree。

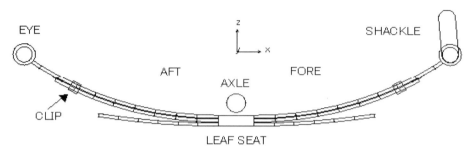

图 13-3 钢板弹簧结构

注意：在 Adams/Car 中 Aft 代表车辆的前端方向。

创建钢板弹簧对话框如图 13-4 所示。

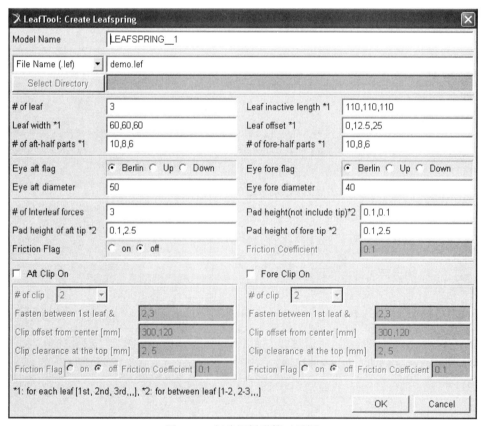

图 13-4 创建钢板弹簧对话框

对话框中设置项说明如下：

- Model Name：输入新建板簧模型名称。

- File Prefix：板簧几何轮廓数据文件名。

- Select Directory：单击该按钮可以选择文件存放位置，勾选 File Prefix 后才生效。

- File Name：选中输入文件（.lef）。

- # of leaf：板簧模型中板簧的片数。

- Leaf width：包含每片板簧宽度的实数数组。

- # of aft-half parts：前半部分每片板簧离散成构件数量的整数数组。

- # of fore-half parts：后半部分每片板簧离散成构件数量的整数数组。

- Leaf inactive length：每片板簧安装长度的实数数组。

- Leaf offset：每片板簧最高点之间距离的实数数组。

- Eye fore flag：后吊耳类型的图标。

- Eye fore diameter：后吊耳的内径。

- Eye aft flag：前卷耳类型的图标。

- Eye aft diameter：前卷耳的内径。

- # of interleaf forces：和上一片相邻板簧之间内摩擦力的数量。

- Pad height (not include tip)：和上一片相邻板簧之间的衬垫高度。

- Pad height of aft tip：板簧前端部和上一片板簧前端部衬垫高度。

- Pad height of fore tip：板簧后端部和上一片板簧后端部衬垫高度。

- Friction flag：摩擦力标识显示或关闭。

- Friction coefficient：和上一片相邻板簧之间的摩擦系数。

弹簧夹定义参数如图 13-5 所示。

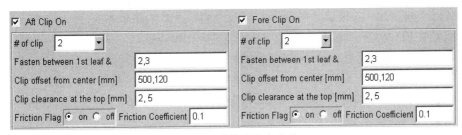

图 13-5　弹簧夹定义参数

对话框中设置项说明如下：

- Fore Clip On，Aft Clip On：选择是否加弹簧夹。

- # of clip：弹簧夹数量。

- Fasten between 1st leaf &：和主片簧夹紧的板簧编号。

- Clip offset from center：弹簧夹距板簧上表面中心位置的距离。

- Clip clearance at the top：弹簧夹和主片簧上表面之间的间隙。

- Friction Flag：摩擦力图标显示或关闭。

- Friction Coefficient：弹簧夹和主片簧之间的摩擦系数。

创建连接定义对话框如图 13-6 所示。

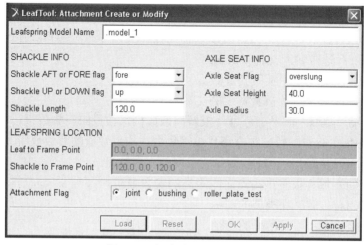

图 13-6　创建连接定义对话框

对话框中设置项说明如下：

- Leafspring Model Name：现有钢板弹簧悬架模型名称。
- Shackle AFT or FORE flag：定义吊耳是布置在前端还是后端。
- Shackle UP or DOWN flag：吊耳处于压缩（上）或拉伸状态（下）。
- Shackle Length：吊耳长度。
- Axle Seat Flag：板簧处于正吊或反吊状态。
- Axle Seat Height：车轴安装高度。
- Axle Radius：车轴半径。
- Attachment Flag：板簧、吊耳和车架（地面）之间的连接方式。
  - joint：板簧、吊耳和车架之间是通过铰接副连接。
  - bushing：板簧、吊耳和车架之间是通过线性的橡胶衬套连接。
  - roller_plate_test：为 roller plate 试验研究定义的一系列运动副。
- Leaf to Frame Point：板簧卷耳和车架连接位置的修改。
- Shackle to Frame Point：板簧吊耳和车架连接位置的修改。
- Load：获取当前模型的值。
- Reset：设成初始模型状态。

设定参数对话框如图 13-7 所示。对话框中设置项说明如下：

- Leafspring Model Name：已有的板簧模型。
- Modify Friction：板簧之间摩擦力、弹簧夹和主簧间摩擦力。
  - Friction Flag：设置板簧之间摩擦力是否作用，修改摩擦系数。
  - Clip Aft/Fore Friction Flag：设置弹簧夹和主簧间摩擦力是否作用，修改摩擦系数。
  - 动滑移速度是指最大摩擦系数时的速度，摩擦力根据 STEP5 函数确定：
    Friction Force= STEP5(slip_vel, -trans_vel, -1, trans_vel, 1)*Friction coefficient
- Modify Beam Material Properties：梁单元材料特性 E、G 结构阻尼和 Y、Z 向剪切变形系数修改。
- Modify Bushing Parameters：衬套刚度和阻尼参数修改。

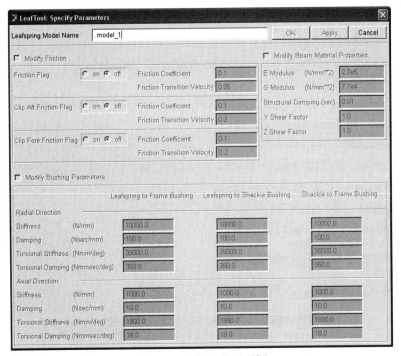

图 13-7　设定参数对话框

13.2.3　运行准静态分析

载荷按下面公式定义：

Function = Preload + Extra load * STEP(time, 0, 0, 1, 1)

运行准静态分析设置对话框如图 13-8 所示。

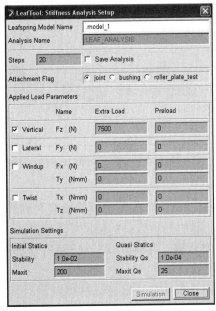

图 13-8　分析设置对话框

对话框中设置项说明如下：

- Leafspring Model Name：现有板簧模型。
- Analysis Name：如勾选 Save Analysis 按钮，此字符串才可用。
- Steps：准静态分析的步数。
- Attachment Flag：定义板簧、吊耳和车架（地面）之间如何连接。
- Applied Load Parameters：GFORCE 输入作用力的值，进行下列设置：
  - ➢ Vertical：作用力 Fz。
  - ➢ Lateral：作用力 Fy。
  - ➢ Windup：力矩 Ty 和作用力 Fx。
  - ➢ Twist：力矩 Tx 和 Tz。
- Simulation Settings：求解器的设置。

13.2.4 创建加预载荷的板簧模型

设置预载荷对话框如图 13-9 所示。

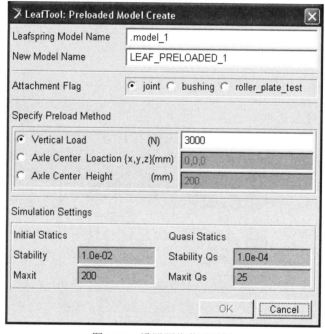

图 13-9 设置预载荷对话框

对话框中设置项说明如下：

- Leafspring Model Name：未加预载荷的板簧模型名称。
- New Model Name：创建的加预载荷的板簧模型名称。
- Attachment Flag：定义板簧、吊耳和车架（地面）之间的相互连接方式。
- Vertical Load：加垂直载荷的值。
- Axle Center Location：定义车轴中心移动的位置。
- Axle Center Height：车轴到主片簧上表面高度方向的距离。

13.2.5 创建一个板簧装配体模型

钢板弹簧装配对话框如图 13-10 所示。

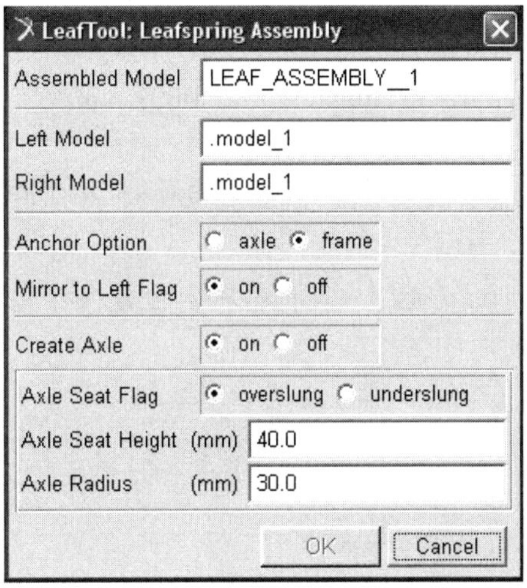

图 13-10 钢板弹簧装配对话框

对话框中设置项说明如下：

- Assembled Model：要生成的板簧装配体名称。
- Left Model：用于装到车辆左侧的一个现有板簧模型。
- Right Model：用于装到车辆右侧的一个现有板簧模型。
- Anchor Option：固定方式。
  - ➢ axle：根据车轴中心和安装高度来定位板簧位置。
  - ➢ frame：根据板簧到车架的安装点和吊耳到车架的安装点来定位板簧位置。
- Mirror to Left Flag：左、右板簧对称。
- Create Axle：装配体中添加车轴选项。
- Axle Seat Flag：定义板簧是正吊或者反吊。
- Axle Seat Height：定义车轴安装高度。
- Axle Radius：定义车轴半径。

13.2.6 将板簧装配体转换为 Adams/Car 的模板

在 Adams/Car 中，可以使用 Porting Adams/Car 将板簧工具箱中的板簧装配体转换为 Adams/Car 模板。Porting Adams/Car 修改板簧装配体中的一些对象，下列对象和参数将会增加到 Adams/Car 悬架模板中。可以选择创建两种类型板簧悬架模板（Leaf spring only 和 Add Axle），一种悬架模板中不带车轴，另一种包含车轴。

1. Common Objects 通用对象

- Modify part names：部件名称修改。
  - ➢ a left side part：gel_"part name"
  - ➢ a right sidepart：ger_"part name"

- Create hardpoints：自动创建下列硬点。
  - ➤ hp[lr]_leaf_to_frame（板簧和车架的安装点）
  - ➤ Hp[lr]_shackle_to_frame（吊耳和车架的安装点）
- Change bushing
  - ➤ 将 Adams/View 的衬套转成 Adams/Car 衬套。
  - ➤ 默认衬套是<shared>/bushings.tbl/mdi_0001.bus。
- Delete

  Adams/View 中的 GFORCE（leaf_applied_force）和所有的分析请求会自动删除。

  选择 Leaf spring only 类型。

  如果选择 Leaf spring only 类型，在模板中只创建两个板簧。
- 创建 Adams/Car 中使用的结构框。
  - ➤ cfs_axle_center（车轴对称中心）
- 创建部件。
  - ➤ Axle: mts_housing（安装件）
  - ➤ Body: mts_body（安装件）
- 添加输入信息交流器。
  - ➤ body（mts_body）
  - ➤ housing（mts_housing）
- 指定车轴和板簧座连接方式。
  - ➤ U-bolt：车轴用固定副安装到板簧座上。
  - ➤ Bushing：车轴和板簧座之间创建一个固定副和衬套，由运动分析模式决定采取何种类型连接。

完成的钢板弹簧模型如图 13-11 所示。

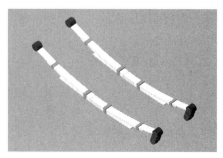

图 13-11　完成的钢板弹簧模型

2．选择 Add Axle 类型

在模板中创建一个车轴、差速器输出轴、驱动半轴和轮毂输入轴。

- 创建 Adams/Car 中使用的结构框。
  - ➤ cfl_wheel_center，clr_wheel_center（车轴两个端点）
  - ➤ cfs_axle_center（车轴对称中心）
- 创建部件。
  - ➤ gel_drive_shaft，ger_drive_shaft

- > Spindle: gel_spindle，ger_spindle
- > gel_tripot，ger_tripot
- > Subframe：ges_subframe
- > Body：mts_body（mount part）
- 添加约束。
  - > jklrev_spindle_dev, jkrrev_spindle_dev（spindle 和 axle）
  - > josfix_subframe_fixed（between subframe and mts_body）
- 添加信息通信器。
  - > co[lr]_wheel_center（entity=location，object=cfl_wheel_center，matching_name= wheel_center）
  - > co[lr]_suspension_mount（mount，gel_spindle，suspension_mount）
  - > co[lr]_suspension_upright（mount，ges_axle，suspension_upright）
  - > co[lr]_arb_bushing_mount（mount，ges_subframe，arb_bushing_mount）
  - > co[lr]_droplink_to_suspension（mount，ges_axle，droplink_to_suspension）
  - > cos_axle（mount，ges_axle，axle）
  - > co[lr]_diff_tripot（location，cfl_tripot_aux，tripot_to_differential）
  - > co[lr]_diff_tripot_ori（orientation，cfl_tripot_aux，diff_tripot_ori）
  - > cos_driveline_active（parameter_integer，phs_driveline_active，driveline_active）
  - > ci[lr]_tripot_to_differential
  - > cis_body
- 指定车轴和板簧座连接方式。
  - > U-bolt：车轴用固定副安装到板簧座上。
  - > Bushing：车轴和板簧座之间创建一个固定副和衬套，由运动分析模式决定采取何种类型连接。

完成的带车轴的钢板弹簧如图 13-12 所示。

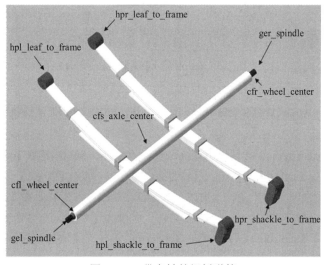

图 13-12　带车轴的钢板弹簧

钢板弹簧设置对话框如图 13-13 所示。

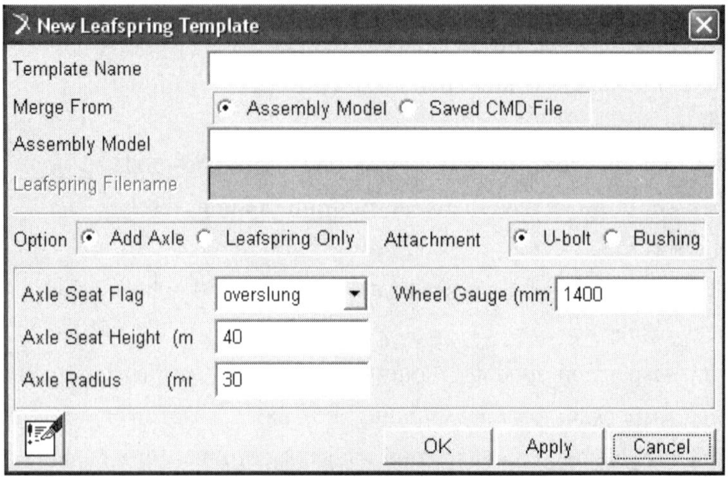

图 13-13　钢板弹簧设置对话框

对话框中设置项说明如下：

- Template Name：要创建的板簧悬架模板名称。
- Merge From：从现有板簧装配体或已保存的.cmd 文件创建模板。
- Assembly Model：现有板簧装配体名称。
- Leafspring Filename：已保存的.cmd 文件名称。
- Option：
  - Add Axle：在模板中创建车轴、约束副、衬套、信息交流器。
  - Leafspring Only：仅创建两个板簧。
- Attachment：指定车轴和板簧座连接方式。
- Axle Seat Flag：车轴安装方式为正吊或反吊。
- Axle Seat Height：车轴安装高度。
- Axle Radius：车轴半径。
- Wheel Gauge：轮距（cfl_wheel_center and cfr_wheel_center）。

13.3　实例

本例将使用 Leafspring 工具箱创建板簧模型，并对其中的关键参数进行说明，对不同状态的仿真结果进行对比。

第一步，启动 Adams/View，并加载 Leafspring 工具箱。单击菜单 Tools>Plugin Manager，弹出插件管理器，选择 Leafspring Toolkit 后对应的复选框，单击 OK 按钮实现加载，如图 13-14 所示。这里需要注意的是，如果用户使用的是 Adams/Car，那么需要设置成模板模式。

第二步，创建自由状态时板簧几何轮廓文件。这里为了对比一些参数特性，将建立两个文件说明问题。单击菜单 LeafTool>OG Profile Generator，弹出几何轮廓定义对话框，按照图 13-15 所示的参数进行设置。

图 13-14　加载 Adams/Leafspring

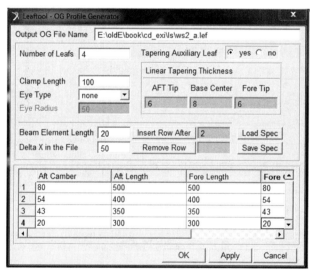

图 13-15　设置钢板弹簧轮廓参数

先在 Insert Row After 文本框后面录入 2，然后单击 Insert Row After 按钮，实现在第 2 行后面新添加一行描述第三片钢板属性。

其中需要注意的是 Aft Camber 与 Fore Camber 数值相同，Aft Length 与 Fore Length 数值相同，第三行的 Thickness 为 10，最后将第 4 行的 Camber 修改为 20，其余参数保持不变。这时可以简单地描述一下将要创建的钢板弹簧，其由 4 片钢板构成，每一片钢板的几何尺寸按照最下边的每一行尺寸进行描述。

单击 Save Spec 按钮，在 File name 中输入 ws2_a 并保存，这样就将相关的参数保存到 ws2_a.def 文件中。

在单击 OK 按钮之前，先在 Output OG File Name 中录入 ws_a.lef，这样就可以生成该文件了。

同样的操作完成 ws2_b.def 文件的保存及 ws2_b.lef 文件的生成，只不过这里需要将 Tapering Auxiliary Leaf 设置为 No。

第三步，创建板簧模型。单击菜单 LeafTool>Create Leafspring，弹出创建钢板弹簧对话框，按图 13-16 所示进行设置，这里创建的是 Leafspring_ws2_a。

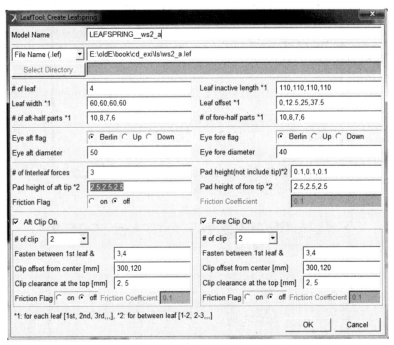

图 13-16　设置创建钢板弹簧的参数

单击 OK 按钮，会弹出连接件创建或修改对话框，再单击其中的 Apply 按钮，Leafspring Location 才变为编辑状态。如图 13-17 所示，将 Leaf to Frame Point 改变为（-480,0,80），Shackle to Frame Point 改变为（450,0,200）。

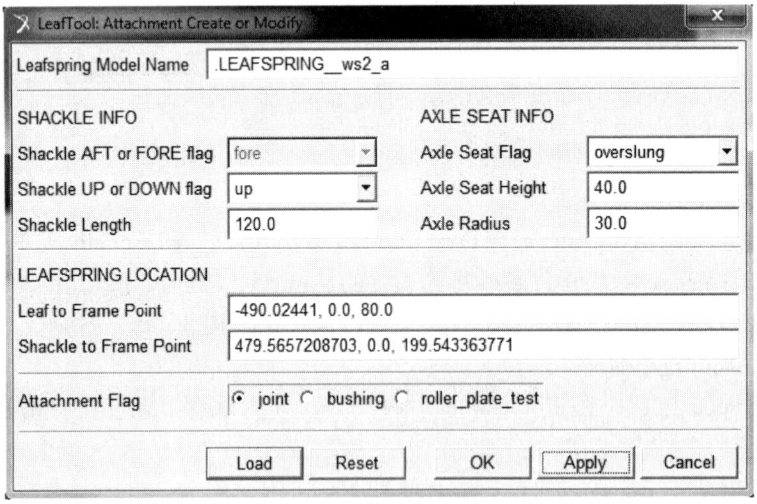

图 13-17　设置连接参数

然后单击 OK 按钮，板簧的吊耳将定位于指定位置。同样地创建 Leafspring_ws2_b 板簧，设置参数一致。完成的钢板弹簧模型如图 13-18 所示。

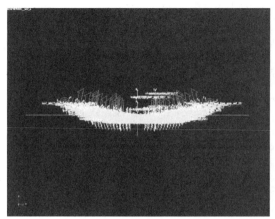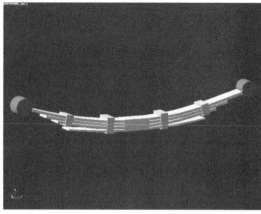

图 13-18　完成的钢板弹簧模型

第四步，运行板簧模型。创建完板簧后，可以对其进行仿真分析，并且查看相关的后处理结果。单击菜单 LeafTool>Analysis，弹出分析对话框，进行如图 13-19 所示的设置。

图 13-19　设置分析参数

主要涉及是针对哪个板簧模型进行的分析、载荷的施加、连接方式的选择等。然后单击 Simulation 按钮，Adams 将进行相关求解，并且用户将实时查看到板簧运动的动画。

第五步，后处理。板簧模块还提供了对后处理的支持，可以单击菜单 LeafTool>Start Plotting Window 进入到后处理界面中，然后再单击菜单 LeafTool>Leaftool Plot，弹出设置对话框，选择 view2x2，单击 OK 按钮将会出现 4 条曲线，如图 13-20 所示。

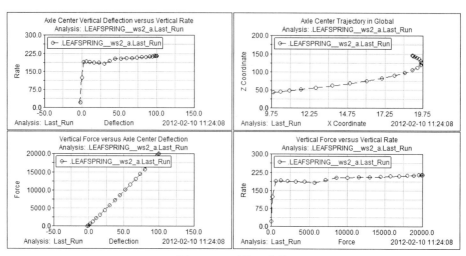

图 13-20　后处理曲线

还可以针对 leafspring_ws2_b 板簧进行分析，操作同第四步所述。进入后处理中，从 Simulation 列表中选择 leafspring_ws2_a.last_Run 和 leafspring_ws2_b.last_Run，然后不用时间表示横轴，而是选择 user defined 中 axle_center_location 下的 Location_z，纵轴为 user defined 中 applied_force 下的 vertical_Fz，最后添加曲线到工作区中。这时出现位移－载荷曲线，斜率表示板簧的刚度，如图 13-21 所示。

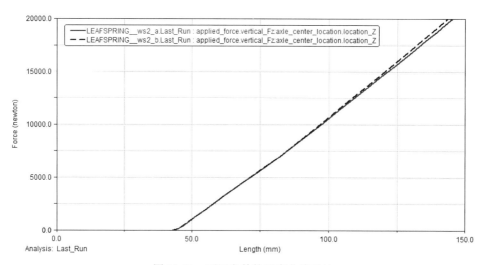

图 13-21　不同参数的刚度曲线对比

还可以对特性参数进行修改，然后再在后处理中查看修改前后的曲线对比。这里将 Leafspring_ws2_a 中的 E modulus 进行变化。单击菜单 LeafTool>Specify Parameters，按图 13-22 所示进行设置。

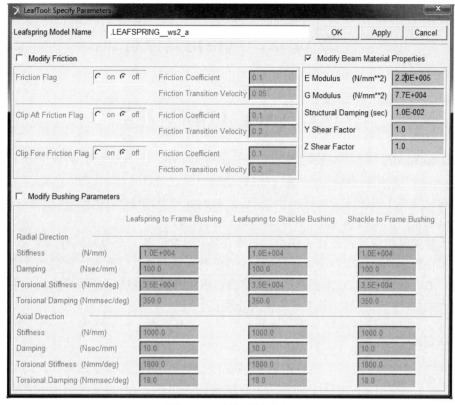

图 13-22　材料属性定义

单击 OK 按钮完成设置，然后单击菜单 LeafTool>Analysis，选择 Leafspring_ws2_a 板簧模型，将其分析名称设置为 new_e，最后单击 Simulation 按钮完成计算。这时，在后处理界面中，Simulation 列表中选择 Leafspring_ws2_1.new_e_001，横轴、纵轴分别按照前面所述选择 Location_z 和 vertical_Fz，并将其添加到前面的工作区中，如图 13-23 所示。

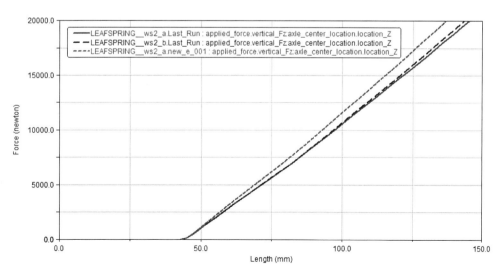

图 13-23　修改参数后的刚度属性对比

第 14 章　风机仿真分析

14.1　Adams/AdWiMo 简介

Adams/AdWiMo，即 Advanced Wind turbine Modeling，是 Adams 针对风力发电机建模及仿真的专业模块，利用该模块可帮助用户快速准确地建立包含叶片、主轴、齿轮、轴承、塔筒、控制系统和机舱等子系统的完整风机模型，基于 Adams 对多刚体/柔性体系统的精确计算能力，为用户提供最实用的风机系统动力学数值仿真计算功能。

面对大量的风机认证和设计工作中的仿真任务，要求仿真工具必须具有高性能。在设计效率方面尤其在设计早期排除各种设计风险时，还要求仿真工具具有高精度计算仿真能力。另外，在面对用户的各种需求时，如为提升产品竞争力必须要求所设计风机在维护成本和生命周期方面具有更大的优势，这就要求仿真工具具有出色的优化设计功能。

Adams/AdWiMo 就是这样一款高性能风机仿真工具。在处理如塔筒和叶片等模型时，其具有专门的处理程序 tower_by_beam 和 blade_by_beam。在处理空气动力载荷时，其借助权威的 NREL 的空气动力学算法，用户可以方便地定义风场，如选择单个或多个风场进行交互式或后台式仿真。使用 Leibniz 大学的水动力算法 waveloads 可方便地处理离岸风机所受的波浪载荷作用。出色的后处理工具可极大地提升用户分析数据的效率。针对风机控制系统有全面的处理方法，对变桨、偏航、制动等问题可方便地在机械系统上耦合控制系统。Adams 所有的功能可以与 AdWiMo 联合使用，这样更加拓展了其效能，如柔性部件的使用、在疲劳分析方面的应用等。

在 Adams/AdWiMo 中的风机坐标系如图 14-1 所示。

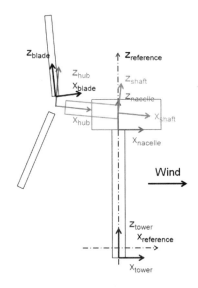

图 14-1　风机坐标系

机舱原点在偏航轴承中心点，叶片原点在变桨轴承中心点，主轴旋转轴与塔筒竖直轴交点为主轴原点。

14.2 Adams 风机建模流程

1. Adams/AdWiMo 的启用

单击菜单 Tools >Plugin Manager，打开插件管理器对话框，选择 AdWiMo 再单击 OK 按钮完成调用，如图 14-2 所示。

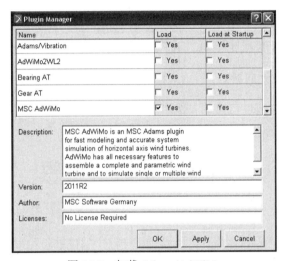

图 14-2 加载 Adams/AdWiMo

当然，用户也可以直接单击桌面图标，完成 Adams/View 和 AdWiMo 的调用，如图 14-3 所示。

图 14-3 直接单击 Adams/AdWiMo 图标

调用 AdWiMo 后的菜单状态如图 14-4 所示。

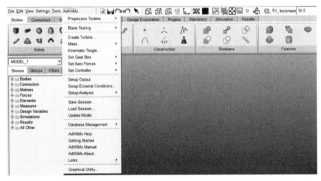

图 14-4 Adams/AdWiMo 菜单

2．Adams/AdWiMo 中建立风机整体模型的流程

首先需要在菜单 Preprocess Turbine 中完成对各个总成的设计，并最终形成风机属性 gsp 文件，然后选择菜单 Create Turbine，在其中设置好各项总成调用文件，这样风机整体建模工作基本完成，这时用户可在 Adams 工作空间中看到根据相关尺寸参数定义的风机总体模型。接着，用户可以对模型进行细化，如调整质量相关参数可通过菜单 Adjust Mass 完成，对齿轮箱的相关操作可通过菜单 Set Gear Box 完成，添加风载则通过 Set Aero Force 完成，如需添加控制系统模型可直接使用 Set Controller 下的菜单项完成。最后，通过菜单 Set Output 对后处理结果的输出类型进行设置，然后通过菜单 Set Analysis 提交仿真任务完成计算。

计算完成后，用户可通过 Adams/PostProcess 进行结果分析，也可直接使用菜单 Special PostProcessing 中的各项完成特殊处理。需要说明的是，在最新版本的 AdWiMo 中，使用了类似于 Adams/Car 的子系统数据库架构，用户可以针对风机的数据库进行相关的操作。

14.2.1 通用风机设计向导

通用风机设计向导对话框可以输入风机的常用参数，如图 14-5 所示，这些参数将用于后面整机定义时的计算以及对应柔性体方面的计算。

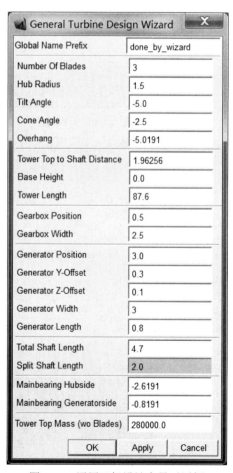

图 14-5　通用风机设计向导对话框

参数说明如下：

- Global Name Prefix：定义由此对话框生成文件的名称。
- Hub Angle：定义轮毂半径。
- Tilt Angle：定义主轴轴线相对水平面的倾角，若定义为正，则表明主轴前端点相对水平面最高。
- Cone Angle：定义叶片轴线相对于主轴法面的倾角，若定义为正，则表明叶片叶尖向前（迎风方向）翘起。
- OverHang：定义偏航轴线与主轴轴线交点到轮毂原点在主轴方向的距离。上述三个参数如图 14-6 所示。

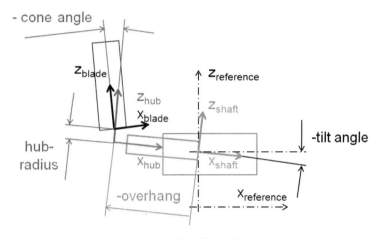

图 14-6　坐标系及对应尺寸

- Intersection Tower Top：定义塔柱上端点到主轴轴线与偏航轴线交点的距离，如图 14-7 所示。

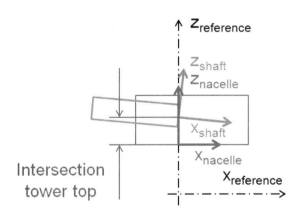

图 14-7　坐标系及对应尺寸

- Number Of Blades：叶片个数。
- Base Height：定义塔柱地面下高度。

● Tower Length：定义塔柱地面上部分长度，如图 14-8 所示。

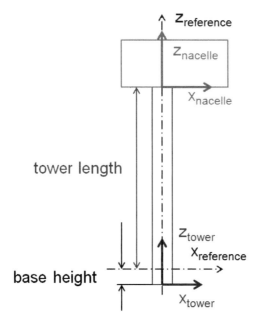

图 14-8　坐标系及对应尺寸

● Gearbox Position：基于主轴坐标系定义齿轮箱中心点位置，在其 X 轴方向。
● Generator Position：基于主轴坐标系定义发电机中心点位置，在其 X 轴方向，如图 14-9 所示。

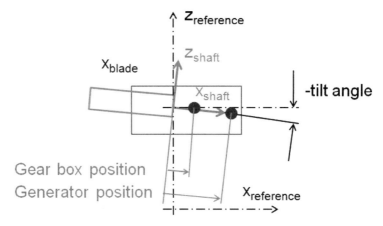

图 14-9　坐标系及对应尺寸

● Nacelle & Hub Mass：定义机舱和轮毂总质量。
● Nacelle Width：定义机舱宽度，用于计算体积和质量分布。
● Nacelle Length：定义机舱长度。
● Nacelle Height：定义机舱高度。
● Total Shaft Length：定义轮毂到齿轮箱或发电机主轴的距离，如图 14-10 所示。

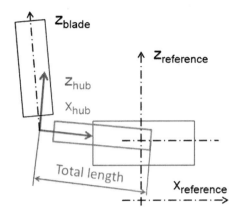

图 14-10　坐标系及对应尺寸

● Split Shaft Length：定义基于轮毂坐标系时，轮毂相对主轴前端面的距离，如图 14-11 所示。

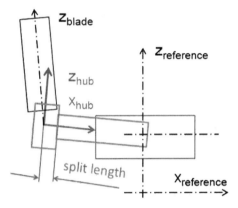

图 14-11　坐标系及对应尺寸

● Mainbearing Hubside：定义轮毂方向的主轴承相对轮毂原点的距离。
● Mainbearing Generatorside：定义发电机方向的主轴承相对轮毂原点的距离，如图 14-12 所示。

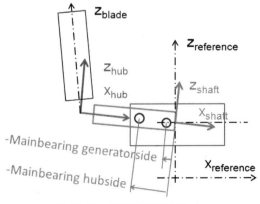

图 14-12　坐标系及对应尺寸

14.2.2 塔筒前处理

塔筒是风机的承力部件，为了满足精确计算的要求，通常需要将其考虑成柔性体计算，在 AdWiMo 中可以使用其自带的前处理功能 tower_by_beam，帮助用户完成数据输入和柔性体自动生成功能，基本流程如图 14-13 所示。

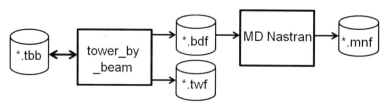

图 14-13　Adams/AdWiMo 塔筒数据处理流程

用户需要录入如图 14-14 所示的参数，这些参数将存储在属性文件.tbb 中，然后单击界面中的 Apply/OK 按钮后，AdWiMo 将自动调用 tower_by_beam 并启用 Nastran sol 103 求解器生成对应的模态中性文件，用户还可通过单击左下角的按钮查看相关信息。

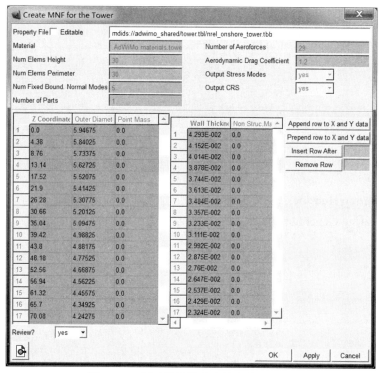

图 14-14　创建塔筒模态中性文件对话框

参数说明如下：

- Property File：定义新的或选择已有的塔筒属性文件名称，.tbb 文件。
- Material：选择塔筒材料。用户直接从 Adams 的材料库中选择或者自定义材料，主要为杨氏模量、泊松比和密度信息。基于 CBEAM 单元定义刚度和质量属性。

- Num Elems Height：定义沿塔筒轴线分布的梁单元数目。而实际的单元数目由期望的单元长度和截面状态决定，最大不能超过 100。

- Num Elems Perimeter：定义沿塔筒周线分布的单元数目。从显示角度可以忽略刚度和质量的壳单元模拟塔筒。

- Num Fixed Bound. Normal Modes：定义固定边界正交模态数目。一般塔筒有上下两个边界状态节点，因此会有 12 个约束模态，包括 6 个刚体模态。通常为了获得较高数值精度往往要对固定边界正交模态的数目进行限制。

- Number of Aeroforces：定义空气动力载荷数目。这些载荷将施加在塔筒上，基于这里定义的数目，将在塔筒中轴线上生成对应数目的附着节点，用于施加这些空气动力载荷。

- Aerodynamic Drag Coefficient：空气动力载荷升力系数。

- Output Stress Modes：是否输出应力信息。

- Z Coordinate：定义各个截面的 Z 轴位置，参考图 14-15 所示几何参数。

- Outer Diameter：塔筒直径，参考图 14-15 所示几何参数。

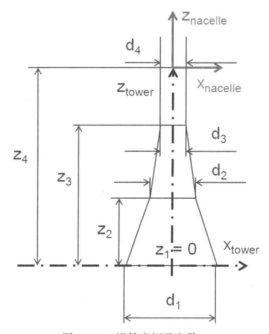

图 14-15　塔筒坐标及参数

- Wall Thickness：塔筒壁厚。

- Non Struc.mass：在每一段上添加非结构质量，然后和通过直径和壁厚计算的质量融合在一起使用。

- Review：查看塔筒相关信息。

14.2.3　叶片前处理

叶片是风机上捕获风能的直接部件，其气动外形尤为重要，往往使用某些成熟的翼形获得出色的力学性能，并且在变桨控制中其也是核心动作机构，因为不断地旋转且质量不能忽视，离心刚化效应必须考虑这样才能获得更为精确的仿真结果。

在 AdWiMo 中，用户在图 14-16 中输入完数据后，单击 Apply/OK 按钮时 Adams 将调用 blade_by_beam 程序，即 Nastran 生成叶片的模态中性文件。如果同时选择了 Review，还能在执行完时快速查看叶片相关柔性体信息。执行流程如图 14-17 所示。

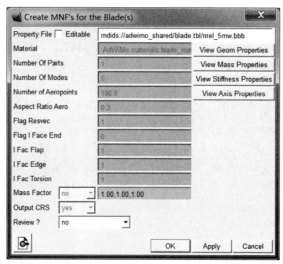

图 14-16　创建叶片模态中性文件对话框

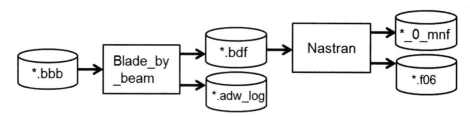

图 14-17　Adams/AdWiMo 叶片数据处理流程

参数说明如下：

- Property File：定义叶片属性文件名称，或选择已有文件名称，.bbb 文件。
- Material：定义叶片属性。
- Number of Parts：定义描述一根叶片的柔性体数目。使用多个柔性体描述同一根叶片，可以更加精确地模拟几何非线性问题。
- Number of Modes：定义叶片固定边界模态数目。一根叶片往往通过一个附着点与轮毂相连，因此具有 6 个约束自由度。
- Number of Aeropoints：空气动力载荷的施加点个数。
- Aspect Ratio Aero：气动载荷比率。
- Flag Resvec：是否考虑离心刚化效应，通过 0/1 选择。通常固定边界正交模态可以很好地描述叶片的弯曲行为，如果该项设置为 1，可以激活残余应力项，从而可以模拟由于重力和离心力造成的效果。
- Flag I Face End：考虑叶尖力学行为。设置为 1 将会在叶尖处添加约束模态。

- I Fac Flap：考虑质量分布效果。通常都是将叶片分成若干段，并将叶片质量集中在这些分段截面上。如果该项设置成 1，将在 Falp 方向添加一些转动惯量来模拟分布质量的效果。
- I Fac Edge：考虑质量分布效果，在 Edge 方向添加惯量。
- I Fac Torsion：考虑质量分布效果，在扭转方向添加惯量。
- Review：是否查看叶片柔性体信息。

14.2.4 轮毂和主轴前处理

轮毂和主轴是风能扭矩传输的中间环节，前面连接叶片，后面与变速箱及主轴承相连，实际工作过程中承受较为复杂的载荷作用。创建轮毂和主轴模态中性文件对话框如图 14-18 所示。

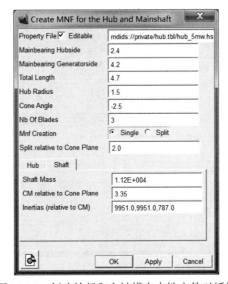

图 14-18　创建轮毂和主轴模态中性文件对话框

参数说明如下：

- Property File：定义轮毂与主轴属性文件名称或选择已存在的名称，.hsp 文件。
- Mainbearing Hubside：从轮毂原点到轮毂侧主轴承的距离。
- Mainbearing Generatorside：从轮毂原点到发电机侧主轴承的距离。
- Total Length：从轮毂原点到变速箱或发电机主轴的距离。
- Hub Radius：轮毂半径，即从轮毂原点到叶片根点的距离。
- Cone Angle：叶片轴线与主轴轴线法向面的夹角，叶尖翘向迎风侧时为正。
- Nb of Blades：叶片个数。
- Mnf Creation：选择 Single 单选项即将轮毂和主轴合成一个 MNF 文件；选择 Split 单选项即将轮毂和主轴分成两个 MNF 文件。
- Hub Mass：轮毂和主轴的总质量。
- CM relative to Cone Plane：轮毂与主轴质心到轮毂原点的距离。
- Inertias：轮毂和主轴对角线惯量，其中第三个数据为绕主轴的惯量。
- Split Relative to Cone Plane：轮毂和主轴分界面到轮毂原点的距离。

14.2.5 主框架和发电机框架前处理

创建主框架和发电机框架模态中性文件对话框如图 14-19 所示。

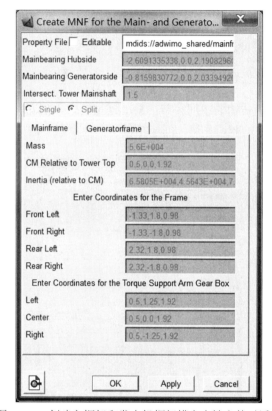

图 14-19 创建主框架和发电机框架模态中性文件对话框

参数说明如下：

● Property File：定义主框架和发电机框架属性文件名称，或选择已有文件名称，.mgp 文件。

● Mainbearing Hubside：轮毂侧主轴承位置。

● Mainbearing Generatorside：发电机侧主轴承位置。

● Single or Split：选择合成一个的 MNF 文件或分开两个的 MNF 文件。

● Mass：输入框架质量。

● CM Relative to Tower Top：定义框架质心相对塔筒上端点的位置。

● Inertia：输入框架转动惯量，对角线三分量。

● Enter Coordinates for the Frame：定义框架四个角的位置。

● Enter Coordinates for the Torque Support Arm Gear Box：定义框架三个转臂支点位置。

14.2.6 创建风机属性文件

当风机的各个部分创建完成，即各部分的属性文件创建完成后，就可以将各部分组装成完整的风机属性文件了，如图 14-20 所示。

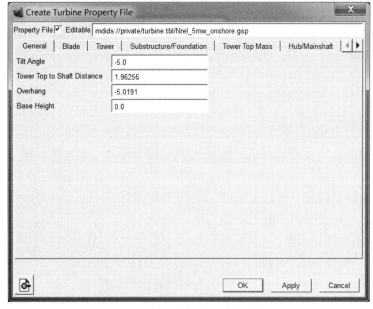

图 14-20 创建风机属性文件

参数说明如下：

- 选项卡 General
  - ➢ Tilt Angle：主轴轴线与水平面夹角，主轴前端高出水平面为正。
  - ➢ Tower Top to Shaft Distance：主轴轴线与偏航轴线交点到塔筒上端点的距离。
  - ➢ Overhang：定义偏航轴线与主轴轴线交点到轮毂原点在主轴方向的距离。
  - ➢ Base Height：塔筒相对地面下高度。
- 选项卡 Blade
  - ➢ Blade Modal Neutral File(list)：叶片模态中心文件（或文件列表）。
  - ➢ Blade Property File：叶片属性文件。
  - ➢ Blade to Hub：叶片与轮毂相连的节点编号。
  - ➢ Along Pitch Axis：变桨轴方向标示节点编号。
  - ➢ Along Trailing Edge：叶片尾边。
  - ➢ Tip：叶片叶尖节点编号。
- 选项卡 Tower
  - ➢ Tower Modal Neutral File：塔筒模态中性文件。
  - ➢ Tower Property File：塔筒属性文件。
  - ➢ Tower Bottom：塔筒与地基相连的节点编号。
  - ➢ Tower Top：塔筒与机舱相连的节点编号。
  - ➢ Positive Wind Direction：标示正向风的节点编号，用于不对称塔筒（如一侧开门）。
- 选项卡 Substructure/Foundation
  - ➢ Mass：定义质量。
  - ➢ CM relative to Tower Bottom：相对塔筒底端点的质心位置。
  - ➢ IXX：地基的 x 惯量。

- ➢ IYY：地基的 y 惯量。
- ➢ IZZ：地基的 z 惯量。
- ➢ Substructure MNF：地基的模态中性文件。
- ➢ Top to Tower Bottom：地基与塔筒相连的节点编号。
- ➢ Bottom to Foundation：地基与大地相连的节点编号。
- 选项卡 Nacelle
  - ➢ Mass：机舱质量。
  - ➢ CM relative to Tower Top：机舱质心相对于塔筒上端点的位置。
  - ➢ IXX：机舱的 x 惯量。
  - ➢ IYY：机舱的 y 惯量。
  - ➢ IZZ：机舱的 z 惯量。
- 选项卡 Hub/Mainshaft
  - ➢ Hub Modal Neutral File：轮毂模态中性文件。
  - ➢ Mainshaft Modal Neutral File：主轴模态中性文件。
  - ➢ Hubshaft Property File：轮毂主轴属性文件。
  - ➢ End to Low Speed Shaft：与低速轴相连的节点编号。
  - ➢ Mainbearing Hubside：与轮毂一侧主轴承相连的节点编号。
  - ➢ Mainbearing Generatorside：与发电机一侧主轴承相连的节点编号。
  - ➢ ConePlane：叶片圆锥面与主轴相连的节点编号。
  - ➢ Hub to Blade：轮毂与叶片相连的节点编号。
  - ➢ Hub to Mainshaft：轮毂与主轴相连的节点编号。
  - ➢ Mainshaft to Hub：主轴与轮毂相连的节点编号。
  - ➢ Mainshaft to Towerdir：主轴上位于轮毂下侧标示主轴方向的节点编号。
- 选项卡 Main/Generatorframe
  - ➢ Mainframe Modal Neutral File：框架模态中性文件。
  - ➢ Generatorframe Modal Neutral File：发电机框架模态中性文件。
  - ➢ Mainframe Property File：框架属性文件。
  - ➢ Yaw Bearing：主框架与塔筒在偏航轴承处相连的节点编号。
  - ➢ Mainbearing Hubside：主轴与主框架在轮毂侧主轴承处相连的节点编号。
  - ➢ Mainbearing Generatorside：主轴与框架在发电机侧主轴承处相连的节点编号。
  - ➢ Torque Support Arm Gear Box：齿轮箱上左、中、右三处力臂支点的节点编号。
  - ➢ Torque Support Arm Generator：发电机上左、中、右三处力臂支点的节点编号。
  - ➢ Main- to Generatorframe：主框架与发电机框架相连的两个节点编号。
  - ➢ Generator- to Mainframe：发电机框架与主框架相连的两个节点编号。

14.2.7 创建风机

完成风机总体属性文件的创建后，即可以利用创建风机对话框完成风机的总体建模工作，如图 14-21 所示。

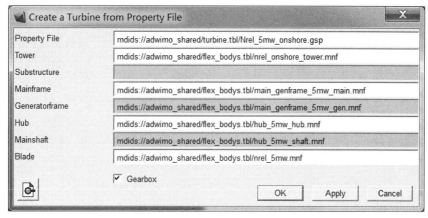

图 14-21　创建风机模型对话框

参数说明如下：

- Property File：选择风机属性文件，.gsp 文件。
- Tower：选择塔筒模态中性文件。
- Substructure：选择地基模态中性文件。
- Mainframe：选择主框架模态中性文件。
- Generatorframe：选择发电机框架模态中性文件。
- Hub：选择轮毂模态中性文件。
- Mainshaft：选择主轴模态中性文件。
- Blade：选择叶片模态中性文件。
- Gearbox：选择该复选框，则可以在将来创建的风机上包含齿轮箱。

14.2.8　添加风载

风机模型创建完毕，这时就可以添加空气动力载荷驱动风机运行了。空气动力载荷的计算是一套规范的算法，有很多种类型来描述，这里使用的是 NREL 算法，在当前的 AdWiMo 中集成了两个版本，即 12.58 和 13.00。下面为叶片添加风载，如图 14-22 所示。

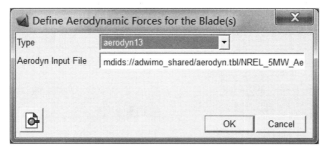

图 14-22　定义空气气动载荷

参数说明如下：

- Type：选择可用的空气动力载荷算法。
- Aerodyn File：选择输入文件，即风载。

当然，除了可以向叶片添加载荷外，还可以向机舱、塔筒等施加，并且可以删除已经添加好的载荷。另外，AdWiMo 还有很多与控制相关的对话框，如偏航、变桨、制动、发电机控制等，并且有许多特殊的后处理工具供用户使用，这里不再一一介绍。

14.3　实例

AdWiMo 从 2011 R2 版本开始，借鉴了 Adams/Car 的模板格式，向用户提供了一个风机模板库，未来将以这种方式不断地完善其功能。这里以其模板库中的一套风机模型为例进行说明。

第一步，启动 Adams/AdWiMo。根据前面介绍的方式完成，并设定创建模型的名称为 model_wt_completed，如图 14-23 所示。

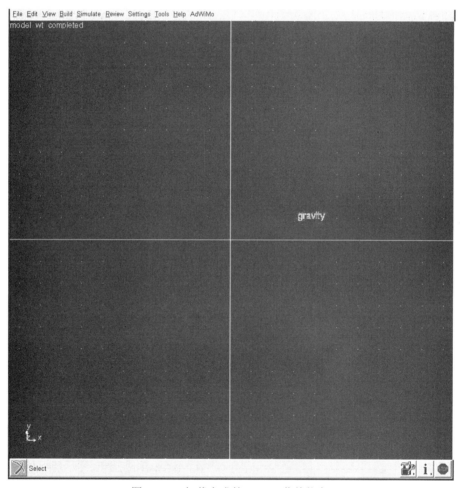

图 14-23　加载完成的 Adams 菜单状态

第二步，完成风机设计通用向导窗口设置。单击菜单 AdWiMo>Preprocess Turbine>General Turbine Design Wizard，按照图 14-24 所示进行参数设置，这里将名称设置为 haibao。

第三步，完成塔筒前处理设置。单击菜单 AdWiMo>Preprocess Turbine>Preprocess Tower...，然后选择 Editable 复选框，相关参数变为可编辑状态，这里采用默认参数，如图 14-25 所示。

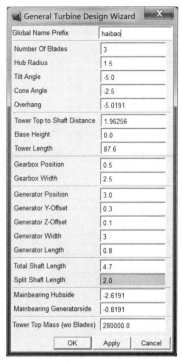

图 14-24　设置风机向导参数

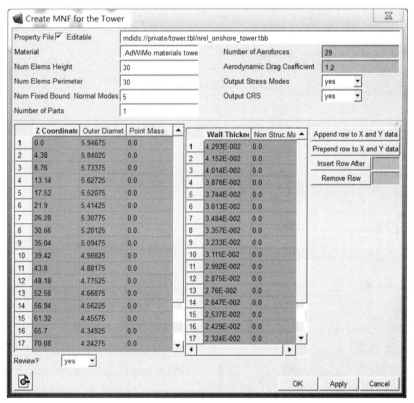

图 14-25　设置塔筒相关参数

可以单击左下角的按钮查看塔筒文件信息，也可以从数据库中打开此文件，可以对该文件做如下修改：

```
$-----------------------------------------------------------MDI_HEADER
[MDI_HEADER]
FILE_TYPE                      = 'tbb'
FILE_VERSION                   = 2.0
FILE_FORMAT                    = 'ASCII'
CREATION_DATE                  = '25 Dec 2011   16:59'
HEADER_SIZE                    = 6
$-----------------------------------------------------------UNITS
[UNITS]
LENGTH                         = 'meter'
ANGLE                          = 'degrees'
FORCE                          = 'newton'
MASS                           = 'kg'
TIME                           = 'second'
$-----------------------------------------------------------GENERAL
[GENERAL]
NUM_ELEMENTS_HEIGHT            = 30
NUM_ELEMENTS_PERIMETER         = 30
NUM_AEROFORCES                 = 29
DRAG_COEFF                     = 1.2
NUM_FIX_BOUND_NORMAL_MODES     = 5
STRESS_OUTPUT                  = 1
$-----------------------------------------------------------FE_DATA
[FE_DATA]
YOUNGS_MODULUS                 = 207000000000.0
POISSONS_RATIO                 = 0.29
MATERIAL_DENSITY               = 7801.0
$-----------------------------------------------------------SHAPE
[SHAPE]
{Section   Z_Coor.      Outer_Dia.    Point_Mass}
1   0.00000E+000   5.94675E+000   0.00000E+000
……
```

然后，单击 OK 按钮，完成该项设置。程序将调用 Nastran 求解，最终生成塔筒模态中性文件，如图 14-26 所示。

如果选择左下角的 Review，在计算完成时，还将在 Adams/View 中展现刚刚生成的模态中性文件，如图 14-27 所示。

第四步，完成叶片前处理设置。单击菜单 AdWiMo>Preprocess Turbine>Preprocess Blade...，按照图 14-28 所示进行参数设置，这里将 Number of Parts 设置为 6，并选择 Review 下拉列表框中的 yes 选项。

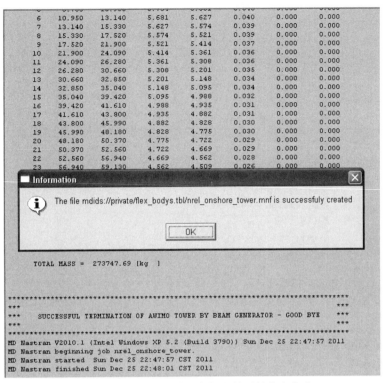

6	10.950	13.140	5.681	5.627	0.040	0.000	0.000
7	13.140	15.330	5.627	5.574	0.039	0.000	0.000
8	15.330	17.520	5.574	5.521	0.039	0.000	0.000
9	17.520	21.900	5.521	5.414	0.037	0.000	0.000
10	21.900	24.090	5.414	5.361	0.036	0.000	0.000
11	24.090	26.280	5.361	5.308	0.036	0.000	0.000
12	26.280	30.660	5.308	5.201	0.035	0.000	0.000
13	30.660	32.850	5.201	5.148	0.034	0.000	0.000
14	32.850	35.040	5.148	5.095	0.034	0.000	0.000
15	35.040	39.420	5.095	4.988	0.032	0.000	0.000
16	39.420	41.610	4.988	4.935	0.031	0.000	0.000
17	41.610	43.800	4.935	4.882	0.031	0.000	0.000
18	43.800	45.990	4.882	4.828	0.030	0.000	0.000
19	45.990	48.180	4.828	4.775	0.030	0.000	0.000
20	48.180	50.370	4.775	4.722	0.029	0.000	0.000
21	50.370	52.560	4.722	4.669	0.029	0.000	0.000
22	52.560	56.940	4.669	4.562	0.028	0.000	0.000
23	56.940	59.130	4.562	4.509	0.026	0.000	0.000

Information

The file mdids://private/flex_bodys.tbl/nrel_onshore_tower.mnf is successfuly created

OK

```
TOTAL MASS =   273747.69 [kg  ]


***********************************************************************
***                                                                 ***
***    SUCCESSFUL TERMINATION OF AWIMO TOWER BY BEAM GENERATOR - GOOD BYE   ***
***                                                                 ***
***********************************************************************
MD Nastran V2010.1 (Intel Windows XP 5.2 (Build 3790)) Sun Dec 25 22:47:57 2011
MD Nastran beginning job nrel_onshore_tower.
MD Nastran started  Sun Dec 25 22:47:57 CST 2011
MD Nastran finished Sun Dec 25 22:48:01 CST 2011
```

图 14-26　生成塔筒模态中性文件后的信息状态

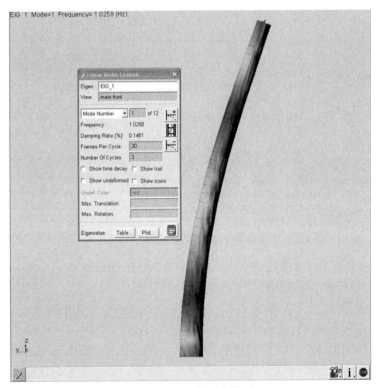

图 14-27　塔筒模态模型

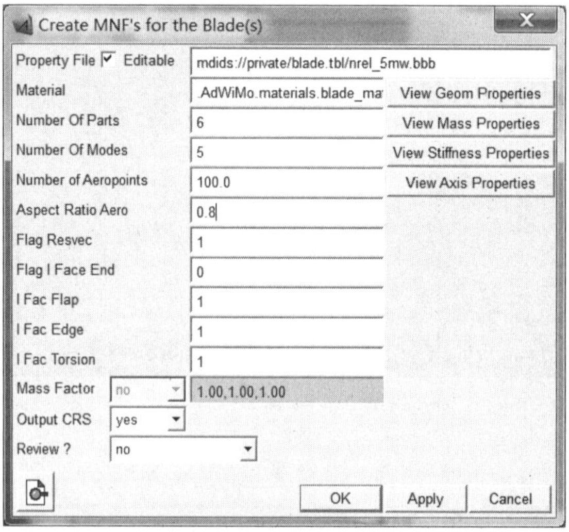

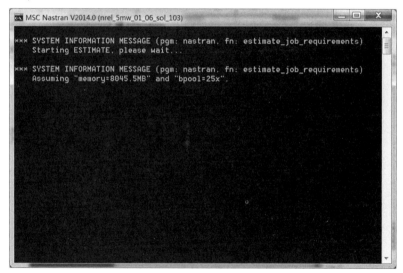

图 14-28　设置叶片相关参数

然后单击 OK 按钮，将有如下生成过程，对应前面的设置，将进行 6 次模态中性文件的生成。

这个过程会频繁调用 Nastran 进行解算，如图 14-29 所示。

图 14-29　调用 Nastran 进行解算

第五步，完成轮毂与主轴的设置。单击菜单 AdWiMo>Preprocess Turbine>Preprocess Hub and Mainshaft...，按照图 14-30 所示的默认参数进行设置。

第六步，完成框架设置。单击菜单 AdWiMo>Preprocess Turbine>Preprocess Main and Generatorframe...，按照图 14-31 所示的默认参数进行设置。

第七步，创建风机属性文件。单击菜单 AdWiMo>Preprocess Turbine>Create Turbine Property File，命名为 haibao_tb.gsp，然后对每个选项卡进行设置，这里主要根据前面生成的文件进行模态中性文件和对应部件的属性文件的指定，如图 14-32 所示。

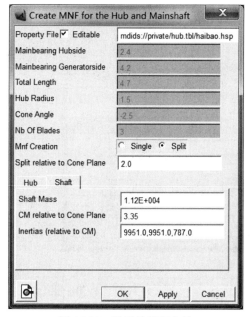

图 14-30　设置轮毂和主轴

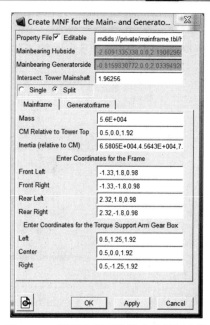

图 14-31　设置主框架和发电机框架参数

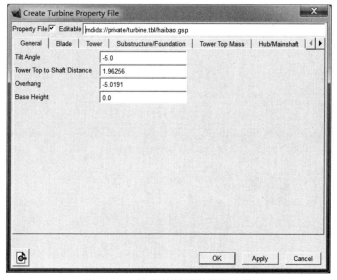

图 14-32　设置风机属性相关参数

单击 OK 按钮后，将在数据库中生成该文件供后面调用，如图 14-33 所示。

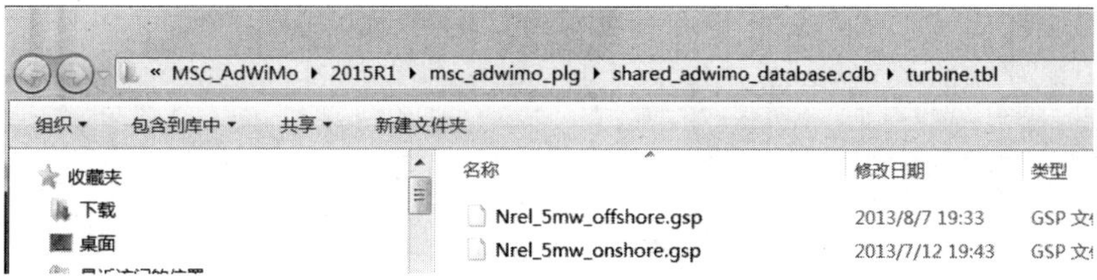

图 14-33　最终生成的整机属性文件

第八步，创建风机。单击菜单 AdWiMo>Create Turbine...，选择对应的风机属性文件 haibao_tb.gsp 即可，如图 14-34 所示。

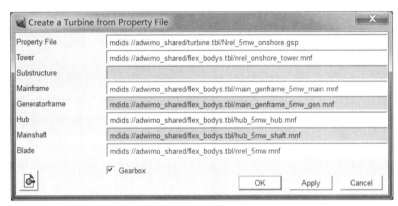

图 14-34　创建风机

单击 OK 按钮后，将在 Adams/View 中展现出创建完成的风机模型，如图 14-35 所示。

图 14-35　生成的风机模型

第九步，添加叶片风载。单击菜单 AdWiMo>Set Aero force>Blade，按图 14-36 所示进行设置。

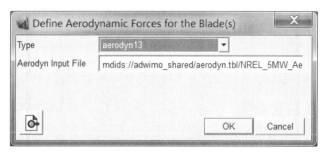

图 14-36　添加叶片风载

单击 OK 按钮后，会看到空气动力载荷添加在叶片上，如图 14-37 所示。

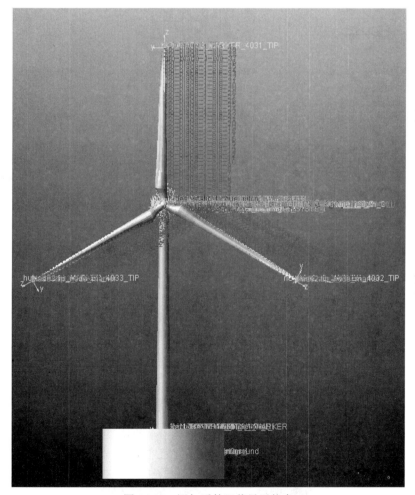

图 14-37　添加后的风载显示状态

第十步，提交计算。单击菜单 AdWiMo>Set Analysis>Single Analysis，如图 14-38 所示，选择风况文件，设置仿真脚本命令文件，并可对初始转速、转角及变桨初始角度进行指定。

Setup and Run a Single Analysis

Windfile	mdids://adwimo_shared/wind.tbl/NoShr_12.wnd
Simulation Script Import	.tower_tmp.default_simulation_control
Initial Condition Table	mdids://adwimo_shared/startup_file.tbl/nrel5mw.ict
Rotor Initial Velocity (rev/min)	12.1
Rotor Initial Angle (deg)	0.0
Pitch Initial Angle (deg)	3.48
Generator Power (Nm/s)	4978.81
Tower Initial Displacement (m)	X 0.31 Y -5.0E-002

☐ Initial aerodynamic phase
☐ Assumed Pitch Deviation

OK   Apply   Cancel

图 14-38　设定风况

脚本命令如下：

```
! Insert ACF commands here:
output/nosep
sim/sta
! deactivate 'static' motion to fix hub during statics:
! motion's name is 'static_mot_shaft2mainframe'
deactivate/motion,ID=9901
sim/tra,end=40,dtout=0.1
lin/eigen
```

单击 OK 按钮后，完成计算。可查看动画及对应曲线，如图 14-39 和图 14-40 所示。

图 14-39　查看动画

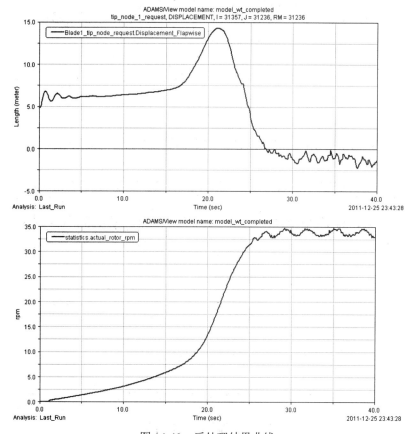

图 14-40   后处理结果曲线

第 15 章　Adams/Car 汽车专业模块

15.1　Adams/Car 简介

Adams/Car 模块是 MSC 公司与 Audi、BMW、Renault 和 Volvo 等汽车公司合作开发的专业轿车设计模块，集成了他们在汽车设计、开发方面的专家经验。该模块能够快速建立高精度的车辆模板、子系统和整车装配模型，包括车身、悬架、传动系统、发动机、转向机构、制动系统等子系统在内的精确的参数化数字汽车，如图 15-1 所示。可通过高速动画直观地再现各种工况下的车辆运动学（Kinematics）和动力学（Dynamics）响应，并输出操纵稳定性、制动性、加速性、乘坐舒适性和安全性等性能指标参数，从而减少对物理样机的依赖。

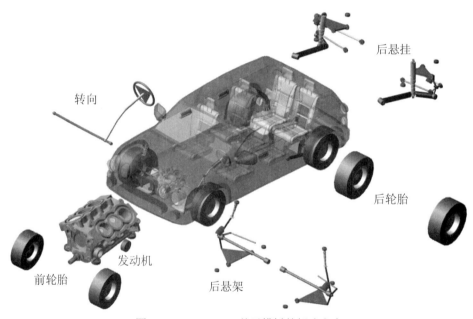

图 15-1　Adams/Car 基于模板的解决方案

Adams/Car Package 包括一系列的汽车仿真专用模块，用于快速建立功能化数字汽车，并对其多种性能指标进行仿真评估，如图 15-2 所示。使用 Adams/Car Package 建立的功能化数字汽车可包括以下子系统：底盘（传动系、制动系、转向系、悬架）、轮胎和路面、动力总成、车身、控制系统等。用户可在虚拟的试验台架或试验场地中进行悬架子系统或整车的性能仿真，并对其设计参数进行优化。Adams 汽车仿真工具含有丰富的子系统标准模板，以及大量用于建立子系统模板的预定制部件和一些特殊工具。通过模板的共享和组合，快速建立子系统到装配的模型，然后进行各种预定义或自定义的虚拟仿真试验。

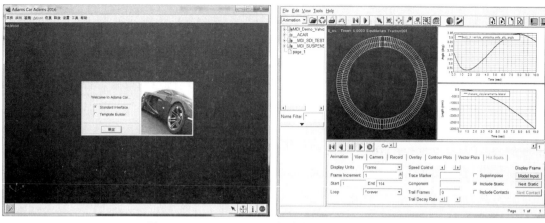

图 15-2　Adams/Car 2016 版本主界面及后处理界面

功能及特色如下：

- 汽车前、后悬架特性及转向器特性分析（如车轮包络空间分析、K&C 特性分析、转向特性分析及悬架零部件静、动载受力特性分析）。
- 功能化数字汽车的操纵稳定性分析。
- 结合 Adams/Vibration 模块，进行功能化数字汽车的振动特性分析。
- 通用的四轮台架试验台，用于功能化数字汽车的平顺性分析。
- 机械—控制耦合，用于功能化数字汽车的控制系统分析（转向助力、ABS、ESP）。
- 结合 MSC Adams/Durability 模块，进行功能化数字汽车的耐久性分析。
- 通用激励分析（GAA），用户可以自定义激励方式，方便完成客户化分析过程。
- 设置驱动车辆闭环控制器合适的增益。
- 全参数化模型，结合 MSC Adams/Insight 模块，用户可以很方便地进行各种多目标多变量的试验研究及优化过程。
- 以轮廓线或 3D 实体方式生成部件几何外形或从外部 CAD 软件导入部件的几何外形，改进可视化效果。
- 模型的细化，可以考虑部件弹性、摩擦、控制、液压和气动系统。
- 轮胎模型可以使用操纵稳定性轮胎模型，也可以使用 FTire 模型。
- 路面的数学描述——直接生成或导入数据。路面可以是基于 2D 的数学分析路面模型，也可以是 3D 光滑路面、3D 颠簸路面、CRG 路面模型，还可以是用于军用越野车辆、建筑车辆及农用车辆等需要模拟其越野性能分析的软土路面模型。
- 封闭路径的优化。
- 轮胎特性、悬挂、衬套等柔顺性连接元素的特性参数辨识。

15.2　悬架性能分析

悬架的性能是汽车动力学特性的重要基础，为了满足来自汽车市场的各种各样的技术需求，悬架 K&C 分析已经变得越来越重要。Kinematics 研究悬架和转向系统的几何空间位置运动特性，不考虑质量或力的影响；Compliance 是由于力的作用而引起的变形，如弹簧、稳定杆、衬套和部件的受力变形。通过悬架 K&C 性能的分析改进，可为整车性能的提升提供支持。

（1）悬架运动学分析的目的是调整悬架的几何尺寸以得到满意的运动学特性。如果出现了运动学方面的问题，可以提出设计的修改建议，改变悬架连接点的位置、控制臂（control arms）的长度和其他影响悬架运动学特性的一些几何参数。

同样地，悬架弹簧的特性也可以得到检查，以保证车辆总体上性能的要求，包括悬架在车轮跳动和扭转过程（ride and roll）中对弹簧弹性的要求。使用附加的悬架组件，如抗扭转杆，也可以得到检查，包括抗扭转杆的几何尺寸等。

（2）在分析了悬架的几何设计并得到了良好的运动学性能之后，可以检查一下悬架的柔顺性能。虚拟的悬架模型将置于悬架试验台上并进行一系列的柔顺性能分析（如静载荷分析）。

悬架的柔顺性分析的目的是调整悬架衬套以得到合适的悬架柔顺性能。注意实际的连接铰链的刚度并非是无限的，而且它们确实对悬架的性能有一定的影响。因此，在模型中考虑使用衬套代替理想的铰链连接应该是很好的主意。

（3）悬架性能的下一步分析就是在 Adams/Car 中在车轮上施加静载工况并检查传递到悬架元件处的载荷（悬架衬套、悬架弹簧等）。这有助于更好地了解悬架的耐久性能。

典型情况下，进行静载分析是使一系列悬架承受最恶劣工况。这些载荷条件（或工况）采取多少个 g 的载荷形式表示，例如，悬架需要承受 3 g 的垂向载荷、2 g 的纵向载荷和 1 g 的横向载荷，这样的载荷条件通常称为"321 g"载荷工况。

静载耐久性分析的目的是给出设计人员和有限元强度分析人员一个报告，报告中给出作用在悬架各部件（控制臂、衬套、弹簧等）上所受到的最恶劣的载荷情况。这些数据随后可以传入到各部件（控制臂、衬套、弹簧等）的有限元模型中进行强度方面的分析。一个结构静载荷报告通过载荷工况的后处理生成，从而得到悬架上部件所承受的总载荷。此报告可以传到有限元软件（Nastran、ANSYS、ABAQUS 等）进行强度分析。

对于设计工程师来说，很少能够在项目早期的这个阶段取得这些数据，因此静载耐久性分析可以提供在真实世界里首次洞察部件的载荷条件。这种方法是简单的、粗略的，并不代表进行耐久性能分析最终的载荷分析结果，但在设计和分析的早期阶段，这些数据是相当有价值的。

（4）静载耐久性分析完成后，就可以更为直接地研究橡胶悬挂部件的性能。在此阶段，需要为悬架假定一个路面的截面形状（例如，一个凹坑路面或测试得到的路面白噪声随机信号输入）并利用 Adams/Car 中虚拟的四轮台柱振动分析工具。得到的 MSC Adams 动态载荷时间历程将被输入到 FEA 软件中进行最后的结构强度分析。

15.2.1 悬架 K&C 性能分析工况

对悬架 K&C 性能进行分析，是可以进而预测、优化并改进整车操纵稳定性能的一种重要的分析方法，如图 15-3 所示。汽车的不足转向度是汽车操纵稳定性的一个重要评价指标，在汽车概念设计阶段，通过悬架在各种工况下的 K&C 性能分析，可计算分析整车的基本动力学特性，协助完成目标设定、目标改进和整车操稳性能优化提升等工作。

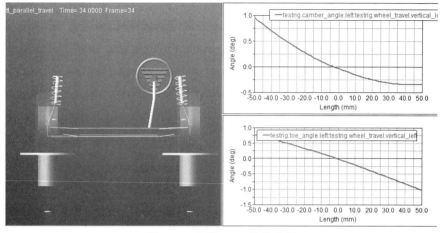

图 15-3　悬架 K&C 性能分析

对悬架的动力学分析要从悬架运动学和弹性运动学两个方面进行。

（1）悬架运动学研究的是由于车身与车轮发生相对运动而产生的包括反映车轮定位、车身俯仰等悬架相关性能指标的变化特性，因此研究和评价悬架运动学方法的实质就是给悬架系统输入一种运动，对各种悬架运动学输出特性进行研究和评价；悬架弹性运动学研究的是由于悬架系统受到车轮处的横向和纵向力或力矩而产生的车轮定位、顺从转向等悬架性能指标的变化特性，因此研究和评价悬架弹性运动学方法的实质就是给悬架系统输入各种不同的力或力矩，对各种悬架弹性运动学输出特性进行研究和评价。

（2）悬架弹性运动学是阐述由于轮胎和路面之间的力和力矩引起的车轮定位等主要悬架参数的变化。车轮定位参数、顺从转向特性参数、车轮转向角、悬架刚度、侧倾角刚度、轮距和轴距的变化等，都能从不同的侧面反映悬架的弹性运动学特性。

在 Adams/Car 下可以进行的悬架 K&C 分析工况菜单如图 15-4 所示。

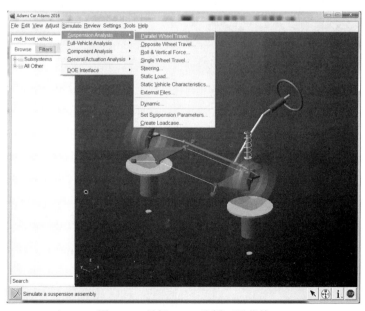

图 15-4　悬架 K&C 分析工况菜单

（1）车轮平行跳动（Parallel wheel analysis）。

仿真命令菜单如图 15-5（a）所示，分析结果如图 15-5（b）所示。

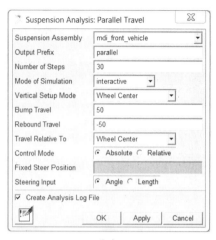

（a）

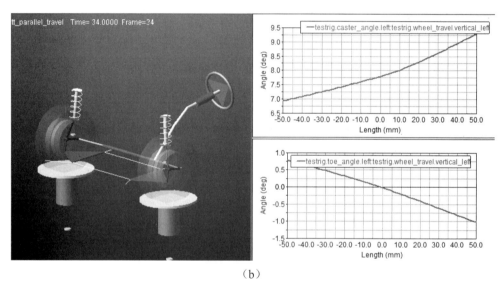

（b）

图 15-5　悬架平行跳动分析

后处理关注的性能指标曲线：

- 轮荷变化曲线：left_tire_force.normal ~ wheel_travel
- 悬架刚度曲线：wheel_rate ~ wheel_travel
- 前束角：toe_angle ~ wheel_travel
- 外倾角：camber_angle ~ wheel_travel
- 后倾角：caster_angle ~ wheel_travel
- 内倾角：kingpin_incl_angle ~ wheel_travel
- 主销后倾拖距（纵向偏距）：caster_moment_arm ~ wheel_travel
- 磨胎半径（横向偏距）：scrub_radius ~ wheel_travel

- 侧倾转向系数变化曲线：roll_steer ~ wheel_travel
- 侧倾外倾系数变化曲线：roll_camber_coefficient ~ wheel_travel
- 总侧倾角刚度变化曲线：total_roll_rate ~ wheel_travel
- 悬架侧倾角刚度曲线：susp_roll_rate ~ wheel_travel
- 侧倾中心高度变化曲线：roll_center_location.vertical ~ wheel_travel
- 轮距变化曲线：total_track ~ wheel_travel

（2）车轮反向跳动（Opposite wheel travel）。

仿真命令菜单如图 15-6（a）所示，结果如图 15-6（b）所示。

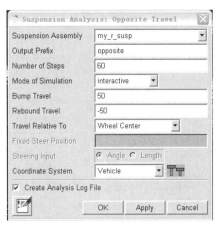

（a）

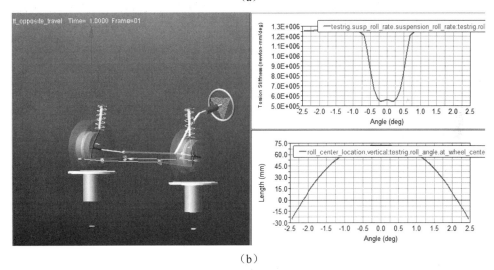

（b）

图 15-6　侧倾工况分析

后处理关注的性能指标曲线：

- 前束角变化曲线：toe_angle ~ roll_angle
- 外倾角变化曲线：camber_angle ~ roll_angle
- 侧倾转向系数变化曲线：roll_steer ~ roll_angle
- 侧倾外倾系数变化曲线：roll_camber_coefficient ~ roll_angle

- 总侧倾角刚度变化曲线：total_roll_rate ~ roll_angle
- 悬架侧倾角刚度曲线：susp_roll_rate ~ roll_angle
- 侧倾中心高度变化曲线：roll_center_location.vertical ~ roll_angle

（3）侧倾和垂直力分析（Roll and vertical forces），悬架的侧倾角变化，同时保持作用于悬架的总垂直力不变，因此左右车轮的垂直力会变化，导致左右轮轮心的位置改变。

（4）单轮运动（Single wheel travel），一个车轮固定，另一个车轮运动。

（5）转向（Steering），在给定的轮心高度下，在转向盘或转向机上施加运动。

仿真命令菜单如图 15-7（a）所示，结果如图 15-7（b）所示。

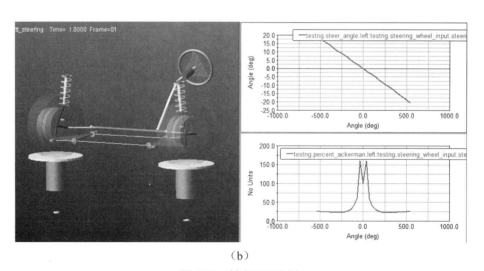

（a）

（b）

图 15-7　转向工况分析

后处理关注的性能指标曲线：

- 前轮实际转角：steer_angle ~ steering_wheel_input
- 阿克曼转角变化：Ackerman_angle ~ steering_wheel_input
- 阿克曼百分比：percent_ackerman ~ steering_wheel_input
- 外侧车轮转弯半径：outside_turn_diameter ~ steering_wheel_input

（6）静态分析（Static load），可以在轮心和轮胎接地点施加载荷，包括纵向力、侧向力、垂直力。

仿真命令如图 15-8（a）所示，结果如图 15-8（b）所示。

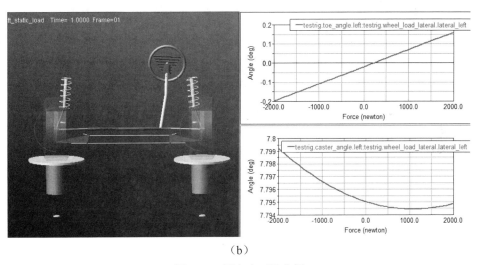

（a）

（b）

图 15-8 侧向力工况分析

后处理关注的性能指标曲线：

- 前束角变化：toe_angle ~ wheel_load_lateral（lateral_force）
- 外倾角变化：camber_angle ~ wheel_load_lateral（lateral_force）
- 车轮中心侧向位移变化：wheel_travel_track ~ wheel_load_lateral（lateral_force）
- 车轮接地点侧向位移变化：left_tire_contact_point.track_change_left ~ wheel_load_lateral（lateral_force）

（7）外部文件分析（External file），利用外部文件来驱动仿真。主要包含两类仿真：

1）载荷分析（Loadcase），文件中包含的输入可以是轮心位移、转向盘转角或者作用力。

2）车轮包络分析（Wheel envelope），车轮通向运动的同时，车轮可以转动，主要是与 CAD 软件相结合，检查悬架、转向轮与车身之间的干涉。

（8）动力学分析（Dynamics analysis），可以选择试验台执行器运动模式和执行器的控制源，也可以在轮心和轮胎接地点施加载荷，包括侧向力、纵向力、垂向力、回正力矩、侧倾力矩、翻转力矩。

15.2.2 双横臂悬挂分析实例

本节以汽车的双横臂（Double Wishbone）悬架为例，介绍在 Adams/Car 模块的 Template Builder 中建立车辆悬架模型和进行悬架 K&C 分析的过程。

1. 建立 Part 模型

首先，启动 Adams/Car 模块进入 Template Builder，如图 15-9 所示。

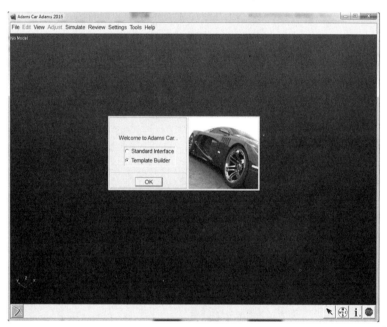

图 15-9　Adams/Car 启动界面

进入界面后，单击菜单 File>New，在弹出的对话框的 Template Name 一栏中输入模板名称 Front_suspensions，Major Role 选择 suspension，如图 15-10 所示，创建前悬架模板。

在 Adams/Car 里创建模型拓扑结构的三步法是：

（1）创建硬点（Hard point）和结构框（Construction frame）。硬点是建模的关键和基础，它定义了构件的空间方位关系，创建硬点只需要输入相应的三坐标值，这些值的来源可以从三维数模上测量、二维 CAD 图获得，也可以是基于实车测量值。

（2）创建部件。在创建好硬点后就可以基于硬点创建部件，part 是一个抽象物体，没有具体形状，为使其更直观，需要添加几何。在 Adams/Car 里 part 的类型有四种：刚体（Rigid part）、柔性体（Flexible part）、安装件（Mount Part）和转接件（Switch Part）等。

图 15-10 前悬架模板

（3）创建部件间的连接（运动副）和衬套、力元，包括旋转副（Revolute）、移动副（Translational）、圆柱副（Cylindrical）、球形副（Spherical）、平面副（Planar）、固定副（Fixed）、点线约束（Inline）、点面约束（Inplane）、方向约束（Orientation）、平行约束（Parallel_axes）、垂直约束（Perpendicular）、等速副（Convel）、虎克副（Hook）、衬套（Bushing）。

以创建下前摆臂为例，首先创建硬点坐标及下摆臂的内外点坐标，单击 Adjust 下拉菜单，选择 Hardpoint>Table 命令，在出现的对话框里填入硬点坐标名称和具体坐标值，如图 15-11 所示。

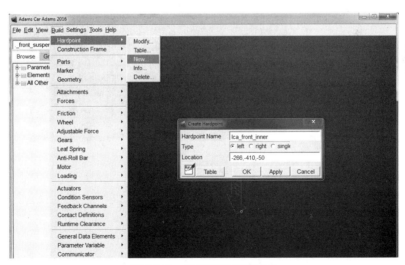

图 15-11 创建下前摆臂硬点

然后创建下前摆臂 Part，单击 Build 下拉菜单，选择 Parts>General Part>New 命令，在出现的对话框里填入 Part 的名称、参考点名称、部件的欧拉角、部件质量惯量信息，如图 15-12 所示。

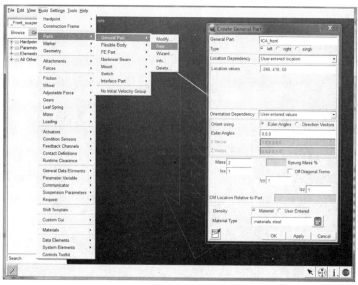

图 15-12　创建部件

最后创建下摆臂几何体，单击 Build 下拉菜单，选择 Geometry>Link>New 命令，在出现的对话框里填入几何体名称、参考坐标点、直径颜色等信息，如图 15-13 所示。

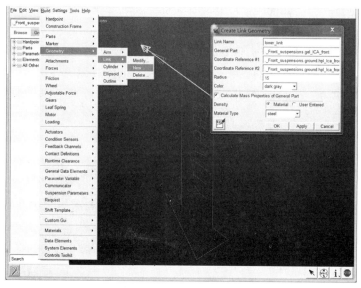

图 15-13　创建几何体

其他下后摆臂、上前后摆臂、转向节、轮毂、传动轴、副车架、转向横拉杆建模流程也一样遵循这三步法。

2. 建立弹性元件（包括弹簧、减震器、缓冲块）

其中，弹簧定义两部件之间的受力－位移关系，减震器定义的是两个部件之间受力－速度关系，缓冲块在 Adams/Car 中分为上跳限位缓冲块（Bumpstop）和下跳限位缓冲块（Reboundstop），它定义了两个部件之间的相对运动，经过一段空行程后，缓冲块的弹力阻止部件进一步运动。缓冲块一般为橡胶部件，其弹力特性由属性文件设定，如图 15-14 所示。

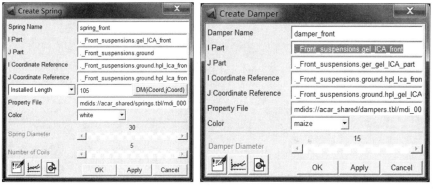

图 15-14　创建弹簧、减震器对话框

3. 创建 part 之间的约束连接关系

前副车架与车身为固定连接，上下前后摆臂与副车架为衬套连接，上下摆臂与转向节为球形副连接，转向横拉杆与转向机、传动轴与动力系之间的约束分别为等速副连接，各 part 之间的约束连接创建对话框如图 15-15 所示。

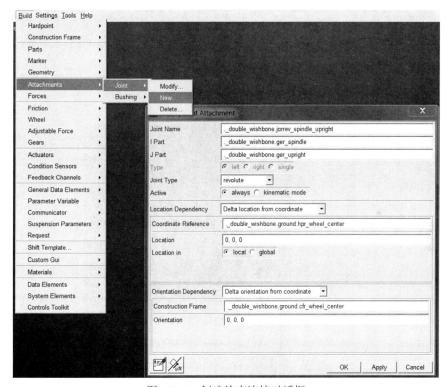

图 15-15　创建约束连接对话框

4. 创建通讯器

通讯器是一种 Adams/View 变量，在一个通讯器中包含对象（部件、变量、标记）、实数值和字符串。通讯器类型有输入型和输出型两种，以成对方式实现数据的双向传送。

- 输入通讯器（Input Communicator）：当前子系统接受来自其他子系统或试验台的信息。
- 输出通讯器（Output Communicator）：将当前子系统的信息提供给其他子系统或试验台。

双横臂悬架模型中的通讯器如图 15-16 所示。

```
Listing of input communicators in '_double_wishbone'
-------------------------------------------------------------

Communicator Name:                   Entity Class:      From Minor Role:      Matching Name:

ci[lr]_ARB_pickup                    location           inherit               arb_pickup
ci[lr]_strut_to_body                 mount              inherit               strut_to_body
ci[lr]_tierod_to_steering            mount              inherit               tierod_to_steering
ci[lr]_tripot_to_differential        mount              inherit               tripot_to_differential
ci[lr]_uca_to_body                   mount              inherit               uca_to_body
cis_chassis_reference                marker             inherit               chassis_path_reference
cis_subframe_to_body                 mount              inherit               subframe_to_body

12 input communicators were found in '_double_wishbone'


Listing of output communicators in '_double_wishbone'
-------------------------------------------------------------

Communicator Name:                   Entity Class:      To Minor Role:        Matching Name:

co[lr]_arb_bushing_mount             mount              inherit               arb_bushing_mount
co[lr]_camber_angle                  parameter_real     inherit               camber_angle
co[lr]_droplink_to_suspension        mount              inherit               droplink_to_suspension
co[lr]_ride_height_ref               marker             inherit               svs_ride_height
co[lr]_suspension_mount              mount              inherit               suspension_mount
co[lr]_suspension_upright            mount              inherit               suspension_upright
co[lr]_toe_angle                     parameter_real     inherit               toe_angle
co[lr]_tripot_to_differential        location           inherit               tripot_to_differential
co[lr]_wheel_center                  location           inherit               wheel_center
cos_driveline_active                 parameter_integer  inherit               driveline_active
cos_engine_to_subframe               mount              inherit               engine_to_subframe
cos_rack_housing_to_suspension_subframe  mount          inherit               rack_housing_to_suspension_subframe
cos_suspension_parameters_ARRAY      array              inherit               suspension_parameters_array

22 output communicators were found in '_double_wishbone'
```

图 15-16 双横臂悬架模型中的通讯器

创建通讯器对话框如图 15-17 所示。

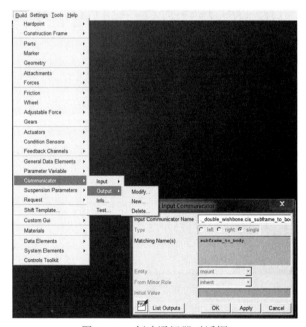

图 15-17 创建通讯器对话框

5. 创建悬架参数

悬架参数包括主销轴线和前束角、外倾角，通过 Characteristics Array 和 Toe/Camber Values 来创建，如图 15-18 所示。

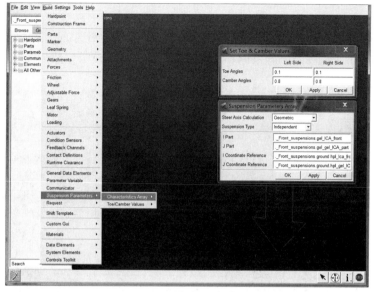

图 15-18　悬架参数创建对话框

6. 创建悬架子系统

创建完成悬架模板并保存后，可用于后续悬架子系统的创建。进入子系统创建界面有两种途径：启动 Adams/Car，在出现的界面上选择标准用户模式 Standard Interface；直接从 Template Builder 界面菜单选择 Tools>Adams/Car Standard Interface 或按 F9 键，切换到标准用户模式。

从菜单选择 File>New>Subsystem，在对话框中选择已创建好的模板名称，如图 15-19 所示。

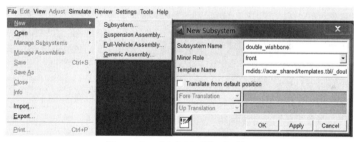

图 15-19　创建子系统对话框

7. 装配悬架子系统

创建悬架子系统模型后，在标准界面菜单中选择 File>New>Suspension Assembly，可以装配悬架子系统模型，用于二分之一车辆悬架 K&C 分析，如图 15-20 所示。

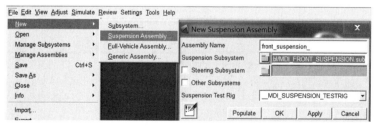

图 15-20　创建悬架总成

8. 悬架仿真分析

以悬架 K&C 分析中的车轮平行跳动（Parallel Wheel Travel Analysis）为例，从菜单选择 Simulate>Suspension Analysis>Parallel Wheel Travel Analysis，设定参数如图 15-21 所示。

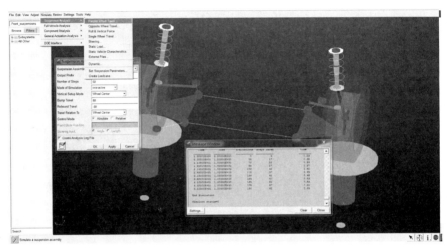

图 15-21　悬架平行跳动分析

9. 分析结果后处理

从菜单选择 Review>Postprocessing Window 或直接按 F8 键，进入后处理窗口，如图 15-22 所示。

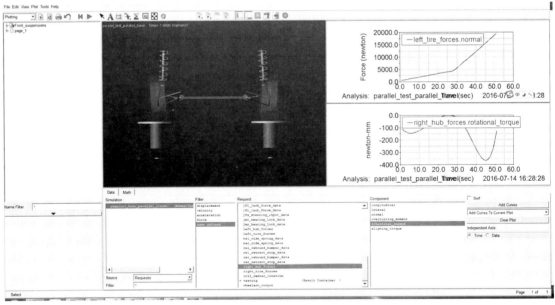

图 15-22　后处理窗口界面

系统默认的曲线横坐标是时间（Time），一般悬架分析是以轮心跳动量（Wheel Travel）为横坐标。单击 Data 选项卡，可选择任意物理量为横坐标。

15.3　整车操纵稳定性分析

汽车操纵稳定性是指在驾驶者不感到过分紧张、疲劳的条件下，汽车能遵循驾驶者通过汽车转向系及转向车轮给定的方向行驶，且当遭遇外界干扰时，汽车能抵抗干扰而保持稳定行驶的能力，是汽车动力学的一个重要分支。操纵稳定性好的车辆：应该容易控制；在出现扰动时，不应使驾驶员感到突然和意外；操纵性能的行驶极限应能清楚地辨别。汽车的操纵稳定性是影响汽车主动安全性的重要性能之一。

车辆的操纵稳定性包括相互联系的两个部分，分别是操纵性和稳定性。操纵性反映的是汽车能够遵循驾驶者通过转向系及转向车轮给定的方向行驶的能力；稳定性反映的是汽车在遭遇到外界干扰情况下产生抵抗外界干扰而保持稳定行驶的能力。因此，对于汽车操纵稳定性的研究应该包括对这两个部分的评价。

评价操纵稳定性的指标有多个方面，例如稳态转向特性、瞬态响应特性、回正性、转向轻便性、典型行驶工况性能和极限行驶能力等。仿真时测量变量包括汽车横摆角速度、车身侧倾角、汽车侧向加速度等。

15.3.1　汽车操纵稳定性分析工况

整车操稳分析菜单如图 15-23 所示。

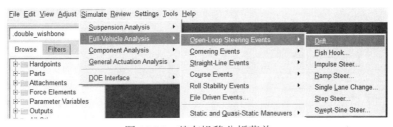

图 15-23　整车操稳分析菜单

（1）Open-Loop Steering Events——开环转向事件。

1）Drift——漂移试验，如图 15-24 所示。

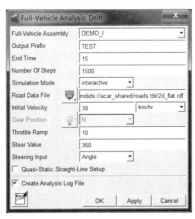

图 15-24　漂移仿真设置对话框

仿真时间>10s。

分析过程前 10s 达到一种稳态状况，即车辆达到期望的方向盘转角、初始节气门开度、初始速度值。

- 1～5s　　方向盘转角由初始值按类斜坡函数变化达到期望值。
- 5～10s　　节气门开度由 0 按指定斜率 Throttle Ramp 变化达到初始节气门开度值。
- 10～End Time　　节气门开度仍然按 Throttle Ramp 变化。

2）Fish-Hook——鱼钩转向，亦称蛇行试验，用以评估车辆转向时的抗侧倾稳定性，如图 15-25 所示。

重点考查的参数有：方向盘转角、侧向加速度、横摆角速度、侧倾角。

3）Impulse Steer——转向脉冲输入，用以表征车辆频域瞬态响应特性，如图 15-26 所示。

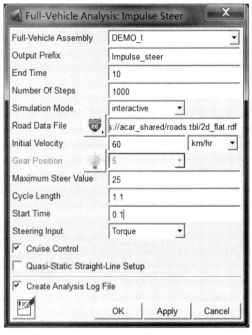

<table>
<tr><td>图 15-25　蛇行仿真设置对话框</td><td>图 15-26　角脉冲转向仿真设置对话框</td></tr>
</table>

转向系统输入为正弦单脉冲的力、力矩、角度或位移，其中力和位移均是指加在齿条上的。

重点考查的参数有：侧向加速度、时域与频域内的侧倾角速度及横摆角速度。

4）Ramp-Steer——转向斜坡输入，用以表征车辆时域瞬态响应特性，如图 15-27 所示。

重点考查的参数有：方向盘转角、横摆角速度、车速、侧向加速度。

5）Single Lane Change——单移线试验。单移线仿真指驱动汽车在规定的时间内，通过一个 S 形曲线样式的道路模拟汽车的变车道动作，如图 15-28 所示。

转向系统输入为经历一个完整正弦变化的力、力矩、角度或位移。

6）Step Steer——转向阶跃输入，用以表征车辆时域瞬态响应特性，如图 15-29 所示。

重点考查的参数有：方向盘转角、横摆角速度、车速、侧向加速度。

7）Swept-Sine Steer——转向正弦扫频输入，用以衡量车辆的频率响应特性，如图 15-30 所示。为评估车辆的瞬态特性、幅频及相频特性提供依据。

图 15-27　斜坡脉冲转向仿真对话框

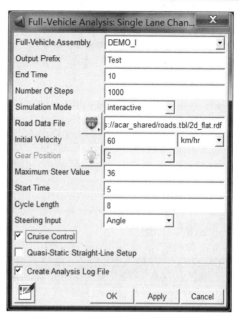

图 15-28　单移线仿真设置对话框

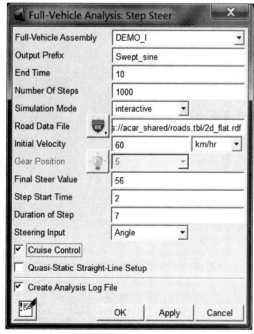

图 15-29　角阶跃转向仿真设置对话框

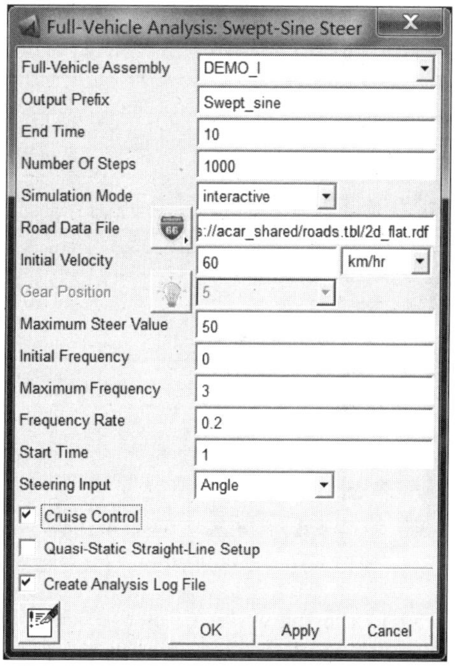

图 15-30　正弦扫频转向仿真设置对话框

重点考查的参数有：方向盘转角、侧向加速度、横摆角速度、侧倾角。

（2）Cornering Events——转弯事件。

1）Braking-In-Turn——转弯制动，用以考查转弯制动过程中路径和方向的偏离，如图 15-31 所示。

在日常驾驶遇到的各种情况中，转弯制动是最重要的分析内容之一。

Steering Input 选项如下：

● Lock steering while braking——指示驱动装置控制器维持方向盘转角不变。使用该选项进行仿真分析，旨在研究在方向盘固定的制动过程中车辆的行驶轨迹。属开环系统分析。

● Maintain radius while braking——指示驱动装置控制器维持期望转弯半径。使用该选项进行仿真分析，旨在研究为维持某一路径时驾驶员的操纵行为。具有代表性的参数值包括方向盘转角和方向盘上施加的力矩。属闭环系统分析。

典型分析结果包括侧向加速度、转弯半径的变化、横摆角随纵向减速度的变化。

2）Constant-Radius Cornering——定半径转弯，亦称稳态回转试验，用以评定整车的不足转向特性，如图 15-32 所示。车辆先驶过一段平直路面，随后驶入圆周试验轨道，逐渐增大速度以积累侧向加速度。

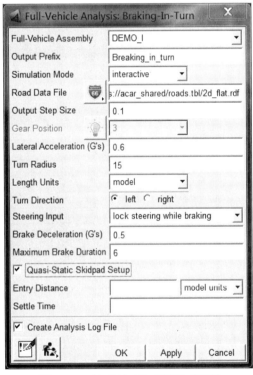

图 15-31　转弯制动仿真设置对话框

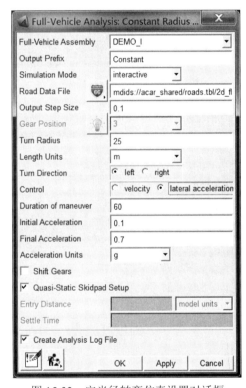

图 15-32　定半径转弯仿真设置对话框

3）Cornering w/Steer Release——方向盘撒手转弯，亦称转向回正试验，如图 15-33 所示。车辆首先完成一个动态定半径转弯，以达到指定条件（半径与纵向速度，或纵向速度与侧向加速度）。经历这个稳态的预先阶段后，解除方向盘闭环控制信号，执行方向盘撒手试验仿真。

重点考查的参数有：路径偏移量、横摆特性参数、方向盘测量参数、侧倾角、侧倾角速度及侧滑角。

4）Lift-Off Turn-In——松油门转弯，用以考查转弯过程中突然松掉油门并额外施加一个方向盘斜坡输入导致的路径及方向的偏离程度，如图 15-34 所示。

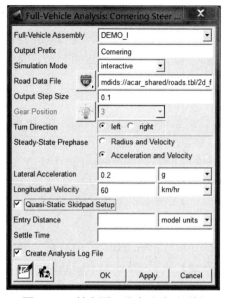

图 15-33　转向回正仿真试验对话框　　　　图 15-34　松油门转弯仿真试验设置对话框

车辆经历两个显著不同的阶段。

● 转弯预先阶段：Adams/Car 采用准静态计算把车辆设定在确切的初始条件——给定转弯半径的期望侧向加速度下。

● 松油门转弯阶段：转向系统以指定的转向变化率从上一阶段的最终值开始改变。节气门开度信号设为 0；离合器可设为结合、分离状态。

重点考查的参数有：侧向加速度、转弯半径的变化、横摆角随纵向减速度的变化。

5）Power-Off Cornering——发动机熄火转弯，用以考查发动机熄火对车辆方向稳定性的影响（稳态圆周运动只受发动机熄火的扰动），如图 15-35 所示。

图 15-35　弯道松油门仿真试验设置对话框

侧向加速度和圆周轨道半径共同定义了初始条件。注意，变化的显著程度随圆周轨道的圆半径递减。车辆在达到初始的稳态驱动条件后，转向信号保持恒定，并用一阶跃信号释放加速踏板。将加速踏板释放的时刻作为发动机熄火的初始时刻，该时刻可通过用户自定义。

重点考查的参数有：偏驶角及纵向减速度的变化量、侧滑角、横摆角与角速度。

（3）Straight-Line Events——直线行驶事件。

1）Acceleration——加速试验，用以辅助分析车辆的俯仰运动特性，如图 15-36 所示。

对于开环模式，驱动装置按用户输入的速率从零开始改变节气门开度；对于闭环模式，用户可指定一具体的纵向加速度值。方向盘输入有三个选项可供选择：free（自由状态）、locked（锁止状态）、straight-line（控制方向盘使车辆尽量保持直线行驶），默认为 straight-line。

2）Braking——制动试验，用以辅助分析车辆制动过程中的俯仰运动特性，如图 15-37 所示。

对于开环模式，驱动装置按用户输入的速率从零开始改变制动输入；对于闭环模式，用户可指定一具体的纵向减速度值。方向盘输入有三个选项可供选择：free（自由状态）、locked（锁止状态）、straight-line（控制方向盘使车辆尽量保持直线行驶），默认为 straight-line。

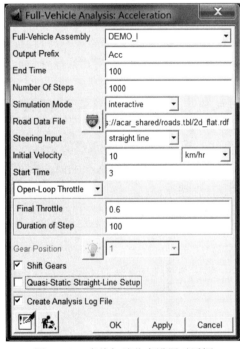

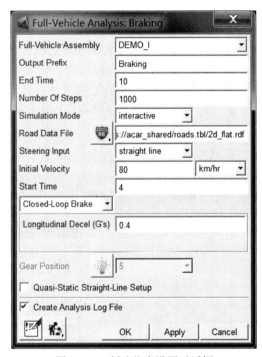

图 15-36　直线加速仿真设置对话框　　　　图 15-37　制动仿真设置对话框

3）Braking on split μ ——左右车轮不同路面制动试验，用以辅助分析车辆左右车轮在不同摩擦系数路面上制动过程中的俯仰运动特性，如图 15-38 所示。

方向盘输入有两个选项可供选择：free（自由状态）和 locked（锁止状态）。仿真结束工况有 5 个选项可供选择：duration（持续时间）、velocity（速度大小）、engine speed（发动机转速）、side slip angle（侧向滑移角）、yaw rate（横摆角速度）。

4）Maintain——直线稳定试验，用于分析驾驶控制器的行为对车辆模型的影响，确定车辆在预定状态下的瞬态行为，如图 15-39 所示。

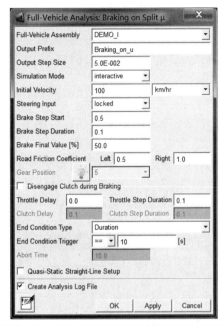

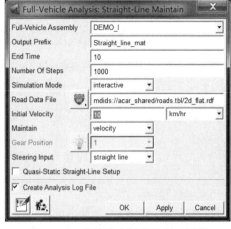

图 15-38　左右不同路面制动试验设置对话框　　　图 15-39　直线稳定试验设置对话框

方向盘输入有两个选项可供选择：free（自由状态）和 locked（锁止状态）。可通过控制速度和油门进行仿真设置。

5）Power-Off Straight Line——发动机熄火直线行驶，用以分析直线行驶过程中突然松开油门踏板引起的操纵稳定性方面的问题，如图 15-40 所示。松开油门踏板以后的过程中可选择是否压下离合器踏板，若勾选了 Disengage Clutch during Power-Off 复选项，还要相应地指定离合器动作的延迟时间及压下离合器踏板所需的时间。

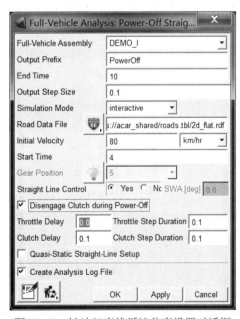

图 15-40　松油门直线循迹仿真设置对话框

车辆经历两个显著不同的阶段：

- 准静态调整阶段：车辆设定为直线行驶状态，来反映纵向初速度条件。
- 发动机熄火阶段：产生一阶跃的节气门开度信号，使节气门开度降到 0。

重点考查的参数有：偏驶角、纵向减速度。

（4）Course Events——行驶路线事件。

1）ISO Lane Change——ISO 路线行驶。纵向控制器使车辆行驶速度保持在期望值，侧向控制器控制转向系统使车辆保持沿期望的 ISO 指定路线行驶，如图 15-41 所示。

2）3D Road——三维路面行驶。车辆穿越一段带有障碍或包含某些典型特征的三维路面，如图 15-42 所示。路面谱文件.rdf 被轮胎子系统用来计算地面接触力/力矩，同时.rdf 文件还被侧向控制器调用。

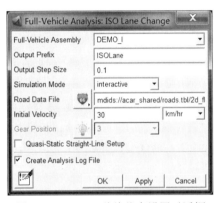

图 15-41　ISO 双移线仿真设置对话框

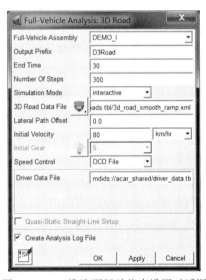

图 15-42　三维路面行驶仿真设置对话框

（5）Static and Quasi-Static Maneuvers——准静态操纵仿真。

1）Quasi-Static Constant Radius Cornering——准静态定半径转弯，如图 15-43 所示。

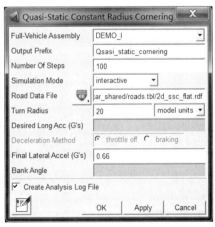

图 15-43　准静态定半径转弯仿真设置对话框

- 采用力－力矩方法来平衡每一步长时间的静态力；
- 提供比相应动态仿真更快捷的解决方案，但该分析不考虑瞬态效应，例如变速器换档情形；
- 有益于探索车辆受纵向和横向加速度复合影响下的极限操纵性能；
- 不同于前面转弯事件中的"定半径转弯"分析，这里将转弯半径固定而改变纵向速度。

Desired Long Acc (G's)：典型车辆的纵向加速度可以在 0.2～0.5g 范围任意改变。

Final Lateral Accel (G's)：典型车辆的侧向加速度可以在 0.4～1.0g 范围任意改变。

2）Quasi-Static Constant Velocity Cornering——准静态恒速转弯，如图 15-44 所示。

图 15-44　准静态定速转弯仿真设置对话框

- 采用力－力矩方法来平衡每一步长时间的静态力；
- 提供比相应动态仿真更快捷的解决方案，但该分析不考虑瞬态效应，例如变速器换档情形；
- 有益于探索车辆受转弯半径减小和纵向加速度复合影响下的极限操纵性能；
- 不同于前面转弯事件中的"定半径转弯"分析，这里的转弯半径是不固定的。

3）Quasi-Static Force-Moment Method——准静态力－力矩方法，用以评估车辆的操纵稳定性。在整个分析过程中，车辆保持恒定的纵向速度，不同的侧滑角和方向盘转角。通过图表的形式可以呈现准静态力－力矩的分析结果，同时可以描述车辆对特定行驶工况的操纵潜能。

- 描述一典型试验，车辆约束在传送带试验装置上。
- 基于假设：车辆主要的稳定性和控制特性可通过施加在上面的稳态力和力矩的研究获得。

4）Quasi-Static Straight-Line Acceleration——准静态直线加速。采用静态求解器来执行若干个静态分析，每相邻两个静态分析之间相差一个时间步长，随着时间步长的增大，直线行驶加速度/减速度也相应地增大。此类分析采用力－力矩方法来平衡每一步长时间的静态力，提供比相应动态仿真更快捷的解决方案，但该分析不考虑瞬态效应，例如变速器换档情形。

5）Static equilibrium——静平衡分析。整车的静平衡分析是将车辆放置到路面上了解其在特定条件下的状态，主要用于模型的平衡计算和获取模态参数。这种准静态分析过程为便于执行线性化分析，对于设置 none、normal、settle 并勾选线性化，系统会自动赋予车辆模型 20km/h 的初始速度，如图 15-45 所示。

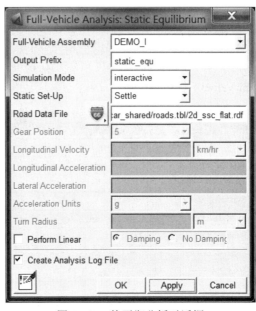

图 15-45　静平衡分析对话框

15.3.2　整车操稳分析实例

本节以整车操稳分析工况中的稳态回转试验为例，介绍 Adams 中进行整车操稳性能分析的方法和流程。

典型的定圆试验，车辆绕一个固定半径轨迹的试验场做圆周运动，车辆尽量均匀加速，至极限状态，考察车辆不足转向度、侧倾角度变化率等。测定汽车对方向盘转角输入达到稳定行驶状态时汽车的稳态横摆响应。

1. 整车模型装配

在 Adams/Car 环境下进行整车动力学仿真必须包含的子系统有：前、后悬架子系统，转向系统，前、后轮胎子系统，车身子系统。

此外 Adams/Car 还会包含一个 Test Rig（测试台）。在开环（Open-loop）、闭环（Close-loop）和准静态分析（Quasi-static）中必须选择._MDI_SDI_TESTRIG。整车模型中可以包含其他的子系统，如制动子系统、动力传动子系统等。

在 Standard Interface 界面里选择菜单 File>New>Full_Vehicle Assembly，在出现的对话框里输入自己取的整车装配体名称，在各个子系统栏目里右击鼠标，在自己的数据库里找到相应的各个子系统，如图 15-46 和图 15-47 所示。

2. 整车操稳性能工况仿真分析

从菜单选择 Simulation>Full_Vehicle Analysis>Cornering Events>Constant radius cornering，设置稳态回转分析对话框中的具体试验参数，如图 15-48 所示。

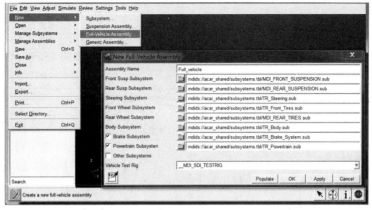

图 15-46　整车模型装配_vh

图 15-47　标准界面中装配的整车模型

图 15-48　设置工况分析对话框

单击 OK 按钮，执行稳态回转工况分析。

3. 性能指标后处理曲线

按 F8 键启动后处理模块，观察仿真结果曲线，如图 15-49 和图 15-50 所示。

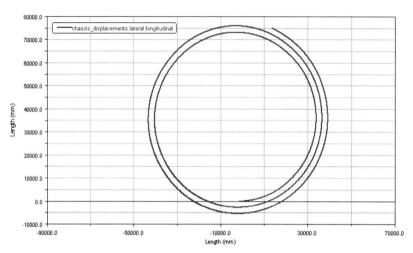

图 15-49 整车稳态回转仿真轨迹

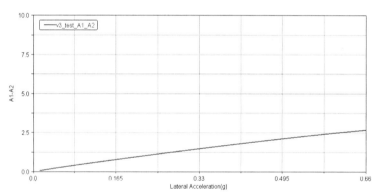

（a）前后轴侧偏角之差与侧向加速度曲线

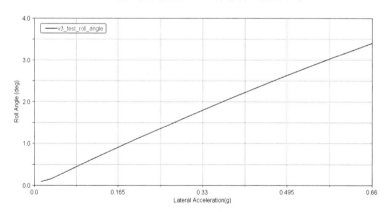

（b）车身侧倾角与侧向加速度曲线

图 15-50 各性能指标曲线

其他性能指标可根据用户的需要提取，或者建立 request 在后处理界面中读取，并可以对数据结果进行数学运算和统计分析，对分析结果进行编辑，并以报告形式输出。

4. 动画演示，观察仿真过程

通过动画演示来观察仿真过程，有以下两种方式。

（1）从菜单选择 Review>Animation Controls，设定动画控制如图 15-51 所示。

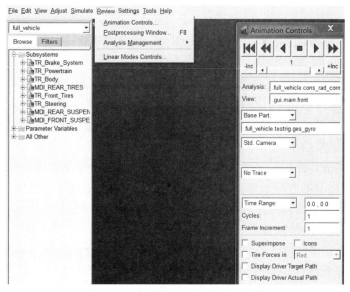

图 15-51　标准界面动画设置工具栏

（2）从后处理窗口查看，并可以保存动画演示为*.avi 格式视频。

单击菜单 Review>Postprocessing Window 或直接按 F8 键，进入后处理窗口。在界面窗口直接右击选择 Load Animation 命令，如图 15-52 所示。

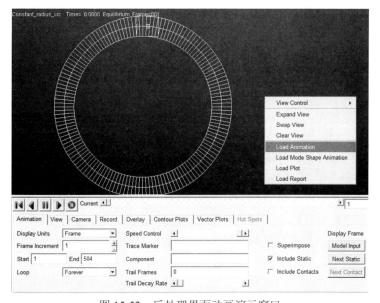

图 15-52　后处理界面动画演示窗口

后处理界面动画演示，可单击 🅡 按钮开始录制动画，再单击 ▶ 按钮开始播放。动画开始后选择自己想要的截止时间，再次单击 🅡 按钮后录制结束，该动画即被保存到自己设定的工作目录里。

5. 整车仿真模型调校

整车仿真模型调试需要做很多工作，比悬架 K&C 仿真要有难度。在此给出几点建议：

（1）首先要做好通讯器匹配工作，确保各系统必要的通讯器连接畅通，这是整车仿真成功的关键一步。

（2）最好输入实际的各部件质量和转动惯量，避免使用过小的数值，否则会导致过高的频率引入系统。

（3）衬套和弹簧数据尽量准确，如果先期没有准确数值则要尽量将刚度设置得大一些，能用刚性连接的地方尽量用刚性连接，避免系统出现错误动作。例如，如果转向节固定衬套刚度过小，则会出现前轮异常扭转；如果控制臂衬套刚度不合适，则会出现悬架大的变形走动；如果弹簧刚度过小，则会出现整车模型坍塌。

（4）避免使用固定副。如果两个或多个部件能合并成一个部件的话就不要使用固定副，否则会增加系统不必要的方程数目；如果必须用固定副则要尽量建在轻质部件的质心处。

（5）避免过大或过小的数字出现在系统中，如 e+23，e-20。

（6）不要让积分器越过重要事件，短时事件（如脉冲），可以通过设定最大时间步长 HMAX 小于脉冲宽度来解决；尽量使用 HMAX 来定步长积分。

（7）延伸样条曲线使其超过使用范围。

（8）避免冗余约束。Adams 会通过寻找转动枢轴来尝试消除冗余约束，而不去考虑其物理意义。

（9）站在物理的立场来理解机械系统。

（10）尽量引入阻尼（不能过大）到系统，这样可以消除振动。

（11）模型如果要做静平衡，在初始状态所有轮胎应该轻微穿透路面。

在仿真不成功时要多看一下出错信息，从中发现错误所在。还有就是要多试探，多实践，从一次次尝试的过程中积累自己的工程分析经验。

15.4　整车平顺性分析

汽车在道路上行驶时，会因路面凹凸不平而产生振动。汽车的平顺性主要是保持汽车在行驶过程中产生的振动和冲击环境对乘员舒适性的影响在一定界限之内，因此平顺性主要根据乘员主观感觉的舒适性来评价，它是现代高速汽车的主要性能之一。它不仅直接影响乘员的乘坐舒适性和车辆行驶安全性，还间接影响到车辆的动力性、经济性及零部件使用寿命等指标。因此如何保证汽车具有良好的平顺性，已经引起设计人员的广泛关注。

在传统的汽车平顺性试验中，都是通过实车道路试验，用专门的仪器测量相应值，输入处理器中得到其评价指标。而通过机械系统动力学软件 Adams/Car Ride 可以实现在计算机上建立汽车的三维实体模型，并对整车实体模型进行动力学分析，还可以通过修改不同参数并快速观察车辆的运动状态、动态显示仿真数据结果，从而尽可能降低生产成本，缩短设计周期，更加接近实际情况。

15.4.1　平顺性分析简介

Adams/Car Ride 是 Adams/Car 中即插即用的模块,如图 15-53 所示,可以用来评估功能化数字车辆的性能,从操纵性能到平顺性能和舒适性能,包括一些必需的元件、模型和事件定义,以便在平顺性频域进行建模、测试和后处理。

图 15-53　整车平顺性仿真四柱试验台

Adams/Car Ride 包括在汽车平顺性频域分析方面建模(building)、试验(testing)及后处理(post-processing)所需要的单元、模型及事件的定义,一旦系统中所有部件的详细参数已指定,就可以基于一个扩展的试验平台完成一系列预定义的平顺性和舒适性研究过程,使用户可以进行典型的系统级 NVH(Noise 噪音、Vibration 振动、Harshness 啸鸣)性能的评估,也可以对其他系统中的模型单元进行单独分析。我们一般大致将车辆振动频率在 150 Hz 以下的划分为振动,超过 150 Hz 的就是噪音和啸鸣。

在 Adams/Car Ride 中用虚拟四柱试验台对 Adams/Car 轿车模型进行仿真试验,四柱试验台提供多种时域分析和频域分析(频域分析需要 Adams/Vibration 模块支持)。用户可以通过对试验台输入力或位移的 RPC Ⅲ格式数据文件(RPC Ⅲ格式文件是由 MTS 系统公司创造的一种稀疏参数控制文件 Remote Parameter Control),模拟汽车行驶在粗糙路面和轮胎碰撞石块时的响应特性。

使用 Adams/Car Ride 必须基于一个现存的汽车虚拟原型或子系统数据库,该原型既可以用于操作稳定性分析也可以用于平顺性分析。对于某一具体的汽车原型来讲,实际上它们使用的就是同一个数据库,这样,用户只需要建立一次汽车模型就可以使用它完成操作性和平顺性仿真。需要说明的是,数据库共用是指在子系统层级上的,原因是每种装配组合中已包含了对应的试验台,如果没有与仿真分析适应的试验台,仿真就不可能执行;用于执行的仿真装配组合至少含有必需的子系统,例如,整车组合必须是至少由前后悬挂、前后轮胎、转向系统、车身 6 个子系统组成,且子系统零件是基于模板建立的。

与同样用于振动响应分析的 Adams/Vibration 不同,Adams/Car Ride 提供振动动作执行器,即四柱试验台是固定的只能作垂直方向的振动激励输入,但 Adams/Car Ride 只需在设置界面上定义车速，就可以通过四柱试验台仿真汽车行驶在不平路面时的振动响应，包括区分左右轮辙和后轮滞后，使得路面 PSD 响应研究变得极为容易；虽然 Adams/Vibration 也提供了 PSD 输入的交叉相关方法，但要从随机不平路面取得左右轮辙的相关参数却颇为不易。

Adams/Car Ride 作为 Adams/Car 的插件，不能脱离 Adams/Car 界面独立运行；既需要 Adams/Car 的支持，同时必须要有 Adams/Tire 模块的支持（不包括 Adams/Car 本身所需的支持模块）。这意味着要使用平顺性功能，就要拥有上述所有模块的程序和许可证。

加载 Adams/Car Ride：启动 Adams/Car；单击菜单 Tools>Plugin Manager；在插件表中找到 aride，选择当前加载（Load）或启动 Adams/Car 时自动加载（Load at Startup）。

Adams/Car Ride 载入后在 Adams/Car 界面上多出一个新的 Ride 菜单。

15.4.2 整车平顺性分析实例

本节以随机不平路面激励的整车平顺性分析为例，介绍 Car Ride 中平顺性分析的流程和方法及相关对话框设置参数的说明。与 Adams 整车仿真流程一样，包括打开模型，设置仿真参数，执行仿真，后处理等步骤。

1. 打开整车模型

单击菜单 File>Open>Assembly，在 Assembly Name 文本框中单击右键，指向 Search，选择<aride_shared>/assemblies.tbl，双击 Vehicle_full_4post_PAC2002.asy，单击 OK 按钮。打开的模型如图 15-54 所示。

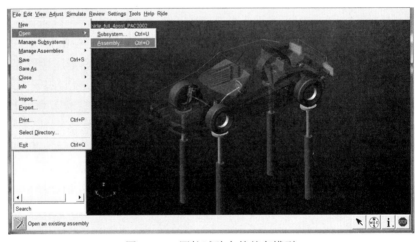

图 15-54 四柱试验台的整车模型

也可以通过新组装整车模型，选择 New Full-Vehicle Assembly，输入各子系统模型文件，Vehicle Test Rig 中选择_ARIDE_FOUR_POST_TESTRIG，单击 OK 按钮即可。

2. 设置仿真参数

首先，创建随机不平路面参数文件，路面轮廓发生器是 Adams/Car Ride 提供的一个基于 Sayers 数字模型的路面生成工具；该模型是一种经验模型，综合了许多不同类型道路测量参数并给出了左右轮辙路面轮廓参数。模型输入量的长度单位是 m，输出左右轮辙随机高度为 mm。

单击菜单 Ride>Tools>Road-Profile Generation，按照图 15-55 所示的路面轮廓发生器的设置界面填写参数。各项参数说明如表 15-1 所示。

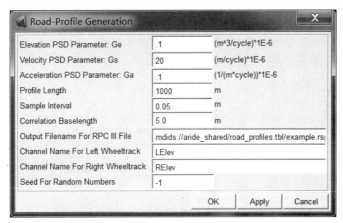

图 15-55 路面轮廓发生器参数界面

表 15-1 路面参数选项表

参数选项	说明
Elevation PSD Parameter: Ge	空间功率谱密度
Velocity PSD Parameter: Gs	速度功率谱密度
Acceleration PSD Parameter: Ga	加速度功率谱密度
Profile Length	路面模型长度
Sample Interval	采样间隔
Correlation Baselength	道路表面波长关联长度，推荐为 5m
Output Filename For RPC Ⅲ File	路面轮廓文件保存的位置和名称，文件格式为 RPC Ⅲ；创建后的路面轮廓文件可以用 Adams/PostProcessor 进行观察，注意 X 轴的单位为 m
Channel Name for Left Wheeltrack	左边车轮轨迹的通道名称
Channel Name for Right Wheeltrack	右边车轮轨迹的通道名称
Seed For Random Numbers	输入一个整数作为随机数发生器的种子，为 Sayers 模型产生高斯分布的随机数；如果输入的种子数为负值，Adams/Car Ride 将使用计算机时钟作为种子；这样，即使同样的设置也会导致建立的路面轮廓文件参数是不同的；如果输入的种子数大于 0，将 Adams/Car Ride 以实际输入数作为种子数；这样，同样的设置产生的路面轮廓文件是一致的

　　生成的 rsp 路面文件可以在 Adams/Postprocessor 中观察，通过单击菜单 File>Import>RPCfile，就可以观察轮辙的绘图曲线，如图 15-56 所示。

　　其次，设置仿真分析对话框。单击 Ride-Full-Vehicle Analysis>Four-Post Test Rig，设置界面如图 15-57 所示。参数说明如下：

● Full-Vehicle Assembly：选择或装配用于仿真的装配组合。

● Basis for Number of Output Steps：仿真输出步数设置，可选择下列项目之一，在 Target Value For Basis 文本框中输入设置值。

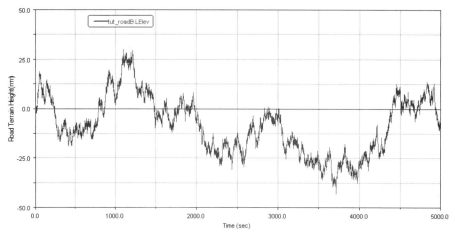

图 15-56　路谱曲线

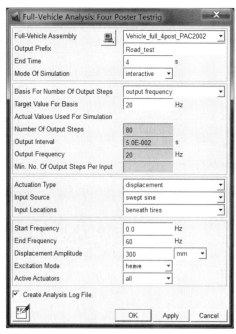

图 15-57　随机路面仿真设置对话框

- Number of Output Steps：对所有输出变量设置共同的输出步数，相当于设置从 0 时间到仿真结束时间内的输出步数。
- Output Interval：设置仿真时间，Adams/Car 根据时间自动计算总输出步数。
- Output Frequency：设置输出仿真结果的频率下限。
- Actuation Type 为选择四柱试验台执行器运动模式：
  - ➢ displacement：位移。
  - ➢ velocity：速度。
  - ➢ acceleration：加速度。
  - ➢ force：力。

执行器控制的选择有时与其他选项有关。例如，如果选择的执行器是力控制，那么输入位置就自动设为车轮轴心。

- Input Source：选择作为执行器的控制源。
  - ➤ arbitrary solver functions：任意解算器函数。
  - ➤ road profiles：路面轮廓（只支持位移控制方式）。
  - ➤ swept sine：正弦波扫频。
- Input Locations：选择执行器作用部位。
  - ➤ beneath tires：轮胎接地处。
  - ➤ wheel spindles：车轮轴心。

如果设置控制源为正弦激振，将显示下列两个选项：

- Start Frequency：固有频率。
- End Frequency：终止频率，初始频率与终止频率之间没有必然的大小关系。

下面三个选项名称随执行器模式 Actuation Type 不同而改变，例如执行器运动模式为加速度，标签则改变为加速度幅值 Acceleration Amplitude。

- Excitation Mode：当执行器的控制源为正弦波扫频激励时，执行器激励模式有下列选项：
  - ➤ Heave：所有执行器同相运动。
  - ➤ Pitch：左右执行器同相，但后轮上的执行器滞后 180°。
  - ➤ Roll：一侧（左和右）同相，但右侧执行器滞后 180°。
  - ➤ Warp：左前和右后同相，右前和左后同相但滞后 180°，模拟翘曲路面上的运动。
- Active Actuators：当执行器的控制源为正弦波扫频激励时设置执行器的激活状态，没有被激活的执行器在仿真时处于停止位置；该选项与激励模式（Excitation Mode）有关，例如，如果设置激励模式为所有执行器同相运动（active），允许只激活部分执行器；但如果激励模式为翘曲运动（warp），则所有的执行器都必须激活，否则就失去翘曲运动仿真的意义。

其中 Input Source 选择 road profiles，对话框中会显示路面轮廓设置 Set Up Road Profiles 按钮，单击进入 Road-Profile Setup 对话框，如图 15-58 所示。

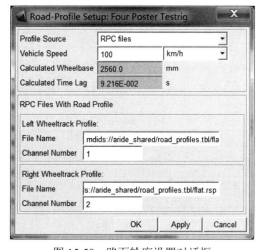

图 15-58　路面轮廓设置对话框

其中，Profile Source 中选择驱动执行器位移的路面轮廓文件类型有：

- RPC files：RPC Ⅲ格式文件，RPC Ⅲ格式的路面文件用于表述实际道路的随机不平度，它可以是路面实测的数据或使用路面轮廓发生器生成的数字模型。

- table functions：表格函数。表格函数为 TeimOrbit 格式的文件，用户可以使用曲线管理器（Curve Manager）创建和编辑；推荐将数据库提供的样例文件作为模板，通过编辑来建立所需的表格函数。

- sum RPC files & table functions：上述两种文件之和并取大值作为位移量输入到试验台的执行器，例如，仿真汽车行驶在有一定不平度路面上遇到凸块的情景，就需要同时使用 RPC 文件和表格函数。

在路面轮廓发生器中对左右轮廓分别进行标记，通常约定左轮辙通道号为 1，右轮辙通道号为 2；如果需要对左右轮辙作对称输入，则路面轮廓设置选项卡的左右轮辙通道号栏输入同一通道号。单击 OK 按钮，完成路面轮廓的设置。

3. 执行仿真分析及分析结果后处理

在 Full-Vehicle Analysis 界面完成设置后单击 Apply 按钮执行仿真分析，分析结束启动 Adams/Postprocessor 界面，观察仿真分析结果曲线，如图 15-59 和图 15-60 所示。

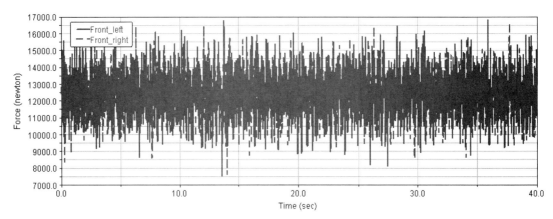

图 15-59　前轮轮胎垂向力变化曲线

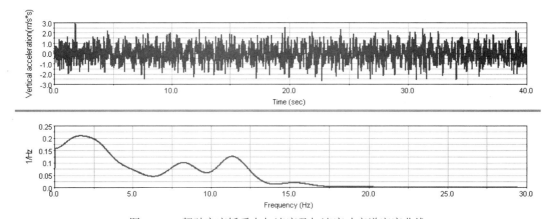

图 15-60　驾驶室底板垂向加速度及加速度功率谱密度曲线

采用国际标准 ISO 2631 推荐的 1/3 倍频程对比分析法，可对座椅垂直方向的振动舒适性进行评价。

ISO 2631 标准所采用的基本物理量是 1/3 倍频程带宽加速度均方根值，它的优点如下：

（1）考虑了整个 1～80Hz 频率范围内振动对人的影响，这个频率范围的振动对汽车平顺性的影响最大。

（2）考虑了人对不同方向（水平、垂直）的振动所能承受界限的不同。

（3）以加速度均方根值作为物理量。加速度是低频范围内对平顺性影响最大的因素，而均方根值既能反映加速度的大小，又反映了振动能量的强弱，是一个综合物理量。

（4）定量地给出了三级强度（暴露极限、疲劳－工效降低界限、舒适性降低界限）的承受极限值。

对于人体振动的评价用加权加速度均方根值 α_w，并分别用 α_{zw}、α_{yw}、α_{xw} 表示垂直方向、左右方向和前后方向振动的加权加速度均方根值。

总加权加速度均方根值 α_{wo} 按下式计算：

$$\alpha_{wo}=[(1.4\alpha_{xw})^2+(1.4\alpha_{yw})^2+\alpha_{zw}^2]^{1/2}$$

式中：α_{xw} 为前后方向（即 X 轴向）加权加速度均方根值，m/s^2；α_{yw} 为左右方向（即 Y 轴向）加权加速度均方根值，m/s^2；α_{zw} 为垂直方向（即 Z 轴向）加权加速度均方根值，m/s^2。

根据分析结果，使用表 15-2 所示平顺性评价标准表，预测和评估车辆的平顺性，从而对减震器、弹簧的阻尼和刚度值进行优化设定。

表 15-2　平顺性评价标准表

加权加速度均方根值 α_w	加权振级 L_{aw}	人的主观感觉
<0.315	110	没有不舒适
0.315～0.63	110～116	有一些不舒适
0.5～1.0	114～120	相当不舒适
0.8～1.6	118～124	不舒适
1.25～2.5	112～128	很不舒适
>2.0	126	极不舒适

15.5　嵌入式的钢板弹簧建模

15.5.1 嵌入式钢板弹簧简介

钢板弹簧是汽车悬架中应用最广泛的一种弹性元件。它是由若干片等宽但不等长（厚度可以相当等也可以不相等）的合金弹簧片组合而成的一根近似等强度的弹性梁。在 Adams Car 嵌入的钢板弹簧建模可以使用离散梁单元进行模拟，将钢板弹簧的各片分成若干段，各段之间用无质量的梁连接起来。对于钢板弹簧之间的接触，用 Adams 中提供的接触力来定义。

1. 梁单元板簧建模方式

板簧的数据是储存在板簧模板文件（.ltf）中的，可以作为 Makeleaf 程序的输入来使用。

Makeleaf 创建由一系列的由梁单元连接的部件组成的板簧模型，板簧叶片间的接触是使用矢量力和冲击函数构造的。我们需要输入自由状态下板簧的数据来构建板簧模型。

2. 梁单元板簧模型搭建工作流程

我们至少需要如图 15-61 所示的信息来在 Adams 中搭建一个板簧模型。

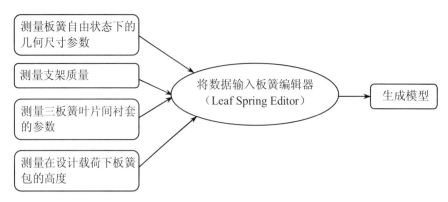

图 15-61 搭建板簧模型流程

3. 在 Adams Car 中使用板簧

Adams Car 模块中支持板簧的直接建模，流程如图 15-62 所示。

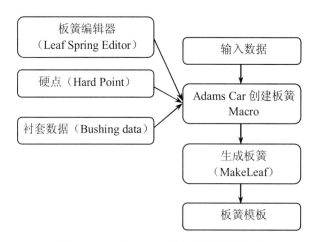

图 15-62 Adams Car 使用板簧模型流程

使用板簧编辑器（Leaf Spring Editor）来输入类似支架等各个部件的信息、轴的信息、板簧叶片外形、板簧夹信息、卷耳类型、衬套参数和其他硬点（hard point）信息。

既可以生成全新板簧，也可以在修改已存在的板簧基础上生成新的板簧。

在 Adams Car 中，模板中的衬套（bushing）和硬点（hard point）数据可以从创建/修改对话框提供，用于生成板簧数据。

Adams Car 的板簧工具 Leaf Spring 是使用.ltf 文件以及模板中的衬套和硬点数据来创建宏命令，用于创建 Adams Chassis 兼容的子系统文件，这个文件是用来输入到 MakeLeaf 程序的。

使用 MakeLeaf 程序创建板簧模型数据文件（*.adm）与 Adams Car 的模板合并。这个模板可以用于在 Adams Car 中创建子系统文件，用于未来的分析。

4．MakeLeaf 程序

MakeLeaf 程序是用来生成适用于 Adams 的基于梁单元的板簧模型的。MakeLeaf 从板簧模板（.ltf）文件读取板簧数据，创建 Adams 数据库模型文件（.adm）和梁单元板簧特性文件（.py）。

如果把板簧模板文件名是 sample.ltf，使用 MakeLeaf 程序创建的文件名将是（sample_aview.adm，sample_leaf.adm 和 sample_reset.adm）三个 Adams 数据库文件和 sample.Py 文件。

注意：在 Adams Car 的环境下，使用宏命令计算的最终结果是一个模板而不是.py 文件。

从 Adams 界面使用 Makeleaf 程序的方法：

Adams Car：在模板模式下，选择菜单 Build>Leaf Spring>New。

Leaf Spring Editor：Run>Generate Leaf。

15.5.2　嵌入式钢板弹簧实例

嵌入式的钢板弹簧工具可以在 Adams/Car 中打开，也可以在 Adams/Chassis 中打开。

（1）打开 Adams/Car，选择或者切换到模板建模模式，如图 15-63 所示。

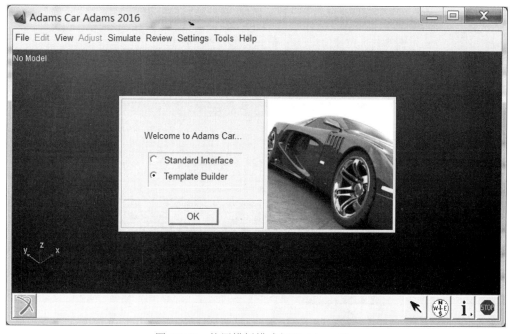

图 15-63　使用模板模式打开 Adams/Car

（2）打开模板_msc_truck_steer_suspension，默认路径为 C:\MSC.Software\Adams\2016\atruck\shared_truck_database.cdb\templates.tbl_msc_truck_steer_suspension.tpl，如图 15-64 所示文中的案例是一个卡车的实心轴的悬挂系统，我们将在当前模型下增加钢板弹簧。

（3）钢板弹簧模型只需要增加用于安装板簧到车架的前后两个硬点即可。按表 15-3 中的名称和坐标增加硬点。新建硬点如图 15-65 所示。

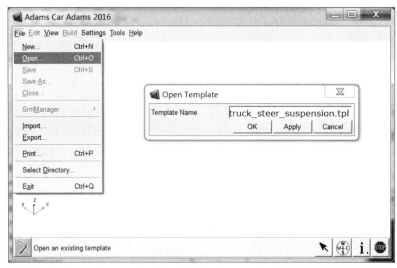

图 15-64　打开模型

表 15-3　硬点名称与坐标

硬点名称	坐标
front_leaf_eye	3722.7, -497.06, 404.10
shackle_to_frame	5070.3, -497.06, 675.43

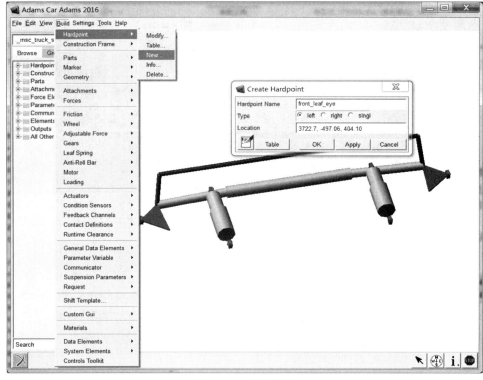

图 15-65　新建硬点

（4）创建新的板簧模型，如图 15-66 所示。

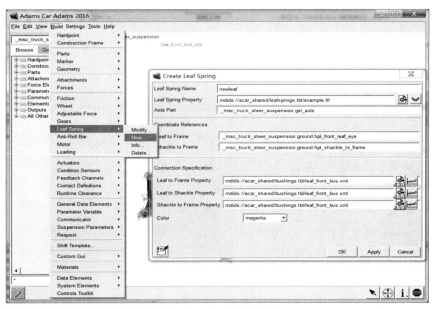

图 15-66　新建板簧模型

（5）要修改板簧的属性，可以单击板簧编辑按钮 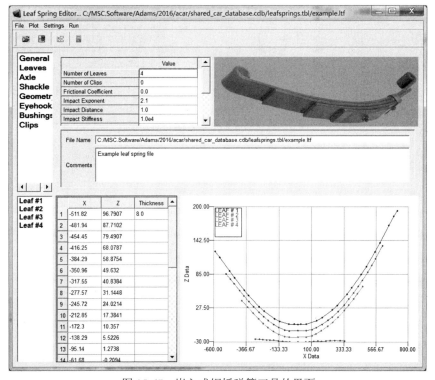。在图 15-67 所示的表中填入的数据是用于未加载状态下的钢板弹簧的。

图 15-67　嵌入式钢板弹簧工具的界面

15.5.3　嵌入式的钢板弹簧参数介绍

在实例中我们打开了 Leaf Spring Editor 编辑器，通过如下步骤，可以进行板簧建模和设计方案研究。

创建板簧初始几何轮廓

单击菜单 File>New(Default)，将以默认参数初始化建模，如图 15-68 所示。

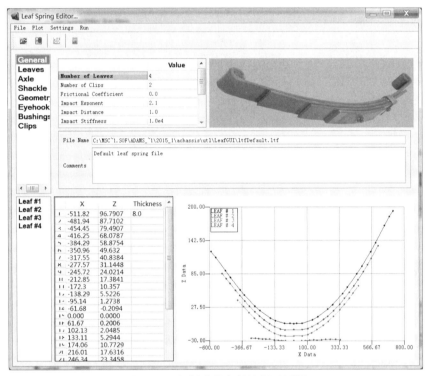

图 15-68　钢板弹簧参数编辑对话框

图 15-69 是根据板簧工具箱约定的规则，创建的前端为固定吊耳，后端为压缩状态的活动吊耳的板簧模型。

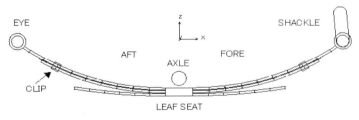

图 15-69　钢板弹簧结构

一些主要的定义归纳如下：

● 坐标系原点位于主片簧的上表面中心。

● Fore：相对于地面坐标系 X 轴正方向。

- AFT：相对于地面坐标系 X 轴负方向。
- Units：长度 mm，力 N，角度 degree。

注意：在 Adams/Car 中，AFT 代表车辆的前端方向。

创建钢板弹簧对话框如图 15-70 所示。

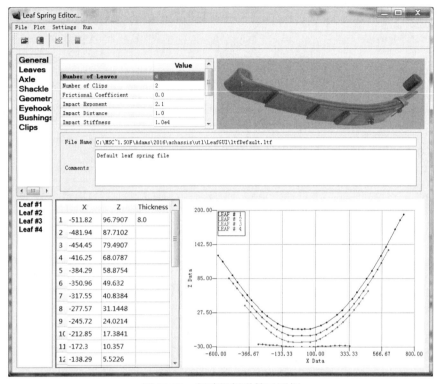

图 15-70　创建钢板弹簧对话框

对话框中设置项说明如下：

- General：一般性设置。
- File Name：当前的文件名（.lef）。
- Comments：备注与说明。
- Number of Leaves：板簧模型中板簧的片数。
- Number of Clips：板簧模型中板簧夹的数量。
- Friction Coefficient：和上一片相邻板簧之间的摩擦系数。
- Impact Exponent：冲击指数。
- Impact Distance：冲击距离。
- Impact Stiffness：冲击刚度。
- Impact Damping Coefficient：冲击阻尼系数。
- Impact Penetration：冲击穿透。
- Leaf Spring Mounting：板簧安装位置。
- Fitting Algorithm：拟合算法。
- Beam Formulation：Beam 梁公式。

板簧形状拟合坐标参数及设置如图 15-71 所示。

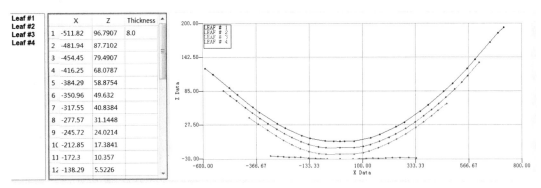

图 15-71　板簧形状拟合坐标参数

板簧定义参数如图 15-72 所示。

		Leaf 1	Leaf 2	Leaf 3	Leaf 4
Auxiliary Leaf Flag		NotApplicable	No	No	No
Leaf Length Front		650.0	525.0	405.0	317.5
Leaf Length Rear		785.0	635.0	480.0	342.9
Number of Contact Points Front		NotApplicable	2	2	2
Number of Contact Points Rear		NotApplicable	2	2	2
Number of Elements Front		7	5	5	5
Number of Elements Rear		8	6	6	6
Gap Distance Front		NotApplicable	2.54	2.54	0.51
Gap Distance Center		NotApplicable	2.54	2.54	0.51
Gap Distance Rear		NotApplicable	2.54	2.54	0.51
Seat (Leaf Center) Thickness		8.00	8.00	8.0	15.02
Seat (Leaf Center) Width		64.0	64.0	64.0	63.5
Z-offset Leaf		0.0	-10.74	-21.58	-29.90

General
Leaves
Axle
Shackle
Geometr
Eyehook
Bushings
Clips

图 15-72　板簧定义参数

对话框中设置项说明如下：

- Leaves：板簧设置页面。

- Auxiliary Leaf Flag：辅助板簧标记。

- Leaf Leagth Front：板簧后部的弧长。

- Leaf Leagth Rear：板簧前部的弧长。

- Number of Contact Points Front：板簧前部的接触点数。

- Number of Contact Points Rear：板簧后部的接触点数。

- Number of Elements Front：板簧前部的梁单元的数量。

- Number of Elements Rear：板簧前部的梁单元的数量。

- Gap Distance Front：板簧之间的前部间隙。

- Gap Distance Center：板簧之间的中部间隙。

- Gap Distance Rear：板簧之间的后部间隙。

- Seat(Leaf Center) Thinckness：板簧座（板簧中部）的厚度。

- Seat(Leaf Center)Width：板簧座（板簧中部）的宽度。

- Z-offset Leaf：板簧的 Z 向偏移。

- E-Modulus：板簧材料的杨氏模量。

- G-Modulus：板簧材料的剪切模量。
- Density：板簧的材料密度。
- ASY：根据铁摩辛柯梁理论，指定 Y 向剪切变形的校正因子。
- ASZ：根据铁摩辛柯梁理论，指定 Z 向剪切变形的校正因子。
- Fitting Points：选择拟合的开始点。

轴的定义对话框如图 15-73 所示。

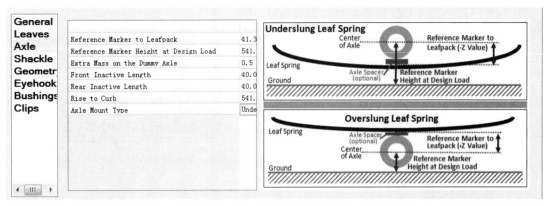

图 15-73　创建轴定义对话框

对话框中设置项说明如下：

- Axle：车轴设置。
- Reference Marker to Leafpack：定义车轴中心到板簧中心最外侧的 Z 向距离。
- Reference Marker Height at Design Load：在设计载荷下的高度，达到此高度仿真暂停。
- Extra Mass on the Dummy Axle：指定未装配上来的悬架组件的质量（U 型螺栓、垫片等）。
- Front Inactive Length：板簧前部的非活跃部分（刚性部分）的长度。
- Rear Inactive Length：板簧后部的非活跃部分（刚性部分）的长度。
- Rise to Curb：行程高度。
- Axle Mount Type：轴的安装方式。

支架定义参数如图 15-74 所示。

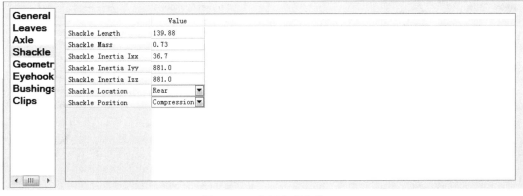

图 15-74　支架定义参数

对话框中设置项说明如下：

- Shackles：支架。

- Shackles Length：支架长度。

- Shackles Mass：支架质量。

- Shackles Inertia Ixx：支架 Ixx 惯量。

- Shackles Inertia Iyy：支架 Iyy 惯量。

- Shackles Inertia Izz：支架 Izz 惯量。

- Shackle Location：支架位置（板簧前端/后端）。

- Shackle Position：支架姿态。

几何参数定义如图 15-75 所示。

		Left X	Left Y	Left Z	Right X	Right Y	Right Z
General Leaves Axle Shackle Geometr Eyehook Bushings Clips	Front Leaf Eye Bushing	3722.70	−497.06	404.10	3722.70	497.06	404.10
	Shackle to Frame	5070.30	−497.06	675.43	5070.30	497.06	675.43

图 15-75　几何参数定义

对话框中设置项说明如下：

- Geometry：几何参数。

- Front Leaf Eye Bushing：板簧前衬套眼位置。

- Shackle to Frame：支架到车架的位置。

卷耳定义参数如图 15-76 所示。

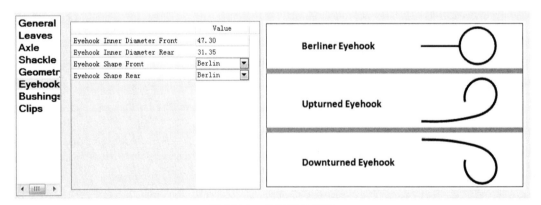

图 15-76　卷耳定义参数

对话框中设置项说明如下：

- Eyehook：卷耳。

- Eyehook Inner Diameter Front：前卷耳内径。
- Eyehook Inner Diameter Rear：后卷耳内径。
- Eyehool Shape Front：前卷耳形状。
- Eyehook Shape Rear：后卷耳形状。

衬套定义参数如图 15-77 所示。

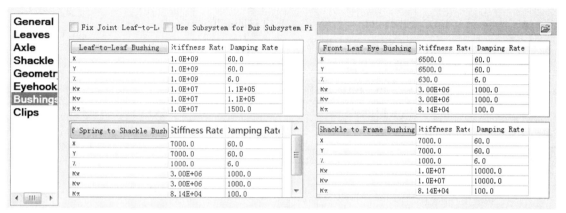

图 15-77　衬套定义参数

对话框中设置项说明如下：

- Bushing：衬套。
- Fix Joint Leaf-to-Leaf：板簧片间为固定约束。
- Use Subsystem for Bus Subsystem File：使用子系统。
- Leaf-to-Leaf Bushing：板簧片间的衬套。
- Front Leaf Eye Bushing：板簧与前卷耳间的衬套。
- Leaf Spring to Shackle Bushing：板簧到卸扣间的衬套。
- Shackle to Frame Bushing：支架到车架间的衬套。

板簧夹参数定义如图 15-78 所示。

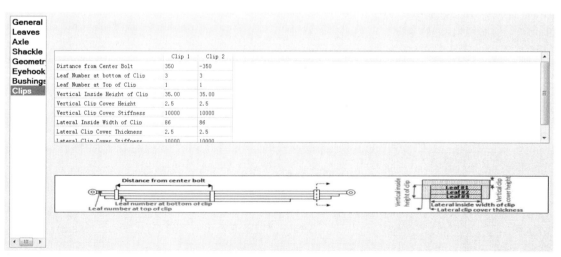

图 15-78　板簧夹定义参数

对话框中设置项说明如下：

- Clips：板簧夹。

- Distance frome Center Bolt：到中心螺栓的距离。

- Leaf Number at bottom of Clip：板簧夹夹住的叶片中最下边一片的序号。

- Leaf Number at Top of Clip：板簧夹夹住的叶片中最上边一片的序号。

- Vertical Inside Height of Clip：板簧夹内高总高。

- Vertical Clip Cover Height：板簧夹上部内衬的高度。

- Vertical Clip Cover Stiffness：板簧夹上部内衬的刚度。

- Lateral Inside Width of Clip：板簧夹内宽总宽。

- Lateral Clip Cover Thickness：板簧夹宽度方向内衬的厚度。

- Lateral Clip Cover Stiffness：板簧夹宽度方向内衬的刚度。

第 16 章　机械工具包 Adams Machinery

16.1　Adams Machinery 简介

Adams Machinery 是完全集成于 Adams 的机械工具模块包，该模块是一种全新的、能够实现对包括机器人、传送机、传动设备、农业设备和工业机械等在内的常见机械部件进行高保真建模与仿真自动化，以便为工程师在机械系统的虚拟测试与虚拟样机仿真中提供帮助。

功能及特色：

- 为包括齿轮、皮带、链条、轴承、绳索、电机和凸轮在内的常见机械零件进行高保真的仿真模拟。
- 极为快速的建模－解算－评估，提高了设计效率。
- 具备一种易于使用的自动化、向导驱动型模型创建过程。
- 在 Adams Postprocessor（后处理程序）中直接评估建模结果。
- AdamsMachinery 为设计人员和工程师提供了一套定制的机械工具模块包，包括：

齿轮传动工具模块：对多种类型的齿轮组性能进行建模及评估，其中包括直齿轮、螺旋齿轮、锥齿轮、蜗轮蜗杆和齿轮齿条等；

带传动工具模块：对多种类型的皮带轮进行建模及评估，包括一般平面带、V 型带、楔形带等；

链传动工具模块：能够为链轮、渐开线轮及静音链条等进行动态建模和评估；

轴承工具模块：对各种形式的轴承进行建模及评估，包括滚珠、滚针、滚子轴承；

缆索工具模块：快速地建立绳索与滑轮，可精确计算绳索振动与张紧力，分析绳索滑移对系统承载能力的影响；

电机工具模块：可针对直流电机、无刷直流电机、步进电机和交流同步电机进行快速建模，也可与控制软件进行联合建立电机模型；

凸轮工具模块：专门针对凸轮快速建模的工具。

Adams Machinery 提供了一个极为易于接受、易于使用的向导程序，该向导程序能够自始至终地引导用户完成模型的建立，并提供快速编辑、修改，和/或改变建模逼真程度选项的功能。Adams Machinery 组件还能够进行参数化，并使用 Adams Insight 进行设计研究和优化分析。建模示例如图 16-1 所示。

进入 Adams View 界面后，单击工具栏中的 Machinery，选择相应工具，即可开启 Adams Machinery 自动化建模向导程序，如图 16-2 所示。

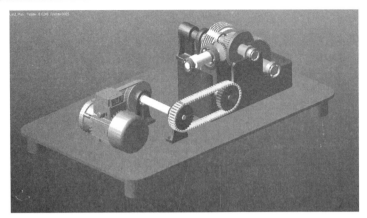

图 16-1 Adams Machinery 建模示例

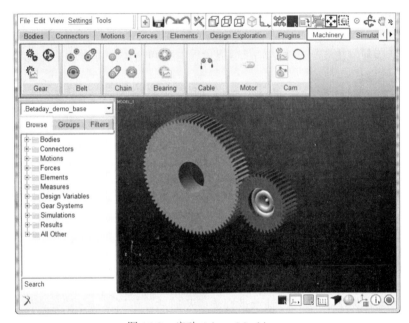

图 16-2 启动 Adams Machinery

16.2 齿轮传动工具模块 Adams Machinery – Gear Module

Adams 齿轮传动工具模块 Adams Machinery Gear 用于创建简化的或详细的渐开线齿轮，齿轮类型包括直齿轮、螺旋齿轮、锥齿轮、螺旋锥齿轮、准双曲面锥齿轮、蜗轮蜗杆及齿轮齿条。

Adams 齿轮传动工具通过向导程序自动创建齿轮几何和齿轮力，一个模型中支持的齿轮副最多可以达到 100 组，齿轮力可以通过如下多种方式进行描述：

- 耦合运动副定义传动比的方式；
- 简化的解析接触计算方式计算齿轮力和齿侧隙，不考虑摩擦；
- 详细的解析接触计算方式计算齿轮接触力，考虑渐开线方程、接触参数和摩擦，同时可计算三个齿的接触以捕捉多个齿啮合过程中载荷的变化；

● 基于实际的 3D 几何接触计算齿轮力，可以根据齿轮中心距及齿厚变化计算实际的齿侧隙。

16.2.1 齿轮副参数

由于齿轮副是成对创建，而不是仅仅建立单一齿轮，齿轮副的位置和方向取决于所创建的齿轮类型，因此，需要提前了解如下齿轮副参数。

（1）齿轮轴轴距（图 16-3）。

齿轮轴的轴距必须匹配所创建的齿轮副的齿轮数据，直/螺旋齿轮的公称轴距等于：

$$(\text{\# of teeth Gear 1} + \text{\# of teeth Gear 2}) / 2 \times \text{module} / \cos(\text{Helix Angle}) \qquad (16\text{-}1)$$

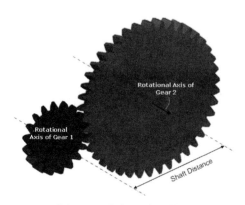

图 16-3 直/螺旋齿轮轴距

（2）直/螺旋锥齿轮外锥距（图 16-4）。

对于锥齿轮，无须定义齿轮的位置，因为所用参考位置是计算出来的。以齿轮 1 为例，外锥距等于：

$$(\text{\# of teeth Gear 1} \times \text{Module} / \cos(\text{Spiral Angle}) / 2 / \sin(\delta) \qquad (16\text{-}2)$$

其中δ是由传动比确定的参考锥角。

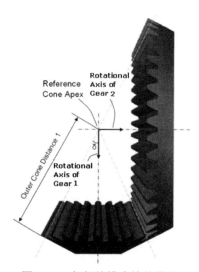

图 16-4 直/螺旋锥齿轮外锥距

（3）准双曲面锥齿轮副参考标记。

大齿轮和小齿轮的参考标记位于各齿轮轴的交叉点上，如图 16-5 所示，它们的 z 轴沿旋转轴方向并且必须指向要创建的齿轮，其中小齿轮的参考标记的位置和方向需满足：

- 位置沿着大齿轮参考标记的 y 轴；
- Z 轴与大齿轮参考标记的 yz 平面垂直。

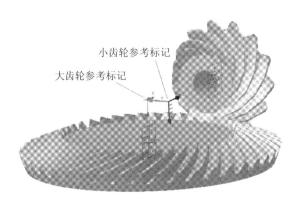

图 16-5   准双曲面锥齿轮参考标记

此外，小齿轮和大齿轮参考标记之间的距离与小齿轮和大齿轮装配的双曲面偏置距（a）相同。

（4）双压力角。

小齿轮和大齿轮的齿侧凹面和凸面压力角都能独立定义，因此齿轮可以定义双压力角。准双曲面齿轮的齿侧凹面和凸面如图 16-6 所示。

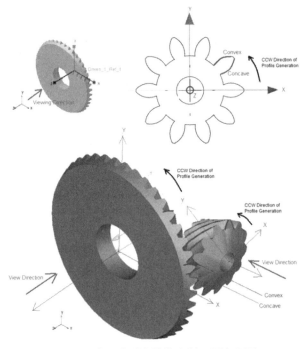

图 16-6   准双曲面齿轮的齿侧凹面和凸面

（5）锥和齿高参数。

关于齿高、齿面宽、不同锥角（节锥角、面锥角和根锥角）及节锥顶点到交错点的距离等几何参数描述，如图 16-7 所示。

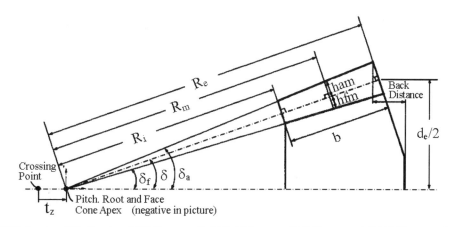

δ_a－面锥角；δ－节锥角；δ_f－根锥角；d_e－外节锥直径；R_e－外锥距；R_m－平均锥距；R_i－内锥距；

ham－平均齿顶高；hfm－平均齿根高；b－齿面宽；t_z－节锥顶点到交错点距离

图 16-7　锥和齿高参数

（6）螺旋角。

由于使用理想的对数齿形函数，在纵向齿方向赋给常值螺旋角，也就是说内螺旋角、平均螺旋角和外螺旋角相同（图 16-8），因此，用户只需要指定一个值——平均螺旋角。

（7）齿截面轮廓。

齿截面轮廓用到一种渐开线齿廓函数，用户在节圆半径处指定一个平均正压力角，横截面平均压力角如图 16-9 所示。

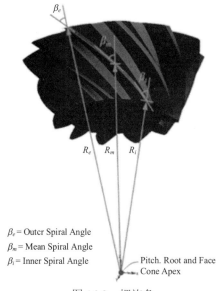

β_e = Outer Spiral Angle
β_m = Mean Spiral Angle
β_i = Inner Spiral Angle

图 16-8　螺旋角

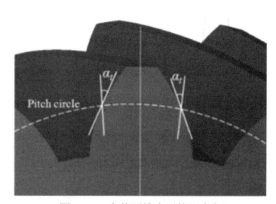

图 16-9　齿截面轮廓平均压力角

$$\tan a_l = \frac{\tan \alpha_n}{\cos \beta_m} \qquad (16\text{-}3)$$

其中，a_l——横截面平均压力角；α_n——平均正压力角；β_m——平均螺旋角。

16.2.2 齿轮副定义

齿轮副通过向导程序自动创建，其方法步骤如下：

（1）单击工具栏中的 Machinery，选择齿轮工具条进行齿轮副定义，工具条包括创建齿轮副、创建行星齿轮和定义齿轮副输出请求，如图 16-10 所示。

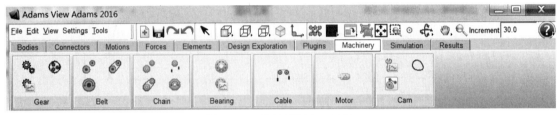

图 16-10 齿轮副创建工具栏

（2）单击齿轮副创建工具条 ⚙，进入齿轮副定义向导，第一步选择齿轮类型，如图 16-11 所示。

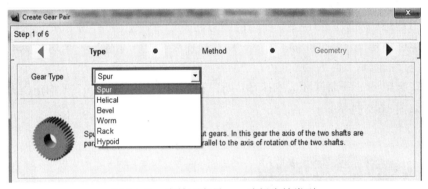

图 16-11 齿轮副向导——选择齿轮类型

（3）选择齿轮力定义方式，如图 16-12 所示。

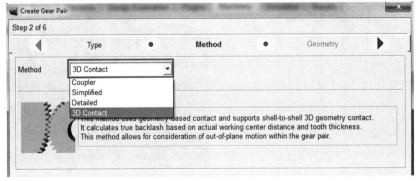

图 16-12 齿轮副向导——选择齿轮力方式

（4）输入齿轮设计参数，以生成齿轮几何，如图 16-13 所示。不同齿轮类型所需几何参数有所不同。

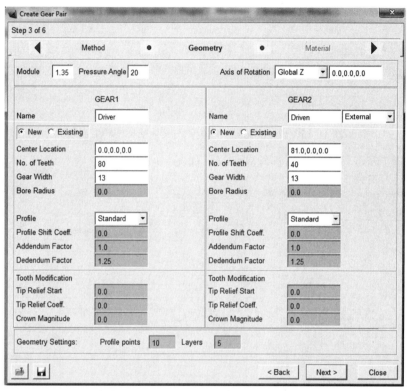

图 16-13　齿轮副向导——齿轮几何参数输入

（5）输入齿轮材料参数和计算齿轮力所需的接触参数，如图 16-14 所示。

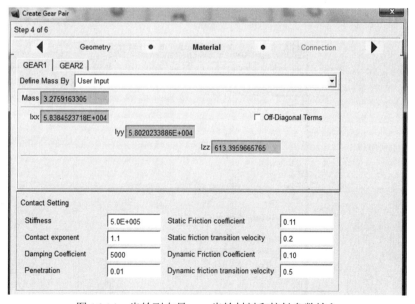

图 16-14　齿轮副向导——齿轮材料和接触参数输入

（6）分别定义驱动齿轮、从动齿轮与其他部件的约束连接关系，如图 16-15 所示。

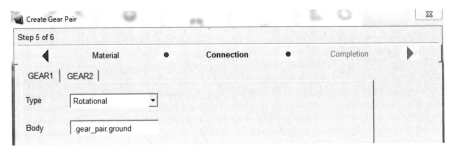

图 16-15　齿轮副向导——齿轮与其他部件的约束连接

（7）单击 Finish 按钮，完成齿轮副定义，如图 16-16 所示。

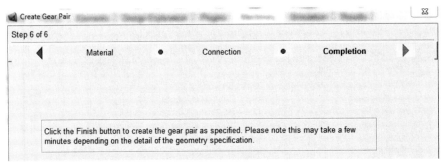

图 16-16　齿轮副向导——完成齿轮副定义

16.2.3　齿轮副结果输出

单击结果输出请求工具条，弹出齿轮副结果输出对话框，如图 16-17 所示。右键选择齿轮副对象，单击 OK 按钮输出预定义的标准评估指标。不同的齿轮力描述方式，输出的结果类型有所不同。

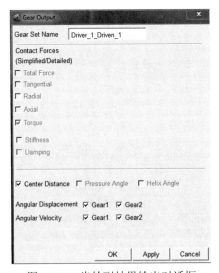

图 16-17　齿轮副结果输出对话框

16.3　带传动工具模块 Adams Machinery – Belt Module

Adams 带传动工具模块 Adams Machinery Belt 是一个高效的带传动专用工具，对多种类型的皮带－皮带轮进行建模及评估，包括一般平面带、三角带、梯形带等，研究带传动系统传动比、张紧器变化、带的动力学行为等对系统性能的影响。

16.3.1　皮带轮、皮带类型及几何参数

Adams 带传动工具通过向导程序自动创建皮带轮和皮带几何，根据皮带类型，皮带轮组有平带皮带轮、三角皮带轮和梯形皮带轮三个类型。

（1）平带参数（图 16-18）。

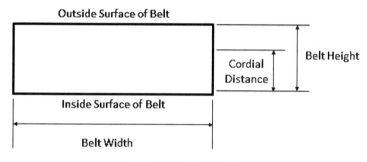

图 16-18　平带参数

（2）三角带参数（图 16-19）。

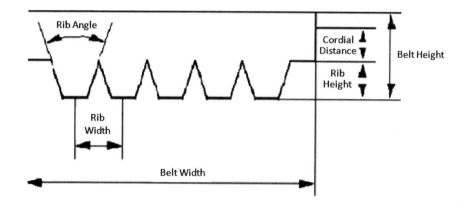

Belt Width－带宽；Rib Angle－轮槽角度；Rib Width－背宽；

Rib Height－背高；Belt Height－带高

图 16-19　三角带参数

（3）梯形皮带参数（图 16-20）。

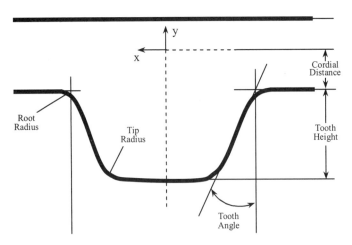

Tooth Height－齿高；Tooth Angle－齿角；Tip Radius－齿尖圆角半径；Root Radius－齿根圆角半径

图 16-20 梯形带参数

带传动系统可以通过如下方式进行模拟：

- 耦合运动副定义传动比的方式。
- 2D 离散带，皮带用共面的离散段部件模拟，这些部件通过刚度元素相互连接，并解析计算离散段部件与皮带轮之间的接触力，皮带轮旋转轴必须与绝对坐标系坐标轴平行。
- 3D 离散带，皮带用共面的 3D 离散段部件模拟，这些部件通过刚度元素相互连接，并解析计算离散段与皮带轮之间的接触力，皮带轮旋转轴不必与绝对坐标系坐标轴平行。
- 不共面的 3D 离散带，皮带用 3D 离散段部件模拟，这些部件通过刚度元素相互连接，并解析计算离散段与皮带轮之间的接触力，允许皮带轮有小的平面外偏移和错位。

16.3.2 皮带张紧、皮带缠绕及刚度参数

（1）皮带张紧。

Adams Machinery 通过特殊定义的张紧轮来保持皮带张力，张紧轮有固定、滑动和转动三种型式，如图 16-21 所示。

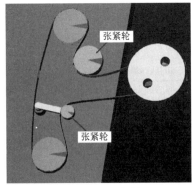

图 16-21 张紧轮

（2）皮带缠绕。

定义皮带缠绕时，必须相对皮带轮旋转轴按照顺时针方向旋转皮带轮，如图 16-22 所示。

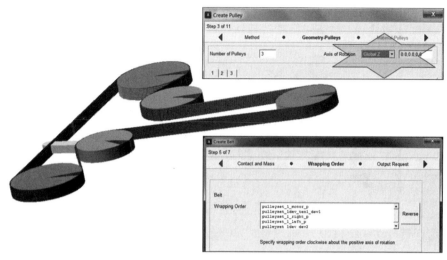

图 16-22　皮带缠绕

（3）皮带刚度参数。

Adams Machinery 基于给定的截面参数计算下列皮带刚度参数：

$$k_{axial} = \frac{AE}{L} \qquad k_{transverse} = \frac{12EI}{L^3}$$

$$k_{coupling} = -\frac{6EI}{L^2} \qquad k_{torsional} = \frac{4EI}{L}$$

其中，A——横截面积；E——杨氏模量；L——段长；I——截面惯量。

16.3.3　带传动系统建模

Adams 带传动工具模块提供三个向导工具完成完整的带传动系统建模，分别是皮带轮定义向导 、皮带定义向导 和皮带驱动向导 。

下面以三角带实例介绍建模过程。

1. 皮带轮定义

（1）单击工具栏中的 Machinery，选择 Belt 工具 ，如图 16-23 所示，进入皮带轮定义向导。

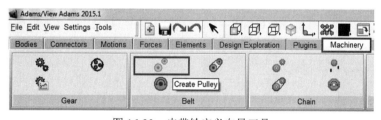

图 16-23　皮带轮定义向导工具

（2）选择皮带轮类型，比如 Poly-V Grooved，如图 16-24 所示。

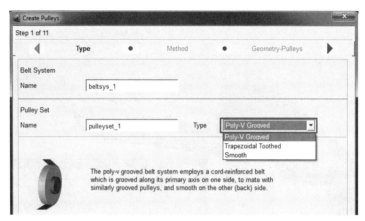

图 16-24　选择皮带轮类型

（3）选择带传动系统模拟方式，比如 3D 离散带 3D Links，如图 16-25 所示。

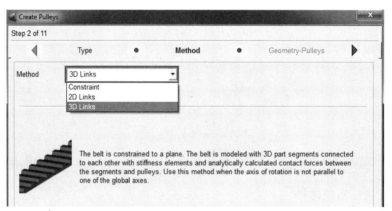

图 16-25　选择带传动模拟方式

（4）皮带轮数量、旋转轴方向，每个皮带轮中心位置、几何尺寸参数定义。本实例中皮带轮 Pulley_2 中心位置为（500,0,0），轮宽 30，直径 300，如图 16-26 所示。

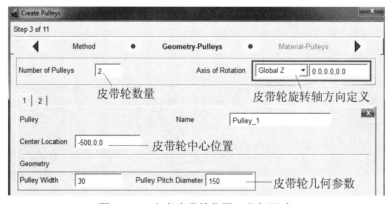

图 16-26　定义皮带轮位置、几何尺寸

（5）皮带轮材料定义，如图 16-27 所示。

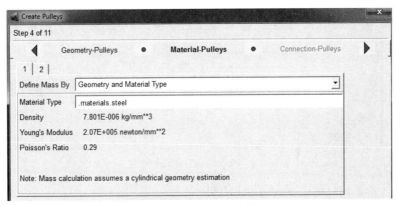

图 16-27　定义皮带轮材料

（6）定义皮带轮约束，如图 16-28 所示。本实例中是两个皮带轮与大地旋转约束。

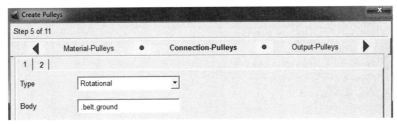

图 16-28　定义皮带轮约束

（7）定义皮带轮仿真结果输出，如图 16-29 所示，包括运动与约束连接受力。

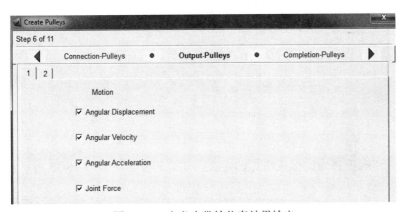

图 16-29　定义皮带轮仿真结果输出

（8）单击 Next 按钮，继续定义张紧轮。如果带传动系统没有张紧轮，后面一直单击 Next 按钮，直到单击 OK 按钮完成皮带轮定义。

（9）如果定义张紧轮，比如有一个张紧轮，选择张紧轮型式，定义中心位置、旋转轴方向以及几何尺寸，如图 16-30 所示。

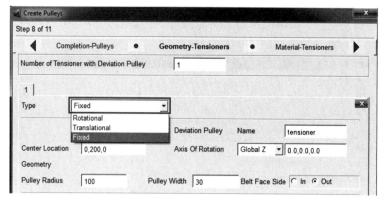

图 16-30　定义张紧轮

（10）定义张紧轮材料，如图 16-31 所示。

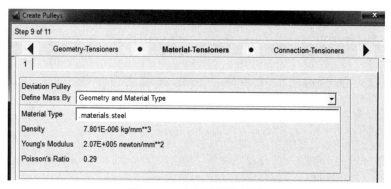

图 16-31　定义张紧轮材料

（11）定义张紧轮约束连接对象，如图 16-32 所示。

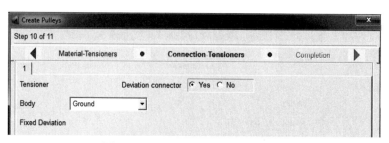

图 16-32　定义张紧轮约束连接对象

（12）单击 Finish 按钮完成皮带轮的定义，建立的皮带轮如图 16-33 所示。

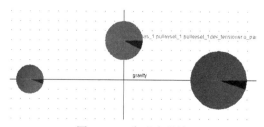

图 16-33　生成皮带轮

2. 皮带定义

（1）单击工具栏中的 Machinery，选择 Belt 工具 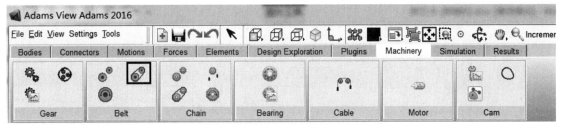，如图 16-34 所示，进入皮带定义向导。

图 16-34   皮带定义向导工具

（2）选择皮带轮组，右键选择前面定义好的 pulleyset_1，如图 16-35 所示。

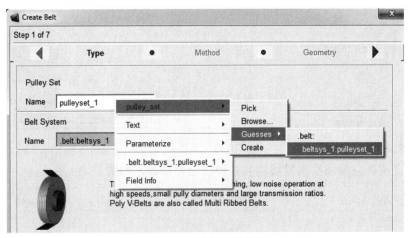

图 16-35   选择皮带轮组

（3）选择带传动系统模拟方式，如图 16-36 所示。因为皮带轮已经选择过，如果不作调整，保持 3D Links 定义不变。

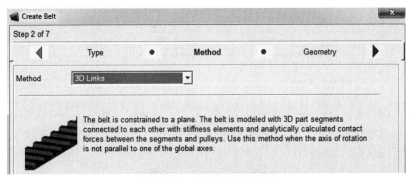

图 16-36   带传动模拟方式

（4）定义皮带参数，包括旋转轴方向、几何尺寸参数、刚度计算所需的几何及材料参数、几何图形类型等，如图 16-37 所示，其中除了不共面的 3D 离散带，旋转轴方向及参考位置沿用自动生成的数据。

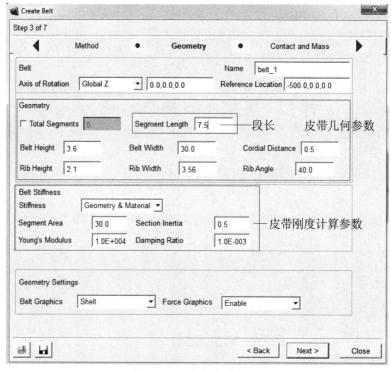

图 16-37　定义皮带参数

（5）定义皮带分段部件质量属性参数和接触力参数，如图 16-38 所示。

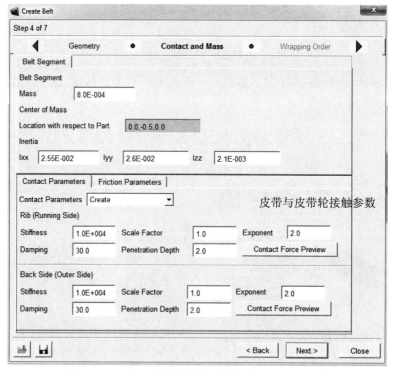

图 16-38　定义皮带分段部件质量参数和接触力参数

（6）定义皮带缠绕顺序，如图 16-39 所示。

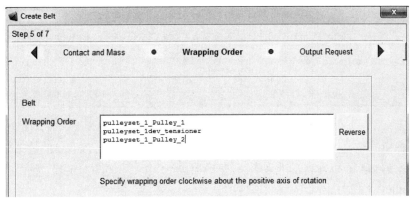

图 16-39　定义皮带缠绕顺序

（7）定义皮带结果输出，如图 16-40 所示。

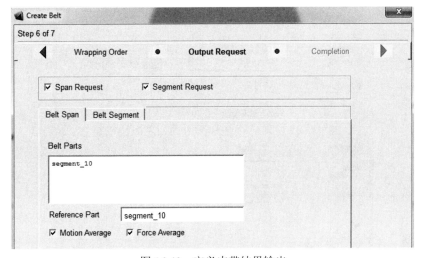

图 16-40　定义皮带结果输出

（8）单击 Finish 按钮，完成皮带定义，如图 16-41 所示。

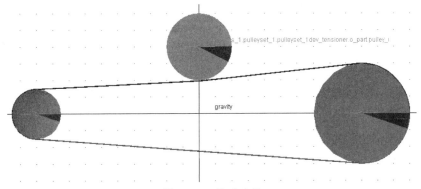

图 16-41　生成皮带

3. 驱动定义

（1）单击工具栏中的 Machinery，选择 Belt 工具 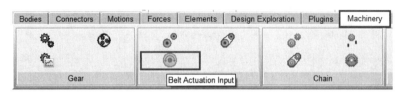，如图 16-42 所示，进入驱动定义向导。

图 16-42 皮带驱动向导工具

（2）选择驱动轮，Adams 带传动工具支持一个模型中最多可以有 10 组带传动组。分别通过右键选择带传动组和各自的驱动轮，完成驱动轮定义，如图 16-43 所示。本实例选择 pulleyset_1_Pulley_1 作为驱动轮。

图 16-43 定义驱动轮

（3）选择驱动类型，如图 16-44 所示，可以是力矩或者旋转运动驱动。本实例选择运动驱动 Motion。

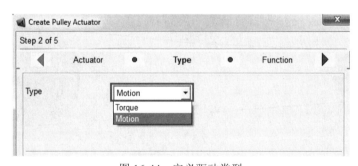

图 16-44 定义驱动类型

（4）定义驱动的数学描述，如果是旋转运动驱动，则 Adams 定义的是角速度，而不是角位移。本实例定义为 360°/s 的转速，如图 16-45 所示。

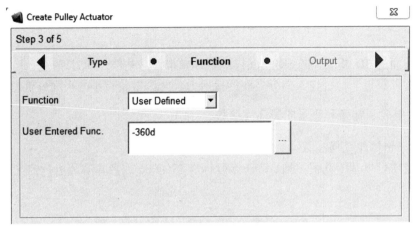

图 16-45　定义驱动的数学描述

（5）定义驱动输出，勾选运动及力矩指标即可，如图 16-46 所示。

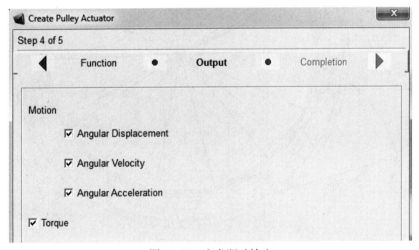

图 16-46　定义驱动输出

（6）单击 Finish 按钮，完成驱动定义。

16.4　链传动工具模块 Adams Machinery – Chain Module

Adams 链传动工具模块 Adams Machinery Chain 是一个高效的链传动专用工具，对链轮和渐开线轮，以及滚子链条和静音链条等进行动态建模和评估，能够量化连锁效应对系统行为的影响，如传动比、张紧器变化、摩擦、链条动力学行为等。

链传动系统可以通过如下方式进行模拟：

- 耦合运动副定义传动比的方式；
- 2D 链节，链条用共面链的节部件模拟，这些部件通过刚度元素相互连接，并解析计算链节部件与链轮、向导之间的接触力，链轮旋转轴须与绝对坐标系坐标轴平行；

- 3D 链节，链条用共面的 3D 链节部件模拟，这些部件通过刚度元素相互连接，并解析计算链节与链轮、向导之间的接触力，链轮旋转轴不必与绝对坐标系坐标轴平行；
- 不共面的 3D 链节，链条用 3D 链节部件模拟，这些部件通过刚度元素相互连接，并解析计算链节与链轮、向导之间的接触力，允许链轮有小的平面外偏移和错位。

16.4.1　链轮、链条和张紧向导几何参数

（1）滚子链链轮几何参数。

滚子链链轮可以基于几何参数、链条国际标准 ISO 606 或者轮廓线进行定义，其中几何参数如图 16-47 所示。

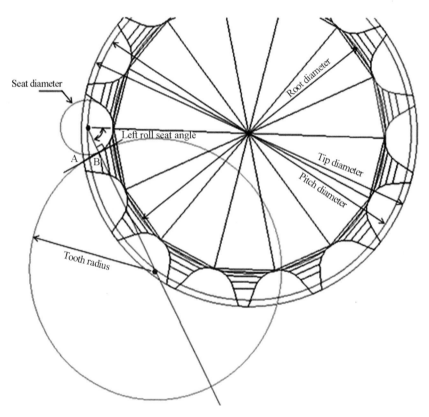

Root diameter－根圆直径；Tip diameter－顶圆直径；Pitch diameter－分度圆直径；

Seat diameter－滚座直径；Left roll seat angle－左滚座偏角；Tooth radius－齿侧凸缘半径

图 16-47　滚子链链轮几何参数

（2）滚子链条几何参数。

滚子链条几何参数相对简单，如图 16-48 所示。

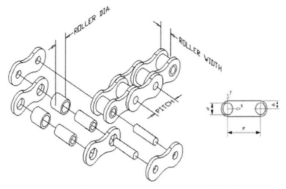

Roller diameter—圆柱滚子直径；Roller width—滚子宽度；Pitch—链条节距

图 16-48　滚子链条的几何参数

（3）静音链链轮几何参数。

静音链链轮几何参数如图 16-49 和图 16-50 所示。

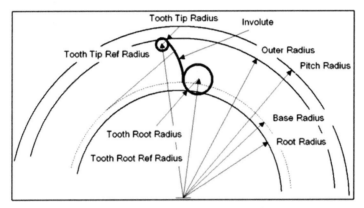

RootRadius—根圆半径；Pitch Radius—分度圆半径；

ToothTip Radius—齿顶圆半径；Tooth Tip Ref Radius—齿顶圆参考半径；

ToothRoot Radius—齿根圆半径；ToothRoot Ref Radius—齿根圆参考半径

图 16-49　静音链链轮的几何参数（一）

静音链链轮的其他参数还包括：ToothAngle——齿压力角；Over PinDiameter——滚针跨径；Pin Diameter——滚针直径。

Over Pin Diameter = Center Distance of Pin × 2 + Pin Diameter

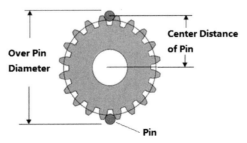

图 16-50　静音链链轮的几何参数（二）

（4）张紧向导几何定义方法。

链传动系统张紧向导有两种方式：弧中心法和弧角度法，分别如图 16-51 和图 16-52 所示。

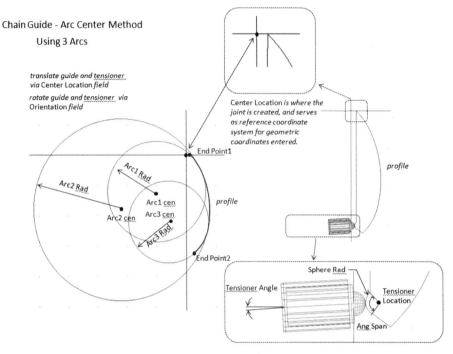

图 16-51　张紧向导三段弧中心法示意图

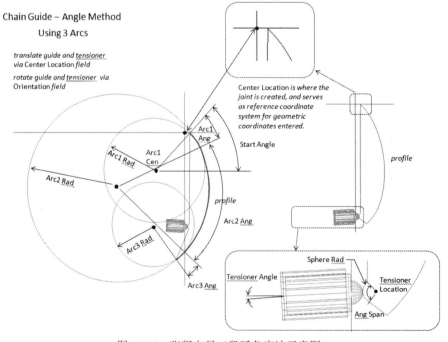

图 16-52　张紧向导三段弧角度法示意图

Adams 支持最多通过 5 段圆弧来定义张紧向导，定义过程中必须保证紧邻的两段圆弧相交或相切，确保收尾能够相接。

16.4.2　链传动系统建模

Adams 链传动工具模块提供三个向导工具完成完整的链传动系统建模，分别是链轮定义向导、链条定义向导和链条驱动向导。

下面以滚子链传动实例介绍建模过程。

1. 链轮定义

（1）单击工具栏中的 Machinery，选择 Chain 工具，如图 16-53 所示，进入链轮定义向导。

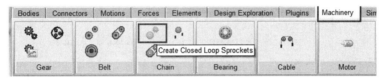

图 16-53　链轮定义向导工具

（2）选择链轮类型，如图 16-54 所示，比如 Roller Sprocket。

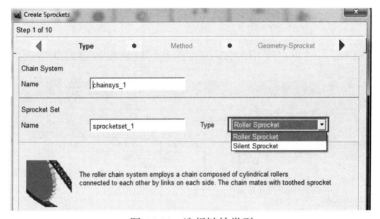

图 16-54　选择链轮类型

（3）选择链传动系统模拟方式，如图 16-55 所示，比如 2D 链节 2D Links。

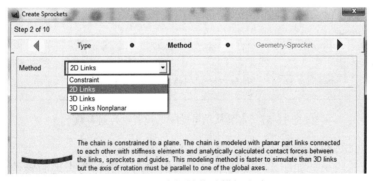

图 16-55　选择链传动模拟方式

（4）定义链轮数量、旋转轴方向、中心位置和链轮几何参数，如图 16-56 所示。

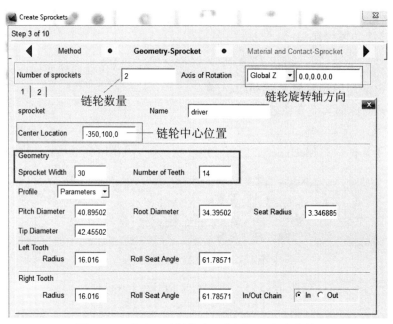

图 16-56　定义驱动链轮中心位置、几何参数等

在链轮几何栏中输入链轮宽度和齿数，链轮的几何轮廓参数会自动生成，如图 16-57 所示。

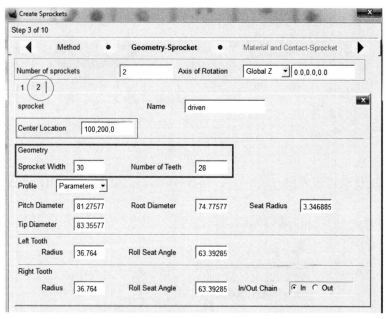

图 16-57　定义从动链轮中心位置、几何参数

（5）定义链轮材料及接触力参数，如图 16-58 所示。

（6）定义链轮约束，如图 16-59 所示。本实例中两个链轮与大地旋转约束。

（7）定义链轮仿真结果输出，包括运动与约束连接受力，如图 16-60 所示。

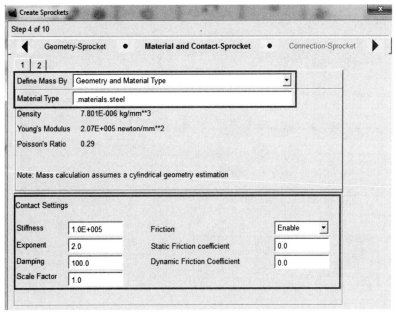

图 16-58　定义链轮材料及接触力参数

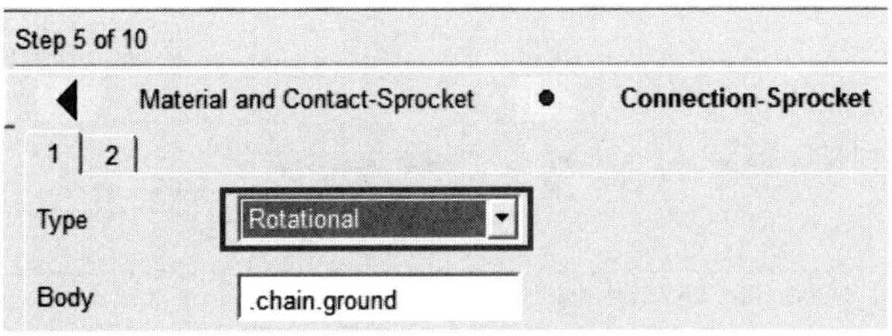

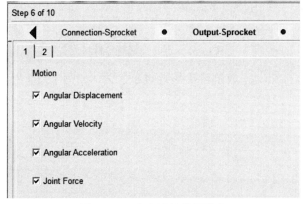

图 16-59　定义链轮约束

Step 6 of 10

Connection-Sprocket ● Output-Sprocket ●

1 | 2 |

Motion

☑ Angular Displacement

☑ Angular Velocity

☑ Angular Acceleration

☑ Joint Force

图 16-60　定义链轮结果输出

（8）单击 Next 按钮，继续定义张紧向导。如果链传动系统没有张紧向导，后面一直单击 Next 按钮，直到单击 OK 按钮完成链轮定义。

（9）定义张紧向导，设置张紧向导数量，定义中心位置、旋转轴方向以及几何参数，如图 16-61 所示。

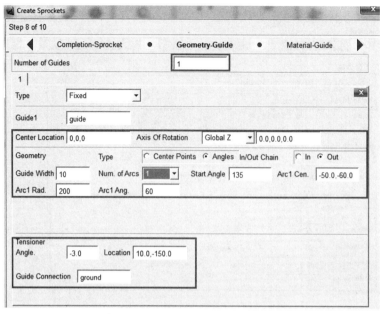

图 16-61　定义张紧向导位置、几何

（10）定义张紧向导材料，如图 16-62 所示。

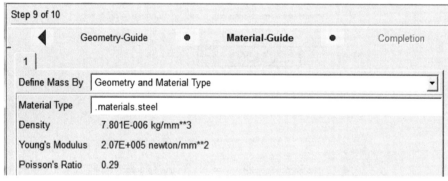

图 16-62　定义张紧向导材料

（11）单击 Finish 按钮，完成链轮及张紧向导定义，如图 16-63 所示。

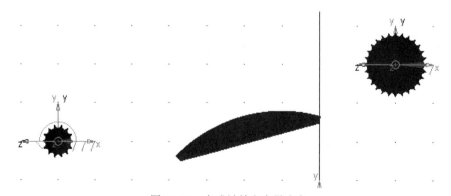

图 16-63　完成链轮和向导定义

2. 链条定义

（1）单击工具栏中的 Machinery，选择 Chain 工具 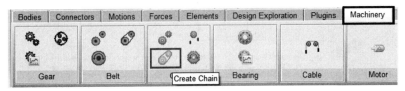，如图 16-64 所示，进入链条定义向导。

图 16-64　链条定义向导工具

（2）选择链轮组，右键选择前面定义好的 sprocketset_1，如图 16-65 所示。

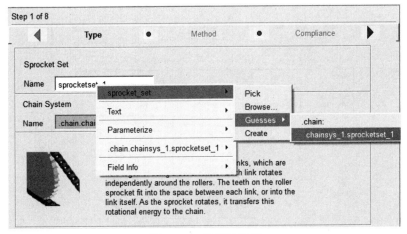

图 16-65　选择链轮组

（3）选择链传动系统模拟方式。因为链轮已经选择过，如果不作调整，保持 2D Links 定义不变，如图 16-66 所示。

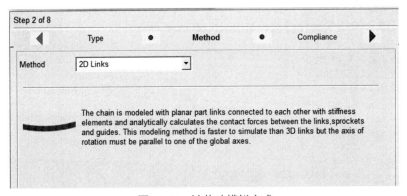

图 16-66　链传动模拟方式

（4）定义链节之间的柔性连接形式。本实例选择线性 Linear，如图 16-67 所示，定义线性刚度和阻尼。

注意：链节与滚子之间是柔性力（比如衬套这样的连接形式），并不是旋转约束。

（5）定义链节的几何参数及柔性连接的刚度、阻尼参数，如图 16-68 所示。

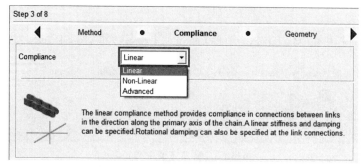

图 16-67　选择链节柔性连接形式

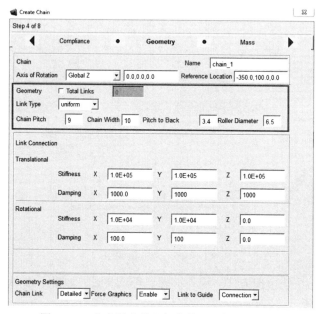

图 16-68　定义链节的几何参数、柔性连接参数

（6）定义链节的质量属性参数，如图 16-69 所示。

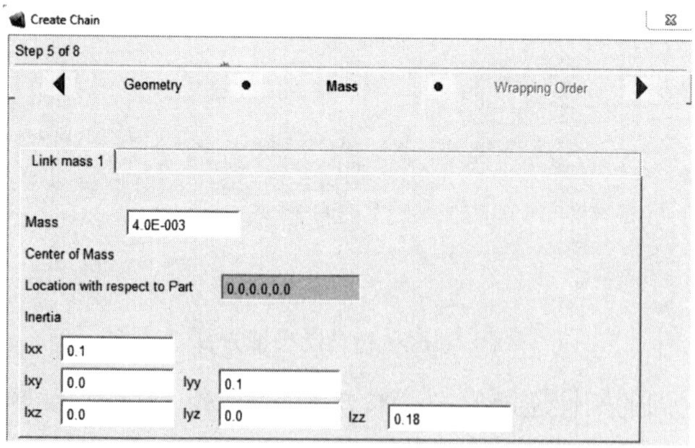

图 16-69　定义链节的质量属性参数

（7）定义链条的缠绕顺序，分别右键选择 sprocketset_1_driver、sprocketset_1_driven 和

sprocketset_1guide_guide，如图 16-70 所示。单击 Next 按钮，并对弹出的信息窗口单击 Yes 按钮。

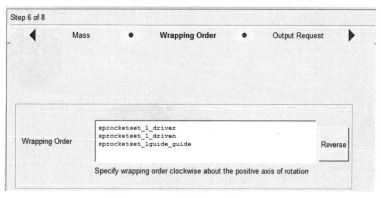

图 16-70　定义链条的缠绕顺序

（8）定义链条的结果输出。勾选 Span Request 和 Link Request 复选项，选择 Chain Span 选项卡，在 Chain Part 栏右击筛选链节，比如 link_93，参考部件选择 ground，运动和力结果都输出，如图 16-71 所示。

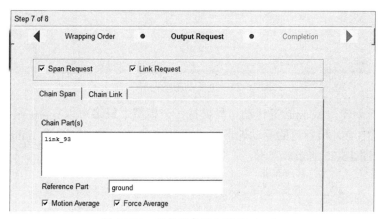

图 16-71　定义链条结果输出（一）

（9）定义链条的结果输出。选择 Chain Link 选项卡，在 Link Part 栏右击筛选链节，比如 link_13，如图 16-72 所示。

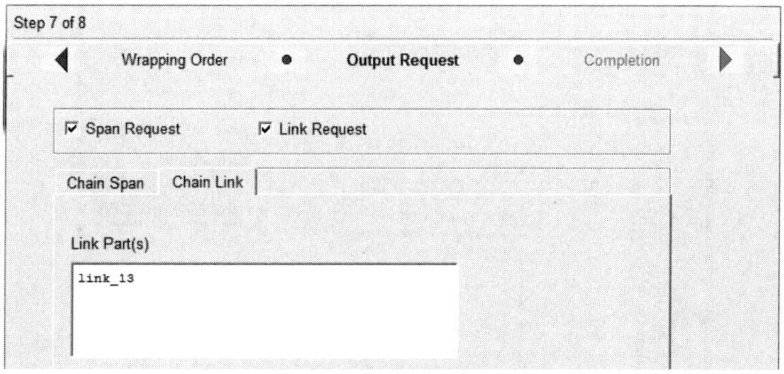

图 16-72　定义链条结果输出（二）

（10）单击 Finish 按钮，完成链条定义，如图 16-73 所示。

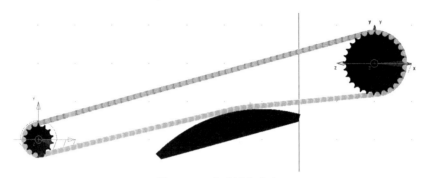

图 16-73　完成链条定义

3. 驱动定义

（1）单击工具栏中的 Machinery，选择 Chain 工具，如图 16-74 所示，进入驱动定义向导。

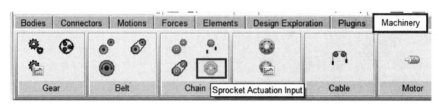

图 16-74　链传动驱动向导工具

（2）选择驱动轮，Adams 链传动工具支持一个模型中最多可以有 10 组链传动组，分别通过右键选择链传动组和各自的驱动轮，完成驱动轮定义。本实例选择 pulleyset_1_Pulley_1 作为驱动轮，如图 16-75 所示。

图 16-75　定义驱动轮

（3）选择驱动类型，可以是力矩或者旋转运动驱动。本实例选择运动驱动 Motion，如图 16-76 所示。

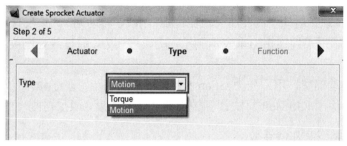

图 16-76　定义驱动类型

（4）定义驱动的数学描述，如果是旋转运动驱动，则 Adams 定义的是角速度，而不是角位移。本实例定义为 360°/s 的转速，如图 16-77 所示。

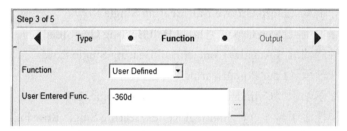

图 16-77　定义驱动的数学描述

（5）定义驱动输出，勾选运动及力矩指标即可，如图 16-78 所示。

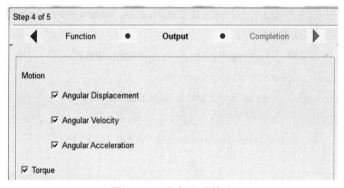

图 16-78　定义驱动输出

（6）单击 Finish 按钮，完成驱动定义。

16.5　轴承工具模块 Adams Machinery – Bearing Module

Adams 轴承工具模块 Adams Machinery Bearing 是一个高效的轴承专用工具，对各种形式的轴承进行建模及评估，包括滚珠、滚针、滚子轴承，用户可以手动输入轴承参数，也可以通过 KISSsoft 数据库创建轴承模型。KISSsoft 数据库提供了 8 个生产厂家的 24000 种型号的轴承,轴承模块能够研究轴承参数对系统性能的影响,可以基于精确的轴承刚度计算轴承的载荷,基于给定的仿真条件评估轴承寿命。

Adams 可以通过如下三种方式模拟轴承:

● 运动副,用理想运动副代表轴承,比如圆柱副或者转动副,约束没有相对运动的自由度。

● 柔性连接,用柔性连接力来表示轴承,比如衬套力,通过线性刚度和阻尼描述衬套力特性。

● 详细的轴承模型,用六分力 GForce 来表示滚动轴承,基于轴承的位置和速度,在每个积分步运用 KISSsoft 算法计算轴承的非线性刚度,阻尼与刚度的成一定比例关系。

16.5.1 轴承类型及几何参数

（1）轴承类型。

Adams 支持的滚动轴承包括球轴承、圆柱滚子轴承、滚针轴承、球面滚子轴承和圆锥滚子轴承,具体类型包括如下:

● 单列深槽球轴承（Deep Groove Ball Bearing Single Row）

● 深槽推力球轴承（Deep Groove Thrust Ball Bearing One Sided）

● 单列角接触球轴承（Angular Contact Ball Bearing Single Row）

● 四点接触球轴承（Four Point Bearing）

● 单列圆柱滚子轴承（Cylindrical Roller Bearing Single Row）

● 单列满装圆柱滚子轴承（Cylindrical Roller Bearing Single Row Full Complement）

● 双列圆柱滚子轴承（Cylindrical Roller Bearing Double Row）

● 双列满装圆柱滚子轴承（Cylindrical Roller Bearing Double Row full Complement）

● 轴向圆柱滚子轴承（Axial Cylindrical Roller Bearing）

● 带/不带内圈的滚针轴承（Needle Roller Bearing with/without internal ring）

● 滚针保持架（Needle Cage）

● 单列圆锥滚子轴承（Tapered Roller Bearing Single Row）

● 球面滚子轴承（Spherical Roller Bearing）

● 轴向球面滚子轴承（Axial Spherical Roller Bearing）

滚动轴承一般由滚道（内圈和外圈）、滚动体（球或滚子）及保持架组成,保持架按照固定的间隔将滚动体分开,让它们保持在内、外滚道内,并允许它们自由转动。滚动轴承结构如图 16-79 所示。

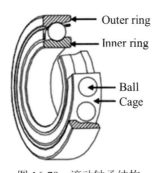

图 16-79　滚动轴承结构

（2）轴承的旋转轴。

轴承的旋转轴定义轴承 I 和 J 标记的 Z 轴方向，如图 16-80 所示。

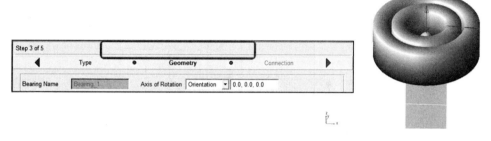

图 16-80　轴承旋转轴

（3）轴承偏移和游隙。

轴承的偏移和游隙定义如图 16-81 所示。

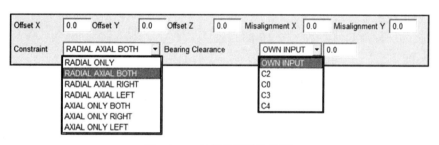

图 16-81　转轴的偏移和游隙

X/Y/Z 向偏移（Offset），指旋转轴中心（转动部件）与轴套（固定部件）沿 X/Y/Z 轴的平移差。

X/Y 向错位（Misalignment），指旋转轴中心（转动部件）与轴套（固定部件）沿 X/Y 轴方向的角度差。

约束（Constraint），根据选择的轴承类型，Adams Machinery 建立的详细轴承模型提供径向或轴向运动的反作用力，可以选择施加在模型上的特定方向反作用力。

轴承的游隙（Bearing Clearance），定义轴承的内部间隙，根据轴承的类型和尺寸，按行业标准定义对应的间隙值范围，C2（低于标称值）、C0（标称值，也称为 CN）、C3（高于标称值）和 C4（大于 C3）。

（4）轴承内部几何参数。

● 深槽球轴承、四点接触球轴承

深槽、四点接触球轴承的几何参数（图 16-82）包括：

No. of balls（Z）——球数

Ball diameter（D_w）——球直径

Reference diameter（D_{pw}）——球组节圆直径

Rim diameter inside（D_{BI}）——内圈沟道直径

Rim diameter outside（D_{BA}）——外圈沟道直径

Radius of curvature, inside（r_i）——内圈沟曲率半径

Radius of curvature, outside（r_o）——外圈沟曲率半径

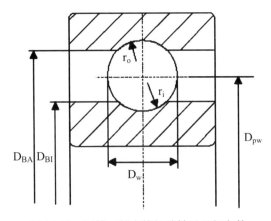

图 16-82　深槽、四点接触球轴承几何参数

● 单列角接触球轴承

单列角接触球轴承几何参数（图 16-83）包括：

No. of balls（Z）——球数

Ball diameter（D_w）——球直径

Reference diameter（D_{pw}）——球组节圆直径

Rim diameter inside（D_{BI}）——内圈沟道直径

Rim diameter outside（D_{BA}）——外圈沟道直径

Radius of curvature, inside（r_i）——内圈沟曲率半径

Radius of curvature, outside（r_o）——外圈沟曲率半径

Minimum inside tension（v_{min}）——最小内部张力

Maximum inside tension（v_{max}）——最大内部张力

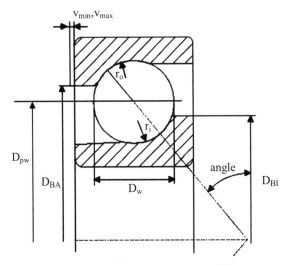

图 16-83　单列角接触球轴承几何参数

● 单列圆柱滚子轴承

单列圆柱滚子轴承几何参数（图 16-84）包括：

No. of roller（Z）——滚子数

Roller diameter（D_w）——滚子直径

Reference diameter（D_{pw}）——滚子组节圆直径

Roller length（L_{we}）——滚子长度

Rim diameter inside（D_{BI}）——内圈沟道直径

Rim diameter outside（D_{BA}）——外圈沟道直径

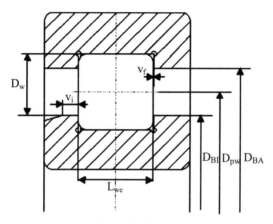

图 16-84　单列圆柱滚子轴承几何参数

● 单列圆锥滚子轴承

单列圆锥滚子轴承几何参数（图 16-85）包括：

No. of roller（Z）——滚子数

Roller diameter（D_w）——滚子直径

Reference diameter（D_{pw}）——滚子组节圆直径

Roller length（L_{we}）——滚子长度

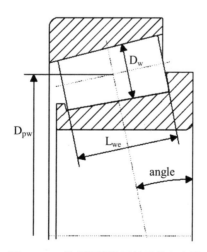

图 16-85　单列圆锥滚子轴承几何参数

● 球面滚子轴承

球面滚子轴承几何参数（16-86）包括：

No. of balls（Z）——球数

Pin diameter（D_w）——销直径

Reference diameter（D_{pw}）——球组节圆直径

Rim diameter inside（D_{BI}）——内圈沟道直径

Rim diameter outside（D_{BA}）——外圈沟道直径

Radius of curvature, inside（r_i）——内圈沟曲率半径

Radius of curvature, outside（r_o）——外圈沟曲率半径

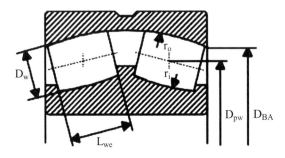

图 16-86　球面滚子轴承几何参数

● 滚针轴承

滚针轴承几何参数（图 16-87）包括：

No. of Roller（Z）——滚子数

Pin diameter（D_w）——滚针直径

Reference diameter（D_{pw}）——滚针组节圆直径

Roller length（L_{we}）——滚针长度

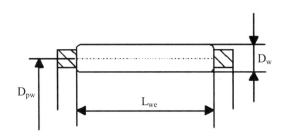

图 16-87　滚针轴承几何参数

● 轴向圆柱滚子轴承

轴向圆柱滚子轴承几何参数（16-88）包括：

No. of Roller（Z）——滚子数

Roller diameter（D_w）——滚子直径

Reference diameter（D_{pw}）——滚子组节圆直径

Roller length（L_{we}）——滚子长度

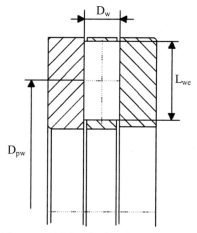

图 16-88 轴向圆柱滚子轴承几何参数

- 轴向球面滚子轴承

轴向球面滚子轴承几何参数（图 16-89）包括：

No. of pin（Z）——滚针数

Pin diameter（D_w）——滚针直径

Reference diameter（D_{pw}）——滚针组节圆直径

Roller length（L_{we}）——滚针长度

Radius of curvature, inside（r_i）——内圈沟曲率半径

Radius of curvature, roller（R_p）——球面滚子曲率半径

Radius of curvature, outside（r_o）——外圈沟曲率半径

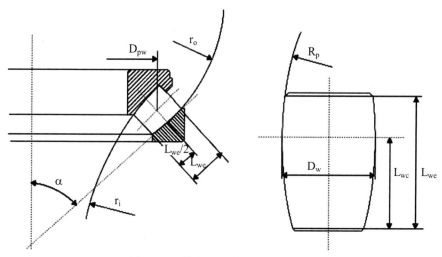

图 16-89 轴向球面滚子轴承几何参数

16.5.2 轴承建模

Adams 轴承工具模块提供两个向导工具完成轴承建模，分别是轴承定义向导和轴承结果输出向导。

下面以滚针轴承实例介绍建模过程。轴承建模前先简单做一个转轴，可以直接用 Adams 圆柱几何功能生成，前端直径 20mm，后端直径 30mm，如图 16-90 所示。

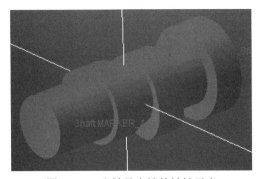

图 16-90　由轴承支撑的转轴示意

1. 轴承定义

（1）单击工具栏中的 Machinery，选择 Bearing 工具 ，如图 16-91 所示，进入轴承定义向导。

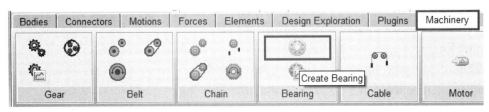

图 16-91　轴承定义向导工具

（2）选择轴承模拟方式，本实例选 Detailed，如图 16-92 所示。

注意：Adams 轴承工具模块中如果选择 Joint 或 Compliant 方式模拟轴承，如前所述就是通过运动副或衬套模拟，比较简单，直接定义即可。

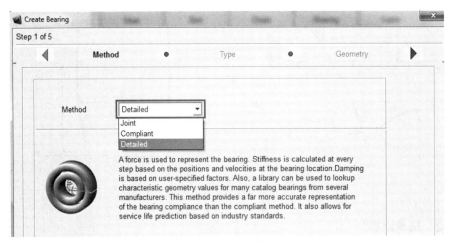

图 16-92　选择轴承模拟方式

（3）选择轴承类型，本实例选择滚针轴承，如图 16-93 所示。

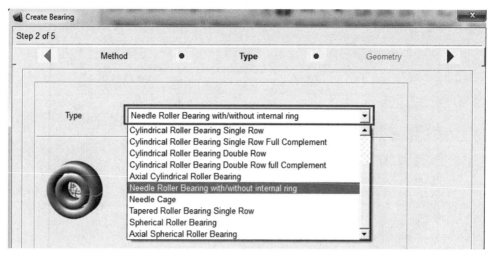

图 16-93　选择滚针轴承

（4）定义轴承位置、旋转轴方向、游隙和几何参数，如图 16-94 所示。

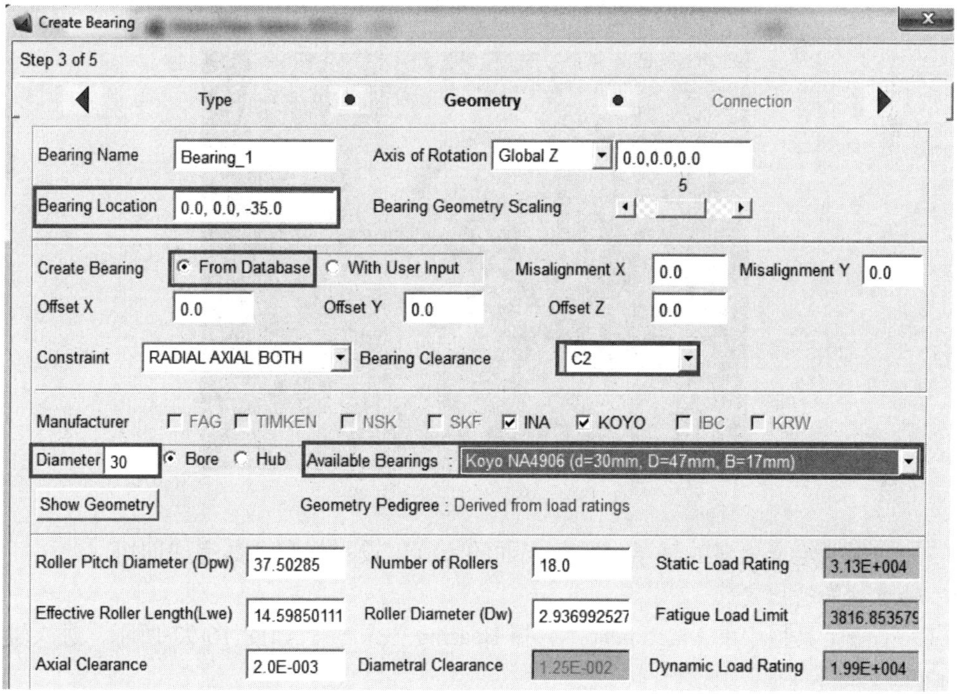

图 16-94　定义轴承几何参数

本实例轴承几何参数输入如下：

● 轴承位置，选择旋转轴末端端面中心。

● 轴承游隙设置 C2。

● 通过选择 From Database 自动生成轴承几何参数，即通过 KISSsoft 数据库提供的轴承
生成，设置孔径（Bore）30mm，选择型号为 Koyo NA4906 的轴承。

（5）定义轴承的连接属性，如图 16-95 所示，连接旋转轴与大地，并施加运动驱动。

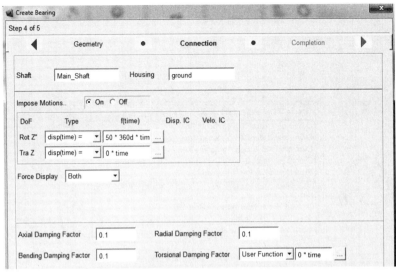

图 16-95　定义轴承的连接属性

（6）进入下一步后单击 Finish 按钮完成，如图 16-96 所示。

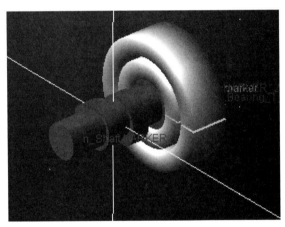

图 16-96　完成轴承定义

（7）如果要定义更多的轴承，重复上面的步骤，设置相应参数完成即可。

2．轴承结果输出定义

（1）单击工具栏中的 Machinery，选择 Bearing 工具，如图 16-97 所示，进入轴承结果输出向导。

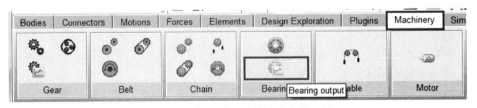

图 16-97　选择轴承结果输出向导工具

（2）选择要输出结果的轴承，勾选所有结果输出请求，如图 16-98 所示。

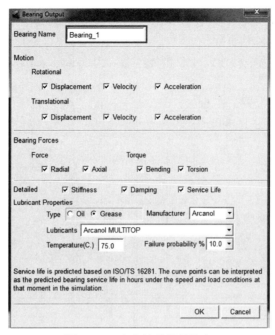

图 16-98　定义轴承结果输出

16.6　缆索工具模块 Adams Machinery – Cable Module

Adams 缆索工具模块 Adams Machinery Cable 是一个高效的绳索滑轮专用工具，对绳索滑轮系统进行快速建模及评估，可以精确计算绳索振动和张紧力，分析绳索滑移对系统承载能力的影响，通过添加或去除绳索长度的方式研究绞盘效果。

Adams 通过如下两种方式模拟缆索：

- 简化方法，忽略缆索的质量和惯量，运动约束的哑物体用来追踪滑轮之间的切线，同一滑轮的哑物体之间的角度确定缆索的长度，考虑缆索张紧、缆索与滑轮的接触和摩擦，还可考虑绞盘长度的影响，滑轮与锚必须共面。
- 离散方法，缆索采用适当的部件、约束和力元进行离散（包含质量、惯量以及基于纵向、弯曲和扭转刚度的梁元公式），缆索与滑轮之间的接触力通过优化的解析算法公式计算，比如球/圆柱与面的接触。

Adams 缆索工具模块通过向导工具 完成缆索滑轮系统建模，下面以简单的缆索滑轮升降系统介绍建模过程。

（1）模型准备。

建立如下 5 个标记，分别如下：

Anc_1_mar：300.0, -500.0, 0.0

Anc_2_mar：-300.0, -500.0, 0.0

Pulley_1_mar：250.0, 400.0, 0.0

Pulley_2_mar：0.0, 100.0, 0.0

Pulley_1_mar：-250.0, 400.0, 0.0

以标记 Anc_1_mar 为底圆中心，在大地上建立一个圆台，底圆半径 10mm，顶圆半径 20mm，长度 50mm，轴向与大地 Y 轴平行。

以标记 Anc_2_mar 为中心建立一个箱体，命名为 heavy_part，箱体的尺寸为(100.0mm),(-100.0mm),(50.0mm)。

选取 heavy_part 中心位置，在 heavy_part 与 ground 之间添加平行 Y 轴方向的滑移副。

最终的模型准备，如图 16-99 所示。

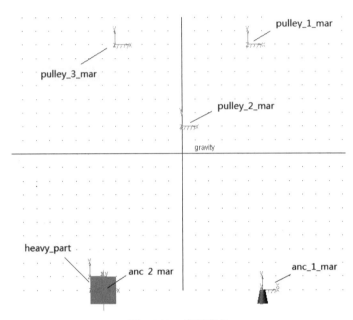

图 16-99　模型准备

（2）单击工具栏中的 Machinery，选择 Cable 工具 ，如图 16-100 所示，进入缆索定义向导。

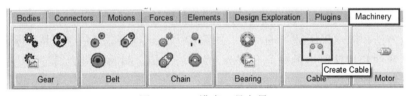

图 16-100　缆索工具向导

（3）定义锚部件，本实例数量为 2。

单击标签 1，做如下输入：

名称（Name）：Anc_1

位置（Location）：选择标记 anc_1_mar

连接部件（Connection Part）：大地

绞缆机（Winch）：单击右键建立一个名称为 winch 的状态变量，如图 16-101 所示。变量的函数表达式描述为 STEP(time,0,0,4,-400)+STEP(time,6,0,10,400)，绞缆机状态变量用来定义缆索的长度变化。

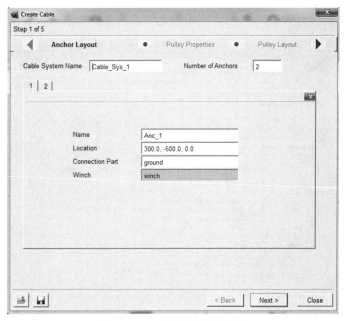

图 16-101   定义锚部件（一）

单击标签 2，做如下输入：

名称（Name）：Anc_2

位置（Location）：选择标记 anc_2_mar

连接部件（Connection Part）：heavy_part

绞缆机（Winch）：None

定义结果如图 16-102 所示。

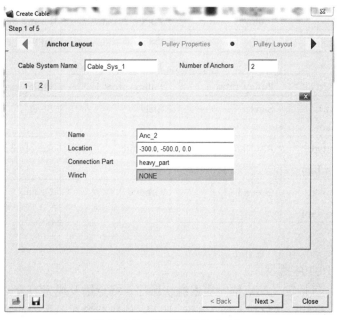

图 16-102   定义锚部件（二）

（4）定义滑轮的属性参数，包括滑轮轮槽几何参数及接触参数，如图 16-103 所示。

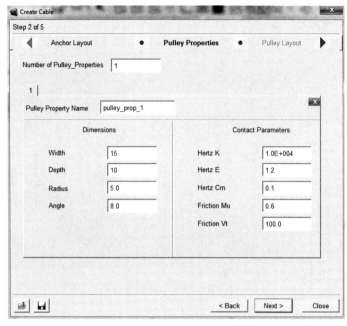

图 16-103　定义滑轮属性参数

（5）滑轮布置及尺寸、材料和连接定义，本实例定义 3 个滑轮。

选择绝对坐标系 Z 轴为滑轮中心轴方向，按表 16-1 中的参数对滑轮布置进行定义。

表 16-1　滑轮布置参数及信息表

Name	P_1	P_2	P_3
Location	Pulley_1_mar	Pulley_2_mar	Pulley_3_mar
Flip Direction	OFF	ON	OFF
Diameter	100	100	100
Pulley Property	Pulley_prop_1	Pulley_prop_1	Pulley_prop_1
Material Type (Material Tab)	Steel	Steel	Steel
Connection type (Connection Tab)	Revolute	Revolute	Revolute
Connection Part (Connection Tab)	Ground	Ground	Ground

（6）定义缆索。

滑轮布置如图 16-104 所示。

● 缆索布置，包括定义起点锚、缆索缠绕顺序、终点锚及缆索直径，如图 16-105 所示。

● 缆索参数，包括定义材料参数、刚度、阻尼、预载荷参数及缆索模拟方法，如图 16-106 所示。

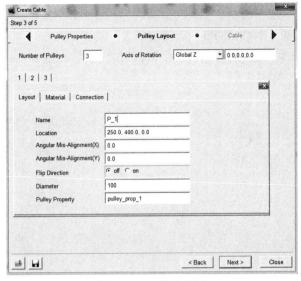

图 16-104　滑轮布置

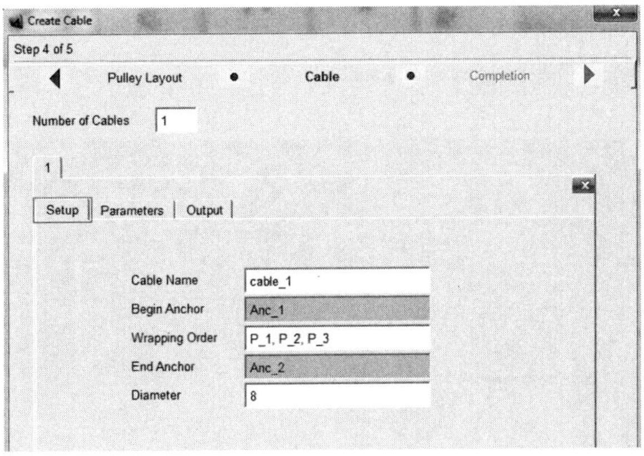

图 16-105　缆索布置

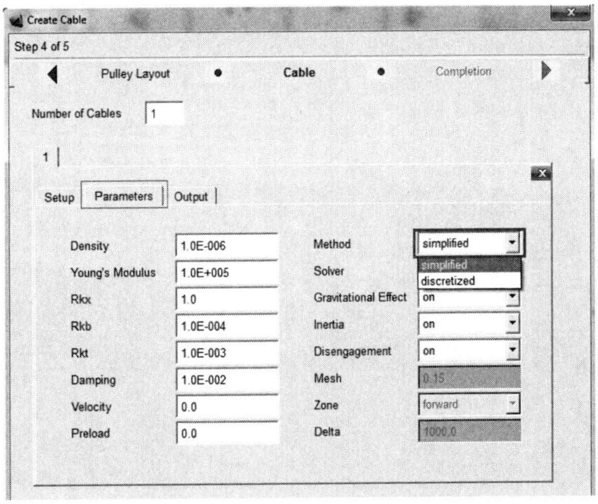

图 16-106　定义缆索参数及模拟方法

● 缆索结果输出，包括滑轮、缆索的运动和力的结果，输入滑轮、缆索段的 ID 号即可。

本实例中，滑轮结果选择输入 ID 号（1,2,3），即输出所有三个滑轮的运动及受力结果；缆索输出选择 id（1,2,3,4），即输出从起点锚部件－滑轮－终点锚部件总共 4 段缆索的运动及力的结果，如图 16-107 所示。

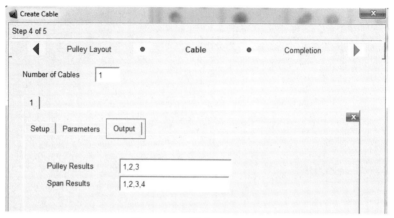

图 16-107　缆索结果输出

（7）单击 Finish 按钮，完成缆索系统定义，如图 16-108 所示。

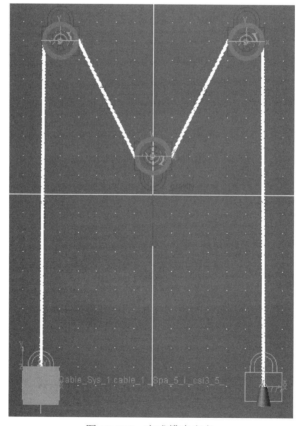

图 16-108　完成缆索定义

16.7　电机模块 Adams Machinery – Motor Module

Adams 电机模块 Adams Machinery Motor 是一个高效的电机专用工具，针对直流电机、无刷直流电机、步进电机和交流同步电机进行快速建模，用户输入电机的关键参数，即可输出电机转矩和转速。

Adams 通过如下三种方式模拟电机：

- 基于曲线，电机力矩通过力矩－速度曲线定义。
- 解析法，电机力矩由一个方程组定义，用户指定其中的关键参数，根据电机类型，由电机工具自动生成的方程组及需要指定参数会有所不同，解析法支持的电机有直流、无刷直流、步进和交流同步四种。
- 外部导入，利用 Easy5 或 Matlab Simulink 建立电机的外部模型定义电机力矩，Adams Machinery 电机模块会自动生成输入、输出状态变量，支持 ESL 控制导入和联合仿真两种模式。

Adams 电机工具模块通过向导工具 进行电机建模，电机由转子（Rotor）和定子（Stator）组成，其部件几何及转子输出力矩均通过向导工具自动创建。下面分别对三种模拟方法进行介绍。

16.7.1　基于曲线模拟电机

（1）模型准备。

电机转子力矩最终需要施加到转动物体的转轴上，比如曲柄转轴。本例通过两点（point）和连杆几何（link）建立一个简单的单摆模型，点坐标分别为（0,0,0）和（0,50,0），在点（0,0,0）位置添加选择约束，模型如图 16-109 所示。

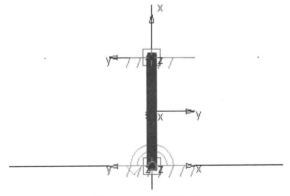

图 16-109　模型准备

（2）单击工具栏中的 Machinery，选择 Motor 工具 ，如图 16-110 所示，进入电机定义向导。

（3）选择基于曲线（Curve Based）的模拟方法，如图 16-111 所示。

（4）电机类型，基于曲线的电机模拟方法没有电机类型的区分。

（5）电机连接定义，如图 16-112 所示。

图 16-110　电机工具向导

图 16-111　选择电机模拟方法（基于曲线）

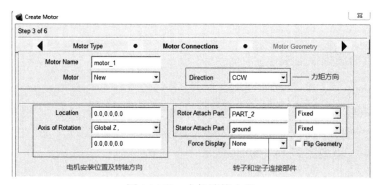

图 16-112　电机连接定义

（6）电机几何及质量参数定义，包括转子和定子，如图 16-113 所示。

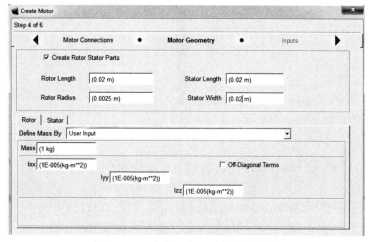

图 16-113　电机几何及质量参数定义

（7）电机参数输入，选择曲线生成方法，分别是：Select Spline，选择模型中已经定义好的样条数据；Enter Spline File，导入.csv 格式样条数据文件生成；Create Data Points，手动输入样条数据点生成。本例选择手动输入，如图 16-114 所示。

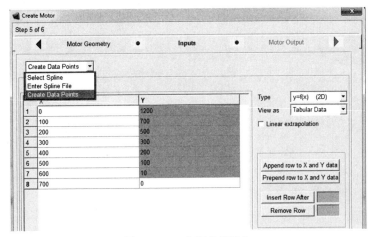

图 16-114　力矩曲线输入

（8）定义放大系数，单击 Finish 按钮，完成电机定义，如图 16-115 所示。

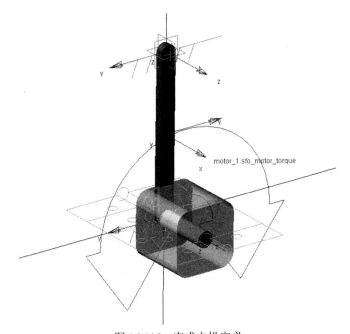

图 16-115　完成电机定义

16.7.2　解析法模拟电机

（1）模型准备，建立与上述一样的单摆模型。

（2）单击工具栏中的 Machinery，选择 Motor 工具，进入电机定义向导。

（3）选择解析法模拟电机，如图 16-116 所示。

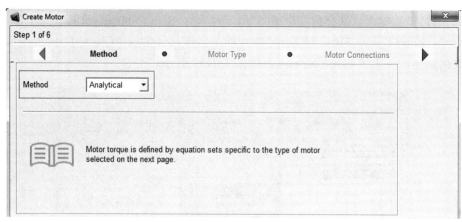

图 16-116　选择电机模拟方法（解析法）

（4）选择电机类型（如图 16-117 所示），比如直流电机。

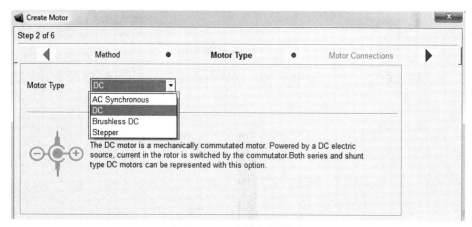

图 16-117　选择电机类型

（5）电机连接定义，如图 16-118 所示。

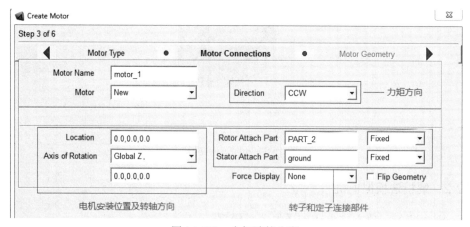

图 16-118　电机连接定义

（6）电机几何及质量参数定义，包括转子和定子，如图 16-119 所示。

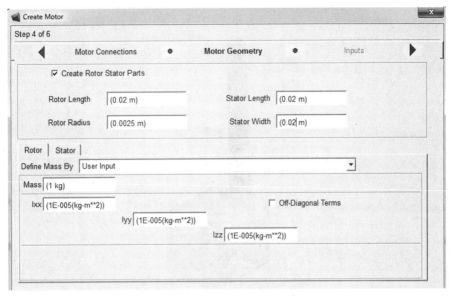

图 16-119　电机几何及质量参数定义

（7）定义电机输入参数（图 16-120）。

电机参数用于计算电机输出力矩，不同的电机有不同的力矩计算方程组和输入参数，详细说明可以参考 Adams 帮助手册。

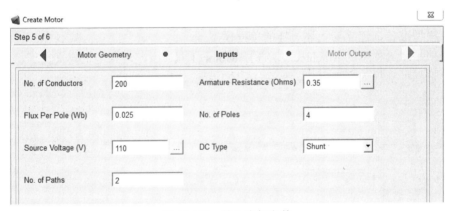

图 16-120　输入电机参数

以并励直流电机为例，其力矩计算方程组如下：

$$T = K\phi I_a$$

$$K = \frac{ZP}{2\pi a} \qquad I_a = \frac{E_s - E_b}{R_a} \qquad E_b = \frac{Z\phi NP}{60a}$$

其中：T——力矩（单位 N·m）；K——力矩常数；ϕ——每极磁通（单位 Wb）；I_a——转子电流（单位 A）；Z——导体数量；P——电极数量；a——转子上的并联绕组数量；E_s——电源电压（单位 V）；N——每分钟转数；E_b——诱导反电势（单位 V）；R_a——转子电阻（单位 Ω）。

（8）定义放大系数，单击 Finish 按钮完成电机定义，如图 16-121 所示。

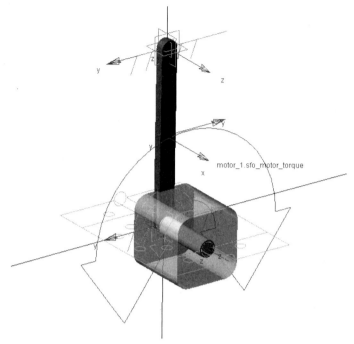

图 16-121　完成电机定义

16.7.3　外部导入模拟电机

（1）模型准备，建立与上述一样的单摆模型。

（2）单击工具栏中的 Machinery，选择 Motor 工具 ，进入电机定义向导。

（3）选择外部导入模拟电机，如图 16-122 所示。

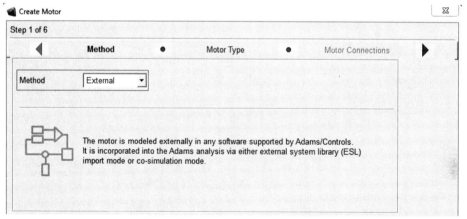

图 16-122　选择电机模拟方法（外部导入）

（4）电机类型，基于外部导入的电机模拟方法也没有电机类型的区分。

（5）电机连接定义，如图 16-123 所示。

（6）电机几何及质量参数定义，包括转子和定子，如图 16-124 所示。

（7）电机参数输入，有外部系统库（ESL）控制导入和联合仿真两种方式。

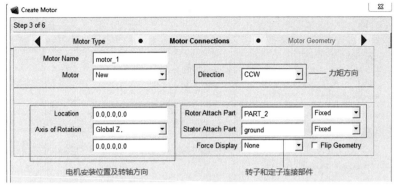

图 16-123　电机连接定义

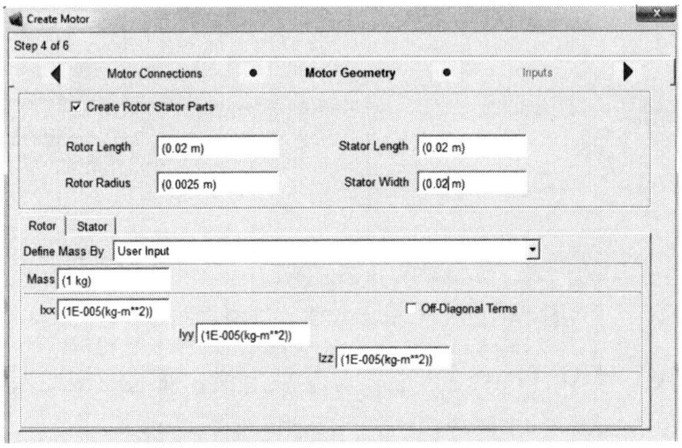

图 16-124　电机几何及质量参数定义

ESL 导入方式需要 Matlab Simulink 或者 Easy5 先建立电机模型，然后从 Matlab Simulink 或 Easy5 导出外部系统动态链接库。联合仿真方式通过定义与 Matlab Simulink 或 Easy5 的输入/输出设置，然后在 Matlab Simulink 或 Easy5 中建立电机模型，用联合仿真模式运行模型。不管是哪种方式，其中输入/输出设置有标准方式（Standard）和用户自定义方式（User Defined）两种。标准方式由软件自动定义和设置，用户自定义方式由用户定义各输入/输出状态变量及其他。

有关控制导入（图 16-125）和联合仿真（图 16-126）的具体操作方法，建议参考 Adams/Controls 帮助手册。

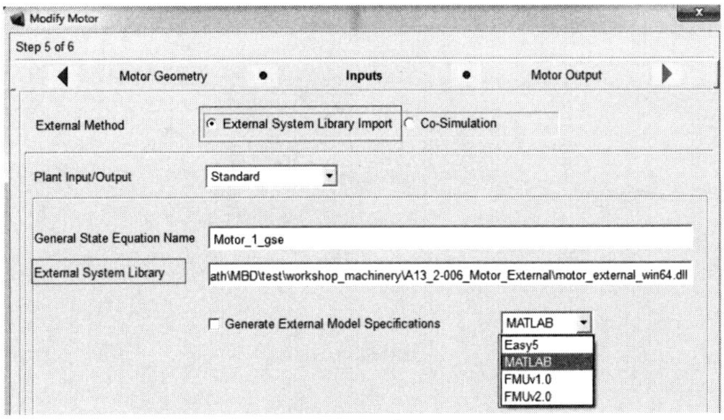

图 16-125　电机参数输入（控制导入）

图 16-126　电机参数输入（联合仿真）

（8）定义放大系数，单击 Finish 按钮完成电机定义，如图 16-127 所示。

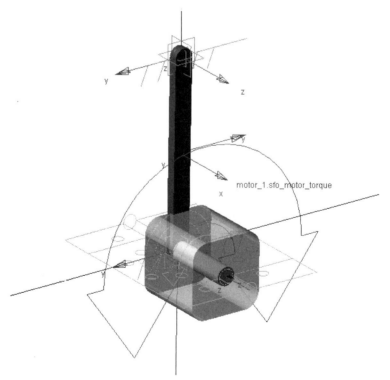

图 16-127　完成电机定义

16.8　凸轮模块 Adams Machinery – Cam Module

Adams 凸轮模块 Adams Machinery Cam 是专门用于凸轮系统快速建模的工具，针对各种类型的凸轮有专门的建模向导帮助用户快速完成其模型建立工作。

16.8.1　凸轮及从动件

Adams 凸轮模块支持的凸轮类型有盘形，槽轮、开沟槽盘形，圆柱/桶形，如图 16-128 所示。

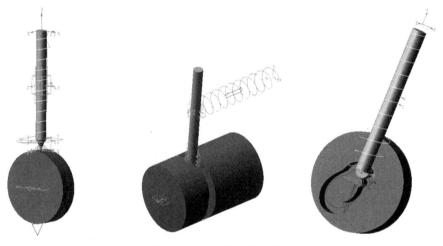

图 16-128　凸轮形状类型

从动件形状及运动类型有：滚子式、顶尖式、平底式和曲面式，共线、偏置，直动、摆动，运动类型可基于时间和凸轮角度定义，如图 16-129 所示。

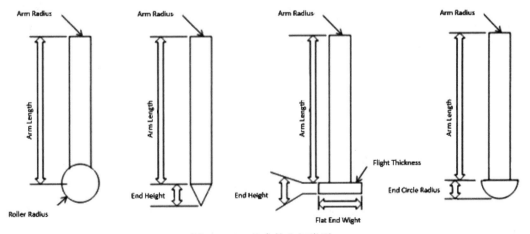

图 16-129　从动件几何类型

关于 Adams 凸轮工具所支持的凸轮形状、从动件运动形式、从动件布置及从动件几何形状如表 16-2 所示。

表 16-2　凸轮及从动件详情列表

凸轮形状	从动件运动形式	从动件布置	从动件几何形状	从动件参数
盘形	直动	共线	滚子	悬臂长、悬臂半径、滚子半径
			顶尖	悬臂长、悬臂半径、顶尖高度
			平面	悬臂长、悬臂半径、末端高度、平面末端宽度和厚度
			曲面	悬臂长、悬臂半径、末端曲面半径
		偏置	滚子	悬臂长、悬臂半径、滚子半径
			顶尖	悬臂长、悬臂半径、顶尖高度
			平面	悬臂长、悬臂半径、末端高度、平面末端宽度和厚度
			曲面	悬臂长、悬臂半径、末端曲面半径
	摆动	偏置	滚子	悬臂长、悬臂半径、滚子半径
			顶尖	悬臂长、悬臂半径、顶尖高度
圆柱（桶）	直动	共线	滚子	悬臂长、悬臂半径、滚子半径
			顶尖	悬臂长、悬臂半径、顶尖高度
		偏置	滚子	悬臂长、悬臂半径、滚子半径
			顶尖	悬臂长、悬臂半径、顶尖高度
	摆动	共线	滚子	悬臂长、悬臂半径、滚子半径
			顶尖	悬臂长、悬臂半径、顶尖高度
圆柱（桶）	摆动	偏置	滚子	悬臂长、悬臂半径、滚子半径
			顶尖	悬臂长、悬臂半径、顶尖高度
单面槽	直动	共线	滚子	悬臂长、悬臂半径、滚子半径
			顶尖	悬臂长、悬臂半径、顶尖高度

16.8.2　凸轮系统建模

Adams 凸轮工具模块提供三个工具向导完成完整的凸轮系统建模，分别是从动件运动类型定义向导、凸轮轮廓定义向导和凸轮系统构建向导。考虑凸轮系统形式多样，本例通过顶尖直动盘形凸轮系统来说明其建模过程。

1. 从动件运动类型定义

（1）单击工具栏中的 Machinery，选择 Cam 工具，如图 16-130 所示，进入从动件运动类型定义向导。

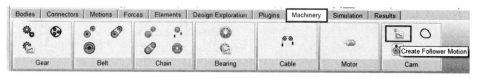

图 16-130　从动件运动类型定义向导

（2）从动件运动类型定义（图 16-131）。

运动类型：基于时间（Time Based）或者凸轮角度（Cam Angle Based）。

运动描述方式：函数编辑器（Function Builder）、导入数据点（Import Data Points）或创建数据点（Create Data Points），其中数据点即样条数据点。

从动件位移形式：直动（Translational）或摆动（Pivotal）。

本例中从动件运动类型是基于时间的直动位移，用函数编辑器建立阶跃函数表达式描述。

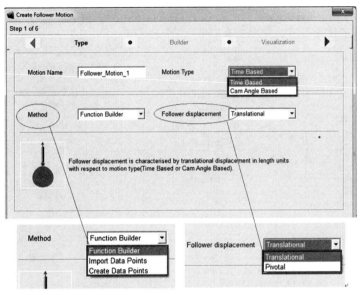

图 16-131　从动件运动类型定义

（3）从动件运动的函数表达式描述。

本例用两个阶跃函数（STEP）组合描述从动件运动，其他函数表达式有简单谐函数（SHF）、多项式函数（POLY）和常值函数（CONST），如图 16-132 所示。

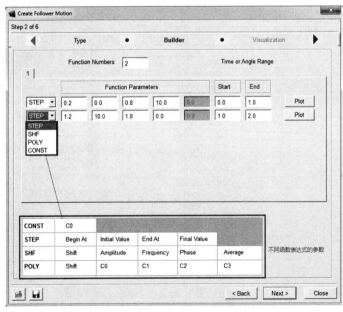

图 16-132　从动件运动函数表达式

（4）从动件运动描述的可视化，用表格或曲线显示位移的样条数据点，如图 16-133 所示。

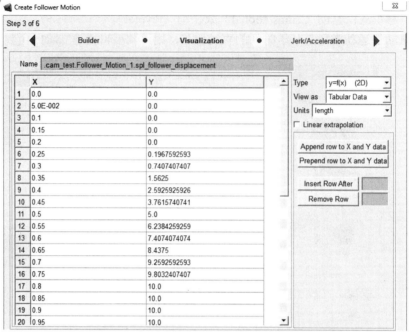

图 16-133　从动件运动函数表达式的样条数据显示

（5）从动件运动加速度和加速度一阶导数的可视化，用表格或曲线显示其样条数据点，如图 16-134 所示。

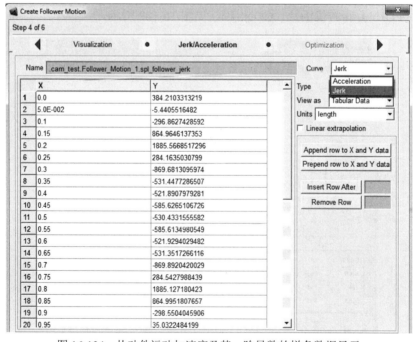

图 16-134　从动件运动加速度及其一阶导数的样条数据显示

（6）从动件运动优化。

本例以两组阶跃拐点参数为设计变量，要求加速度最小，运行优化计算，如图 16-135 所示。

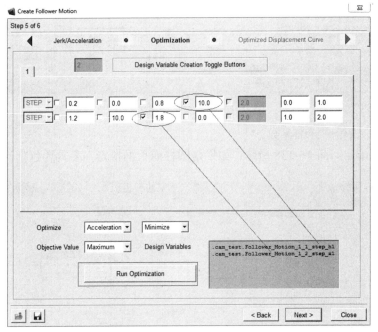

图 16-135　从动件运动优化

（7）优化后的从动件运动位移曲线显示如图 16-136 所示，单击 Finish 按钮，完成从动件运动定义。

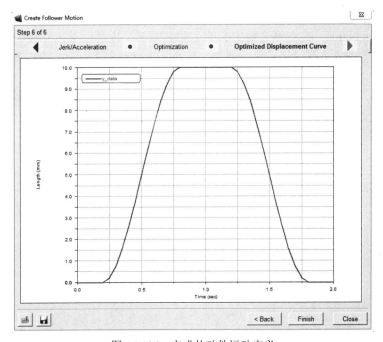

图 16-136　完成从动件运动定义

2．从动件运动类型定义

（1）单击工具栏中的 Machinery，选择 Cam 工具 ⬭，如图 16-137 所示，进入凸轮轮廓定义向导。

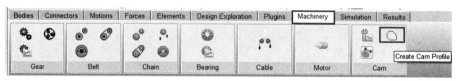

图 16-137　凸轮轮廓定义向导

（2）定义凸轮轮廓详细参数。

本例选择盘形，如图 16-138 所示，如果是圆柱或单面槽形，参数还包括沟槽宽度和深度。

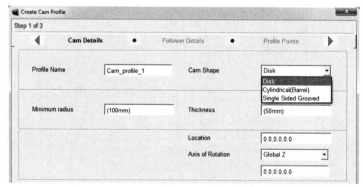

图 16-138　凸轮轮廓详细参数定义

（3）定义从动件详情。

包括定义运动描述和类型、从动件布置形式及几何类型，从动件运动描述在"运动名称"（Follower Motion Name）栏选择之前定义的运动名即可。也可以单击右边的工具按钮创建新的从动件运动描述，或者通过运动输入类型（Follower Motion Input Type）选择导入样条数据（Import），如图 16-139 所示。

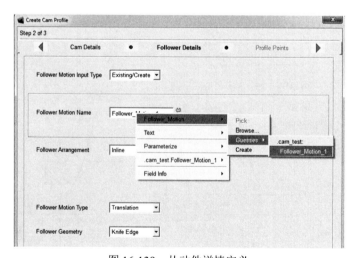

图 16-139　从动件详情定义

（4）生成凸轮轮廓线数据点，如图 16-140 所示，单击 Finish 按钮完成。

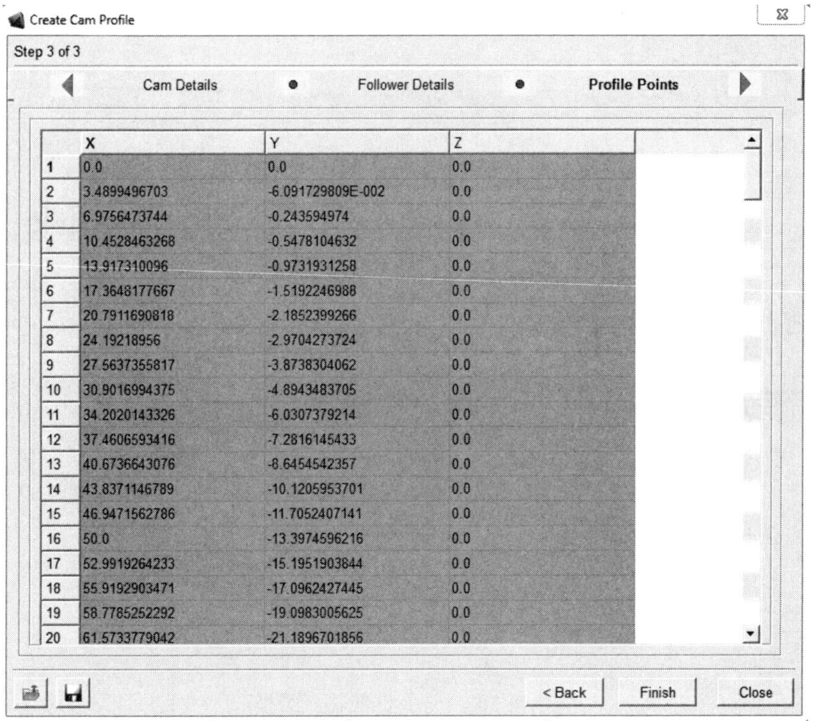

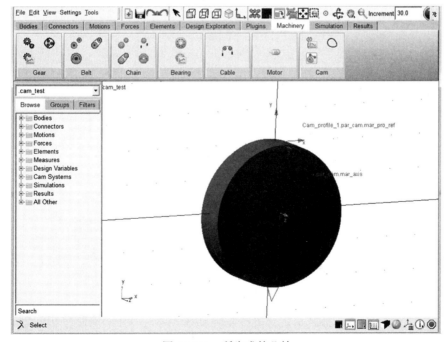

	X	Y	Z
1	0.0	0.0	0.0
2	3.4899496703	-6.091729809E-002	0.0
3	6.9756473744	-0.243594974	0.0
4	10.4528463268	-0.5478104632	0.0
5	13.917310096	-0.9731931258	0.0
6	17.3648177667	-1.5192246988	0.0
7	20.7911690818	-2.1852399266	0.0
8	24.19218956	-2.9704273724	0.0
9	27.5637355817	-3.8738304062	0.0
10	30.9016994375	-4.8943483705	0.0
11	34.2020143326	-6.0307379214	0.0
12	37.4606593416	-7.2816145433	0.0
13	40.6736643076	-8.6454542357	0.0
14	43.8371146789	-10.1205953701	0.0
15	46.9471562786	-11.7052407141	0.0
16	50.0	-13.3974596216	0.0
17	52.9919264233	-15.1951903844	0.0
18	55.9192903471	-17.0962427445	0.0
19	58.7785252292	-19.0983005625	0.0
20	61.5733779042	-21.1896701856	0.0

图 16-140　完成凸轮轮廓定义

（5）生成的凸轮如图 16-141 所示。

图 16-141　所生成的凸轮

3. 构建凸轮系统

（1）单击工具栏中的 Machinery，选择 Cam 工具 ，如图 16-142 所示，进入凸轮系统构建向导。

图 16-142　凸轮系统构建向导

（2）选择凸轮输入类型，如图 16-143 所示。

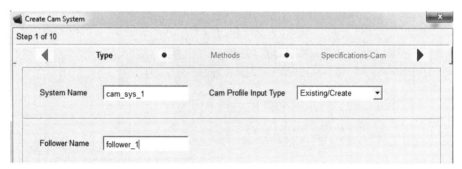

图 16-143　选择凸轮输入类型

（3）选择从动件数量及其与凸轮的连接方式。

选择"约束"（Constraint）选项，凸轮与从动件之间会生成高副约束；选择"接触"（Contact）选项，凸轮与从动件之间会定义接触力。本例选择"约束"（Constraint）选项，如图 16-144 所示。

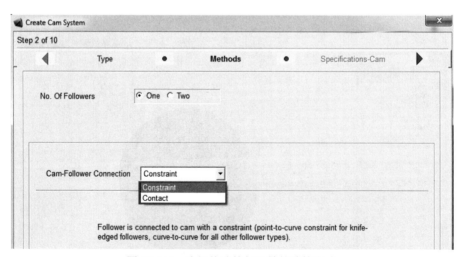

图 16-144　选择从动件与凸轮的连接方式

（4）指定凸轮，右击选择之前定义的凸轮轮廓或者单击右边的工具按钮创建新的，如图 16-145 所示。

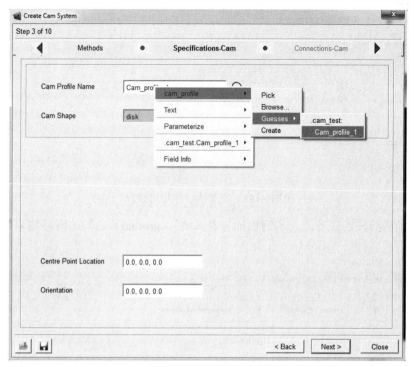

图 16-145　指定凸轮

（5）定义凸轮连接方式，本例选择与"大地"（ground）之间的转动约束，如图 16-146 所示。

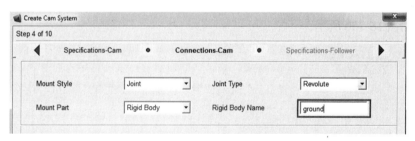

图 16-146　定义凸轮连接方式

（6）确认之前定义的从动件详情说明，如图 16-147 所示。

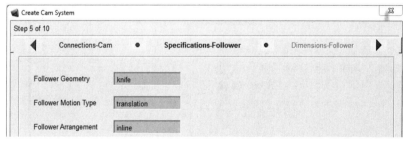

图 16-147　确认从动件详情

（7）定义从动件几何参数，如图 16-148 所示。

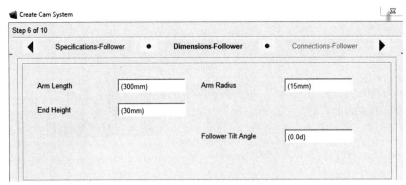

图 16-148　定义从动件几何参数

（8）定义从动件连接方式，本例选择与"大地"（ground）之间的滑移约束，如图 16-149 所示。

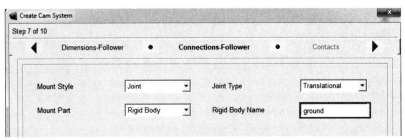

图 16-149　定义从动件连接方式

（9）如果凸轮与从动件之间的连接方式是接触，设置接触参数；如果是约束，直接单击 Next 按钮，如图 16-150 所示。

图 16-150　定义接触参数或直接进入下一步

（10）定义从动件弹簧参数，如图 16-151 所示。如果没有弹簧，选择 None 单选项。

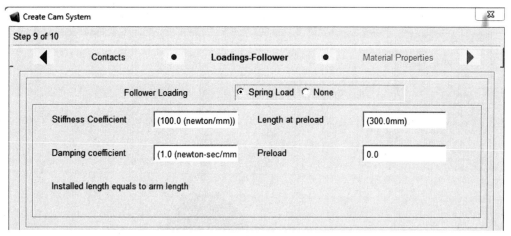

图 16-151　定义从动件弹簧参数

（11）定义凸轮与从动件质量参数，如图 16-152 所示。单击 Finish 按钮，完成凸轮系统构建。

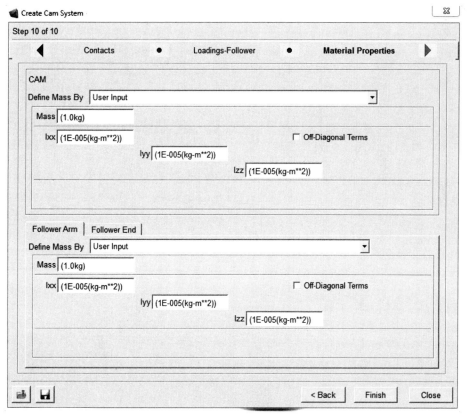

图 16-152　定义凸轮和从动件质量参数

（12）完成的凸轮系统如图 16-153 所示，定义驱动即可进行凸轮系统仿真。

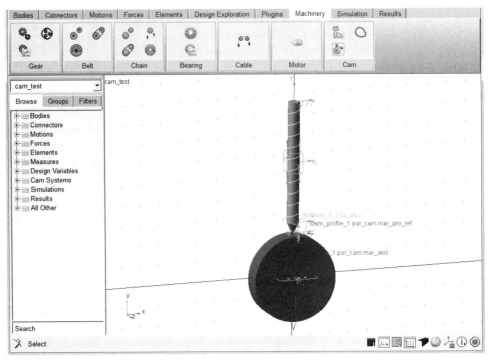

图 16-153 凸轮系统构建完成

参考文献

[1] MSC Software，Adams 2016/help，2016.

[2] MSC Software，MSC Adams/View 培训教程，2012.

[3] 陈立平，张云清. 机械系统动力学分析及 Adams 应用教程. 北京：清华大学出版社，2005.

[4] 李增刚. Adams 入门详解与实例. 北京：国防工业大学出版社，2006.

[5] 陈军. MSC Adams 技术与工程分析实例. 北京：中国水利水电出版社，2008.